高职高专计算机系列教材

全国计算机类优秀教材

"十四五"江苏省职业教育在线精品课程配套教材

Linux系统基础与实践

(RHEL 9/CentOS Stream 9)

主 编 乔 琪 王 可 徐雪峰

副主编 苏红艳 崔传路 徐义晗 陆彩霞

西安电子科技大学出版社

内 容 简 介

本书以 RHEL 9/CentOS Stream 9 操作系统为平台，选取面向职业岗位的内容及案例，采用"项目驱动、任务导向"的方式组织内容，详细介绍了 Linux 操作系统的基本概念、常用命令、系统管理、常用服务器配置与管理等知识。

全书设置了 7 个项目，共 19 个任务，主要内容包括 Linux 系统环境搭建、目录和文件管理、用户和用户组管理、文件权限管理、磁盘配置与管理、网络配置与管理以及服务器配置与管理。

本书内容丰富全面，各种功能和命令的介绍都配以大量的案例操作和详细解释。为了让读者能够快速且有效地掌握核心知识和技能，同时方便教师采用更有效的传统教学方式或更新颖的线上线下翻转课堂教学模式，本书配有 200 多节微课和操作视频。另外，本书配套的在线开放课程已获评"十四五"江苏省职业教育首批在线精品课程。

本书可作为高职高专院校计算机类、通信类等相关专业的教材，也可作为 Linux 爱好者的学习资料。

图书在版编目(CIP)数据

Linux 系统基础与实践 / 乔琪，王可，徐雪峰主编. --西安: 西安电子科技大学出版社，2024.1
(2024.11 重印)
ISBN 978 - 7 - 5606 - 7117 - 8

Ⅰ. ①L… Ⅱ. ①乔… ②王… ③徐… Ⅲ. ①Linux 操作系统—高等职业教育—教材
Ⅳ. ①TP316.85

中国国家版本馆 CIP 数据核字(2023)第 232020 号

策　　划　李惠萍
责任编辑　雷鸿俊
出版发行　西安电子科技大学出版社（西安市太白南路 2 号）
电　　话　(029)88202421　88201467　邮　编　710071
网　　址　www.xduph.com　　　　电子邮箱　xdupfxb001@163.com
经　　销　新华书店
印刷单位　陕西天意印务有限责任公司
版　　次　2024 年 1 月第 1 版　2024 年 11 月第 2 次印刷
开　　本　787 毫米×1092 毫米　1/16　印张 16
字　　数　377 千字
定　　价　42.00 元
ISBN 978 - 7 - 5606 - 7117 - 8
XDUP 7419001-2

＊＊＊ 如有印装问题可调换 ＊＊＊

前　言

随着云计算、大数据、人工智能等技术的快速发展，Linux 也迎来了更加广阔的发展空间，各行各业对于 Linux 应用人才的需求日益增多。本书在内容选取上面向职业岗位；在内容组织上遵循学生职业成长规律，由简单到复杂，层层推进；在内容体现上以真实项目为载体，增强学习的针对性；在内容实施中以任务为驱动，培养学生分析问题和解决问题的能力。

全书分为 7 个项目，共 19 个任务，各项目内容如下：

项目一主要介绍 Linux 系统的历史和发展、Linux 操作系统的安装、Linux 系统的基本使用和命令基础等内容。

项目二主要介绍建立与删除目录、建立与删除文件及查找文件、查看文件内容等操作的方法。

项目三主要介绍新建与删除用户、新建与删除用户组及将用户加入用户组等操作的方法。

项目四主要介绍 Linux 文件的属性信息、文件的权限、文件权限的设置、访问控制列表等内容。

项目五主要介绍磁盘基础管理中的分区、格式化、挂载以及逻辑卷管理和磁盘阵列等操作。

项目六主要介绍网络基本配置、防火墙配置等内容。

项目七主要介绍常用网络服务器的配置与管理。

书中各任务均由 5 部分组成。任务介绍部分提出问题，让学生明确学习目标；任务分析部分分析任务内容，提出解决问题的思路；必备知识部分介绍解决问题必备的理论知识；任务实施部分给出任务实施过程；任务拓展部分用于培养学生再发展的能力。

此外，本书配套的在线开放课程已获评"十四五"江苏省职业教育首批在线精品课程。目前，在中国大学 MOOC 平台已开设 6 期，在线学习人数达 22 100 余人。在线课网址为 https://www.icourse 163.org/course/HCIT-1460295163。

本书由乔琪、王可、徐雪峰担任主编，苏红艳、崔传路、徐义晗、陆彩霞担任副主编。其中：乔琪负责全书的架构设计及统稿工作，并编写了项目一至项目五；徐雪峰编写了项目六；王可编写了项目七；苏红艳负责教材配套资源的开发工作；崔传路负责企业工程案例的收集与整理工作；陆彩霞负责案例整理工作；徐义晗负责审稿工作。

由于编者水平有限，书中难免存在不妥之处，恳请广大读者提出宝贵意见。

编　者

2023 年 10 月

目　录

项目一　Linux系统环境搭建

　　Linux 系统环境搭建是进行 Linux 系统学习和操作的基础，也是系统管理员首先要完成的工作。本项目将主要介绍 Linux 系统的历史、Linux 操作系统的安装、Linux 系统的基本使用及 Linux 命令基础等内容。

◇ 知识目标

1. 了解 Linux 系统的历史、特性。
2. 了解 Linux 系统的内核版本和发行版本。
3. 熟练掌握 Linux 操作系统的安装方法。
4. 熟练掌握 Linux 系统的管理员密码重置方法。

◇ 能力目标

1. 根据企事业单位要求，完成 Linux 操作系统环境搭建。
2. 根据系统管理员要求，完成 Linux 系统管理员密码重置。

◇ 素养目标

1. 培养学生的家国情怀和科学精神。
2. 培养学生分析问题和解决问题的能力。
3. 培养学生的沟通能力及团队协作精神。

任务 1　Linux 系统认知

任务介绍

　　M 公司为了加强企业信息化管理水平，要求公司网络管理员在服务器中安装一个既安全又便于管理的网络操作系统，并完成服务器的基本设置。

任务分析

　　根据公司需求，网络管理员选择安装 Linux 操作系统。要实现 Linux 操作系统的搭建，可以按以下 3 个步骤进行操作：

步骤一，安装虚拟机软件。

步骤二，创建虚拟机。

步骤三，安装 Linux 操作系统。

必备知识

完成本任务需要掌握的必备知识见 1.1 节和 1.2 节。

1.1　Linux 系统概述

1. Linux 系统总述

Linux 是一个自由和开源的类 UNIX 操作系统，支持多用户、多任务、多线程操作，同时支持 32 位和 64 位硬件。Linux 系统能够运行主要的 UNIX 工具软件、应用程序和网络协议，它继承了 UNIX 系统中以网络为核心的设计思想，是一个性能稳定的网络操作系统，目前广泛应用在服务器上。Linux 系统中唯一的超级管理员是 root 用户，它具有系统中所有的权限，包括添加或删除用户、增加或禁用硬件设备、安装或卸载各类软件等。

2. Linux 系统的历史

1991 年 10 月 5 日，Linux 创始人林纳斯·托瓦兹(Linus Torvalds)正式宣布 Linux 内核诞生。Linux 系统的诞生和发展始终依赖着 5 个重要支柱：UNIX 操作系统、MINIX 操作系统、GNU 计划、POSIX 标准和 Internet 网络。

1970 年，Ken Thompson 研发出 UNIX 内核。1970 年称为 UNIX 元年，也称为计算机元年。计算机时间和众多编程语言的时间都从 1970 年 1 月 1 日开始算起。

1973 年，Ritchie 用 C 语言编写了可移植的 UNIX 内核，UNIX 正式诞生。

1983 年，Stallman 公开发起自由软件集体协作计划(GNU 计划)。

1984 年，Andrew S. Tanenbaum 开发了用于教学的 UNIX 系统，命名为 MINIX。

1990 年，芬兰赫尔辛基大学学生 Linus Torvalds 首次接触 MINIX 系统。

1991 年，Linus Torvalds 开始在 MINIX 上开发 Linux 内核。

1994 年，Linux 内核 1.0 版本正式发布，代码大约有 17 万行。

1996 年，美国国家标准技术局确认 Linux 1.2.13 版本符合 POSIX 标准。

1999 年，Linux 的简体中文发行版问世。

2000 年以后，Linux 系统日趋成熟，涌现出大量基于 Linux 服务器平台的应用，并且广泛应用于基于 ARM 技术的嵌入式系统中。

3. Linux 系统的特性

Linux 系统的主要特性如下：

(1) **免费开放**。Linux 是一款免费的操作系统，用户可以通过网络或其他途径免费获得，并且 Linux 系统遵循开放系统互连(OSI)国际标准。

(2) **多用户**。Linux 系统中可以有多个用户访问系统资源，每个用户对自己的资源有特定的权限，互不影响。

(3) **多任务**。Linux 系统可以同时执行多个程序，而且各个程序的运行互相独立。

(4) **良好的用户界面**。Linux 系统为用户提供了图形界面和命令界面，其易操作、交互性强且操作界面友好。在命令界面中，用户可以通过键盘输入相应的指令来进行操作；在图形界面中，用户可以使用鼠标来进行操作。

(5) **安全可靠**。Linux 系统提供了验证(分配用户登录 ID 和密码)、授权(设置文件的读、写、执行权限)以及加密(将文件转换为不可读的格式)等方式，为用户提供了可靠的安全保障。

(6) **可移植**。Linux 是一种可移植的操作系统，能够在从微型计算机到大型计算机的任何平台上运行。

(7) **支持多文件系统**。Linux 系统可以把多种文件系统以挂载的方式连接到主机上，包括 ext4、FAT32、NTFS、nfs、xfs 等文件系统。

4. Linux 系统的版本

Linux 系统的版本分为 Linux 的内核版本和 Linux 的发行版本。

1) Linux 的内核版本

内核是一个操作系统的核心，是由一系列程序组成的，包括负责响应中断的服务程序、负责管理多个进程的调度程序、负责管理地址空间的内存管理程序等。Linux 内核的开发和规范一直由 Linus Torvalds 领导的团队负责，www.kernel.org 提供内核源代码下载。

Linux 内核版本号结构为：主版本.次版本.释出版本-更改版本。

(1) **主、次版本**：用于描述内核系列。

(2) **释出版本**：在主、次版本构架不变的情况下，新增功能后释出的内核版本。

(3) **更改版本**：更改一些 bug 后发布的版本。

内核版本有两种类型，分别为稳定版和开发版。

在 Linux 系统中，执行命令"uname -r"可以查看当前系统的内核版本号。例如，5.14.0-325.el9.x86_64，其中，"5.14.0-325"表示内核版本，"el9"表示 Enterprise Linux 9，"x86_64"表示 64 位的系统。

2) Linux 的发行版本

Linux 的发行版本与内核版本是不一样的。为了让用户能够更为方便地使用 Linux 系统，一些商业公司和社区团体将 Linux Kernel(Linux 内核，含 tools)与可运行的软件整合起来，加上一些工具程序，称之为 Linux distribution，也就是 Linux 的发行版本。现在 Linux 发行版本已经超过了 300 个。

Linux 的发行版本大体可以分为两类：一类是商业公司维护的发行版本，以 RedHat 为代表，包括 RHEL、CentOS、Fedora 及它们的衍生系统；另一类是社区组织维护的发行版本，以 Debian 为代表，包括 Debian、Ubuntu 及它们的衍生系统。

5. 主流的发行版本

目前比较流行的发行版本有以下 5 种：

(1) **RHEL**。RHEL(RedHat Enterprise Linux)是 RedHat 公司面向企业的服务器系统。2018 年 10 月，IBM 收购了 RedHat 公司，RHEL 正式成为 IBM 旗下的产品。其官网为 http://www.redhat.com。

(2) **CentOS**。CentOS(Community Enterprise Operating System)是 RHEL 的社区克隆版

本，是将 RHEL 源代码重新编译而成的版本。其官网为 http://www.centos.org/。

(3) **Fedora**。Fedora 是社区版本，由 RedHat 公司提供赞助，可以认为是 RHEL 的预发布版，新的技术会在 Fedora 版本中优先发布，供使用者体验，同时便于发现 bug 或者提出更好的建议。其官网为 http://getfedora.org/。

(4) **Debian**。Debian 是社区类 Linux 发展的典范，它包含的多数软件使用 GNU 通用公共许可协议授权，并由 Debian 计划的参与者组成团队对其进行打包、开发与维护。其官网为 http://www.debian.org/。

(5) **Ubuntu**。Ubuntu 是基于 Debian 发展而来的，其界面友好，容易上手，共享来自Debian 库中的大量包和库，对硬件的支持非常全面。其官网为 http://www.ubuntu.com/。

本书是基于 CentOS Stream 9 编写的，书中内容及实验操作完全适用于 RHEL 9、Fedora等系统。

1.2　虚拟机简介

1．虚拟机的概念

虚拟机(Virtual Machine)是指通过软件模拟具有完整硬件系统功能的、运行在一个完全隔离环境中的完整计算机系统。在实体计算机中能够完成的工作在虚拟机中都能够实现。每个虚拟机都有独立的 CPU、内存、磁盘驱动、网络接口等。使用虚拟机与使用实体机一样，进入虚拟系统后，所有操作都在这个全新的独立虚拟系统里进行，可以独立安装运行软件，保存数据，拥有自己的独立桌面，且不会对真正的系统产生任何影响。在实体机中创建虚拟机时，需要将实体机中部分硬盘和内存容量作为虚拟机的硬盘和内存容量。虚拟机的作用有以下 3 点：

(1) 不需要分区就能在一台 PC 上使用两种以上的操作系统。

(2) 能够随时修改操作系统的操作环境，如内存、磁盘空间等。

(3) 完全隔离并且保护各个操作系统。

2．常用的虚拟机软件

对于刚开始接触 Linux 操作系统的使用者来说，不需要在 PC 上直接安装操作系统，只需要在虚拟机上安装 Linux 操作系统，方便学习和掌握 Linux 系统的基本使用方法。目前常用的虚拟机软件有 VMware Workstation 和 Virtual Box，它们都能在 Windows 系统上虚拟出多个计算机，每个虚拟计算机可以独立运行，也可以安装各种软件与应用等。

(1) VMware Workstation(中文名为"威睿工作站")是一款功能强大的桌面虚拟计算机软件，用户可在单一的桌面上同时运行不同的操作系统，并进行开发、测试、部署新的应用程序。VMware Workstation 可在一台实体机器上模拟完整的网络环境，甚至可以将几台虚拟机用网卡连接为一个局域网，其更好的灵活性与先进的技术胜过了市面上其他的虚拟计算机软件。对于企业的 IT 开发人员和系统管理员而言，VMware Workstation 在虚拟网络、实时快照、拖拽共享文件夹等方面的特点使它成为必不可少的工具。

(2) Virtual Box 是一款开源虚拟机软件。Virtual Box 不仅具有丰富的功能，而且性能也很优异。使用者可以在 Virtual Box 上安装 Solaris、Windows、DOS、Linux、OS/2 Warp、

BSD 等系统作为客户端操作系统，但是使用 Virtual Box 时，CPU 占用率大多数时间都在 100%，会导致主机上其他程序无法运行。

任务实施

任务 1 的实施过程如表 1-1 所示。

表 1-1　任务 1 的实施过程

操作步骤	操作过程	操作说明
步骤一：安装虚拟机软件	(1) 双击下载好的软件安装包，进入安装向导界面，如下图所示 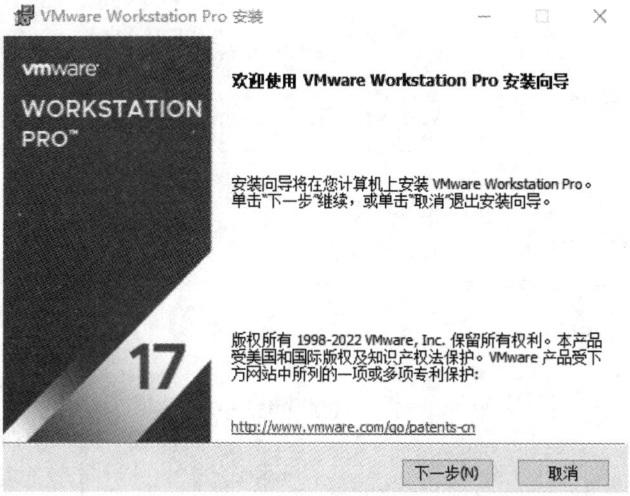 	本书选择 VMware Workstation 虚拟机软件，从 VMware 中文官方网站 www.vmware. com/cn 中下载软件安装包，这里选择的版本是 VMware Workstation PRO 17
	(2) 单击"下一步"按钮，进入"最终用户许可协议"界面，如下图所示 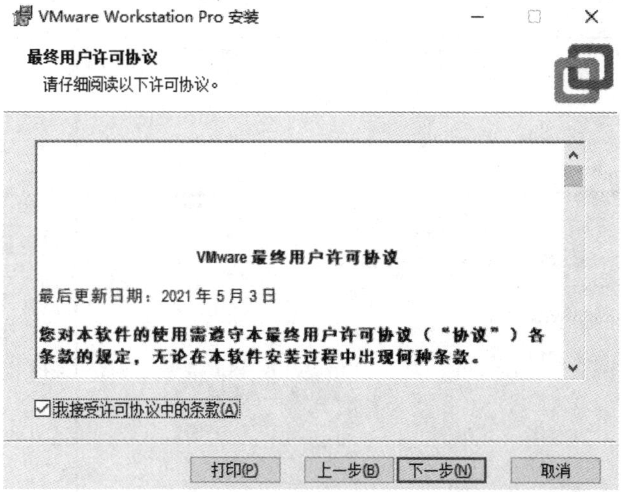 	在"最终用户许可协议"界面中，拖动右侧滑块，可以浏览 VMware 软件的用户许可协议相关内容

操作步骤	操作过程	操作说明
	(3) 选中"我接受许可协议中的条款",单击"下一步"按钮,进入"自定义安装"界面,如下图所示 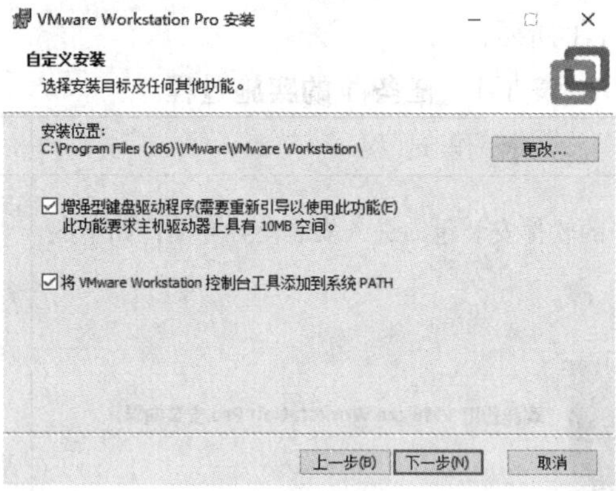 	在"自定义安装"界面中,可以设置软件的安装位置,即单击"更改…"按钮,选择软件的安装位置即可。其中有两个安装选项,用户可根据需要选择
步骤一: 安装虚拟 机软件	(4) 单击"下一步"按钮,进入"用户体验设置"界面,如下图所示。在这里可以设置用户体验 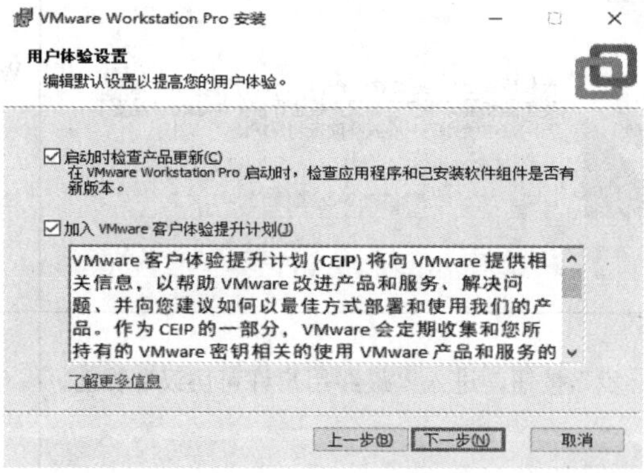 	在"用户体验设置"界面中进行设置,可以提高用户体验。其中有两个用户体验设置选项,用户可根据需要进行选择
	(5) 单击"下一步"按钮,进入"快捷方式"设置界面,如下图所示 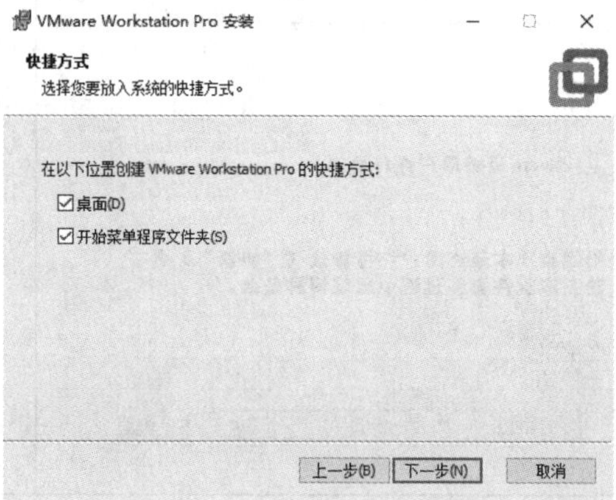 	在"快捷方式"设置界面中,可以选择进入系统的快捷方式,用户可根据需要进行选择

续表二

操作步骤	操作过程	操作说明
步骤一： 安装虚拟机软件	（6）单击"下一步"按钮，进入安装界面，如下图所示。单击"安装"按钮，系统会自动安装软件，等待软件安装完成即可 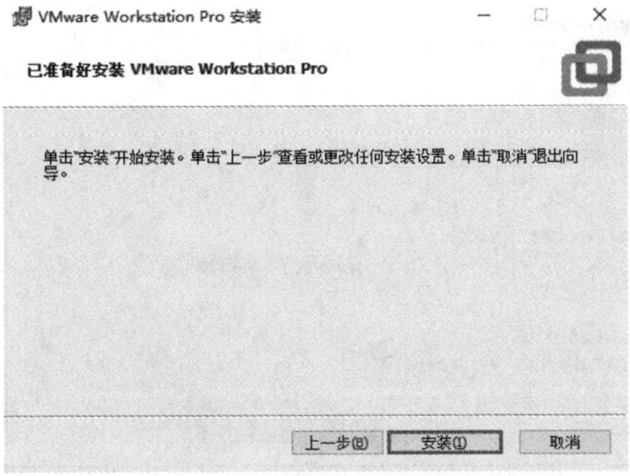 	
步骤二： 创建虚拟机	（1）在桌面上双击 VMware Workstation 软件快捷方式，进入软件操作界面，如下图所示 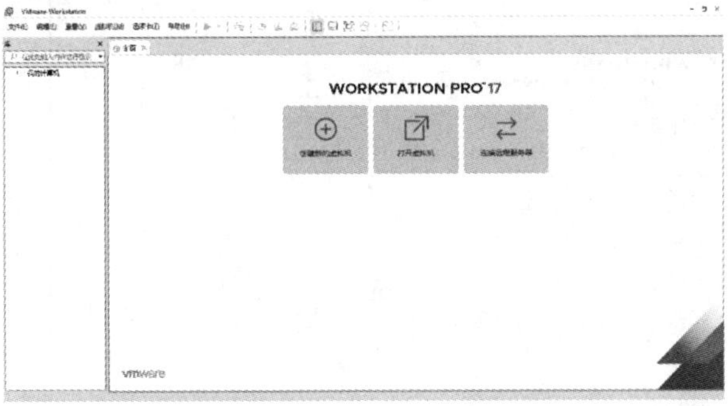 	在软件操作界面中有三个选项："创建新的虚拟机"选项用来创建新的虚拟机；"打开虚拟机"选项用来打开已经创建好的虚拟机；"连接远程服务器"选项用来登录远程服务器
	（2）单击"创建新的虚拟机"选项按钮，进入"新建虚拟机向导"界面，如下图所示。这里选择"自定义"选项创建虚拟机  	在"新建虚拟机向导"界面中有两个配置类型：选择"典型"类型的配置，创建虚拟机时只需要几个步骤；选择"自定义"类型的配置，创建虚拟机时可以设置更多项

续表三

操作步骤	操作过程	操作说明
	(3) 单击"下一步"按钮，进入"安装客户机操作系统"界面，如下图所示。这里选择"稍后安装操作系统"选项 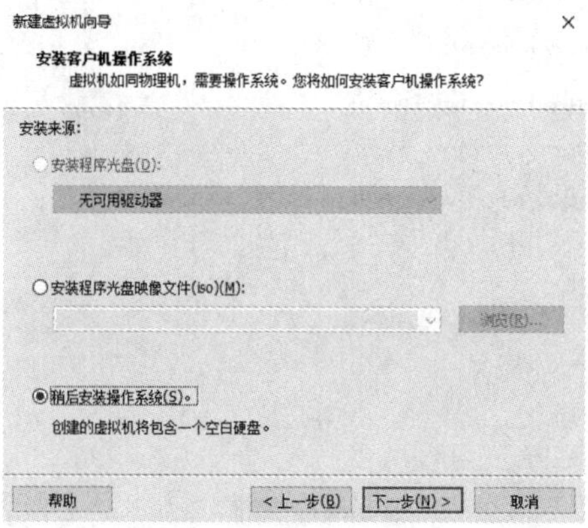 	在"安装客户机操作系统"界面中有三个选项："安装程序光盘"选项为无可用驱动器，该选项不可选；"安装程序光盘映像文件"选项会选择默认的安装策略安装最精简的 Linux 系统；"稍后安装操作系统"选项可以在安装过程中进行操作系统设置调整
步骤二： 创建虚拟机	(4) 单击"下一步"按钮，进入"选择客户机操作系统"界面，如下图所示。这里客户机操作系统选择"Linux"，版本选择"Red Hat Enterprise Linux 9 64 位" 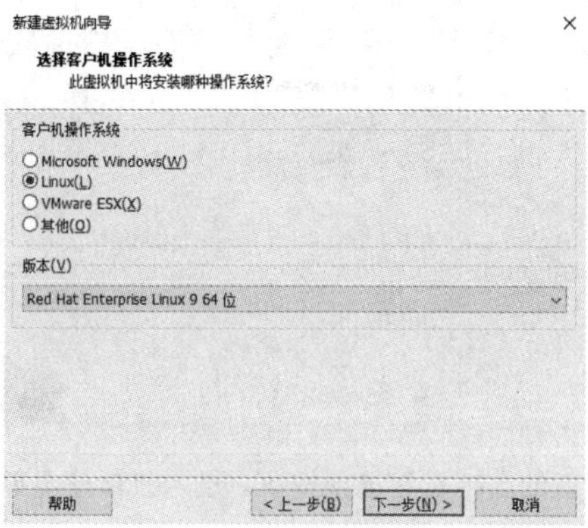 	在"选择客户机操作系统"界面中，根据需要选择安装的操作系统类型和版本
	(5) 单击"下一步"按钮，进入"命名虚拟机"界面，如下图所示。这里设置虚拟机名称为"CentOS 9 64 位" 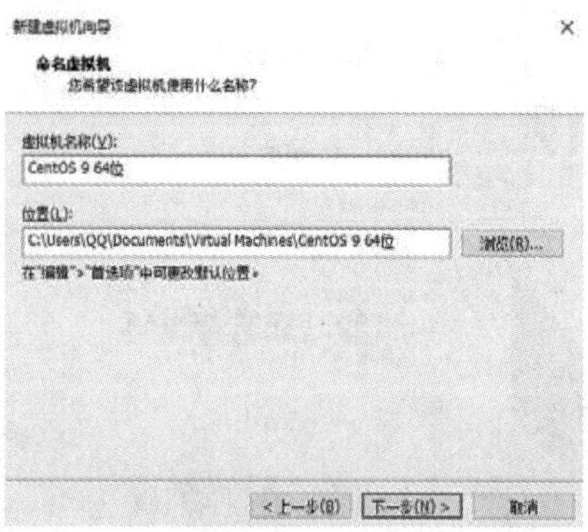 	在"命名虚拟机"界面中，可以填写虚拟机的名称，还可以选择所创建的虚拟机文件的安装位置

操作步骤	操作过程	操作说明
步骤二： 创建虚拟机	(6) 单击"下一步"按钮，进入"处理器配置"界面，如下图所示。这里设置处理器数量为 2，每个处理器的内核数量为 1 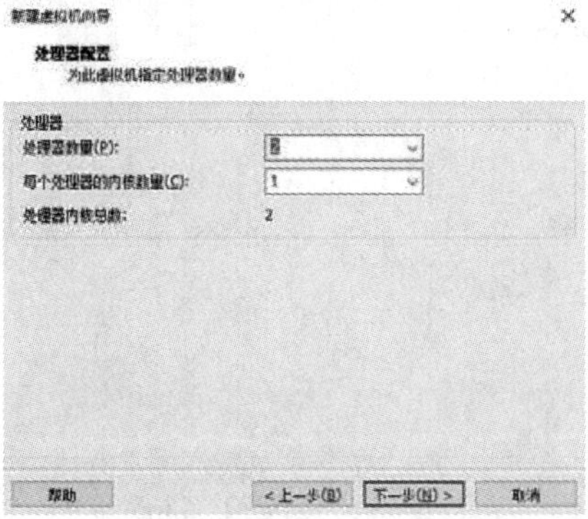 	在"处理器配置"界面中，可以设置处理器数量和内核数量，但不能超过主机处理器的配置
	(7) 单击"下一步"按钮，进入虚拟机的内存设置界面，如下图所示。这里设置内存大小为 2 GB 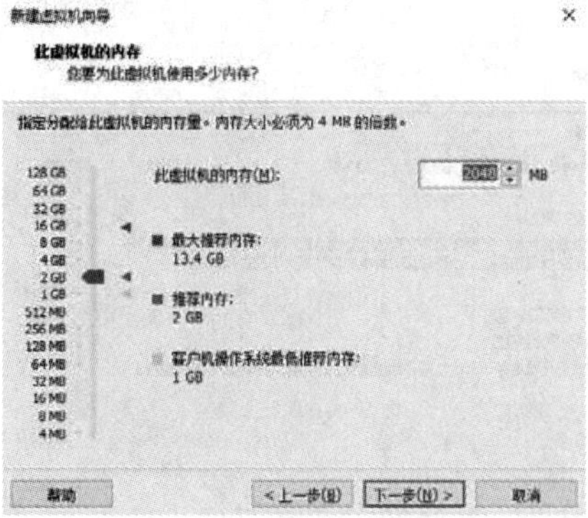 	在虚拟机的内存设置界面中，可以设置内存大小，但不能超过主机处理器的配置
	(8) 单击"下一步"按钮，进入"网络类型"设置界面，如下图所示。这里选择"使用网络地址转换"选项 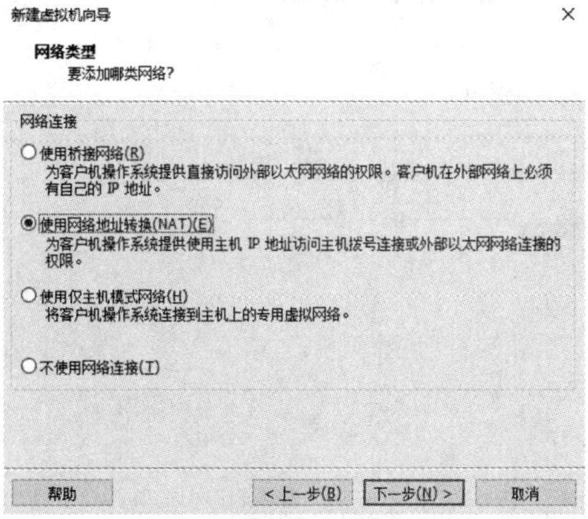 	在虚拟机"网络类型"设置界面中，可以设置虚拟机的网络模式。"使用桥接网络"选项是指让虚拟机具有直接访问外部以太网网络的权限。"使用网络地址转换"选项是指利用 NAT(网络地址转换)，虚拟机和主机将共享一个网络标识。"使用仅主机模式网络"选项是指使用对主机操作系统可见的虚拟网络适配器，在虚拟机和主机系统之间提供网络连接

续表五

操作步骤	操 作 过 程	操作说明
	(9) 单击"下一步"按钮，进入"虚拟磁盘类型"设置界面，如下图所示。这里选择"SCSI"选项 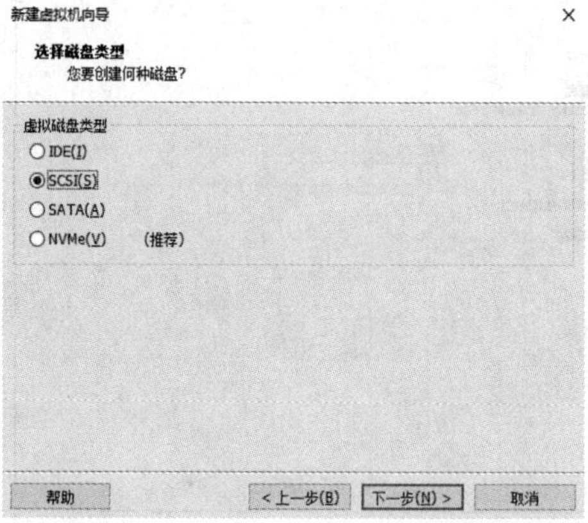 新建虚拟机向导　　　　　　　　　　　　　　　× **选择磁盘类型** 　您要创建何种磁盘？ **虚拟磁盘类型** 　○ IDE(I) 　◉ SCSI(S) 　○ SATA(A) 　○ NVMe(V)　　(推荐) 帮助　　　　　< 上一步(B)　下一步(N) >　取消	在"虚拟磁盘类型"设置界面中，可以根据需要设置不同的磁盘类型
步骤二： 创建虚拟机	(10) 磁盘容量界面如下图所示。这里设置磁盘大小为 40 GB 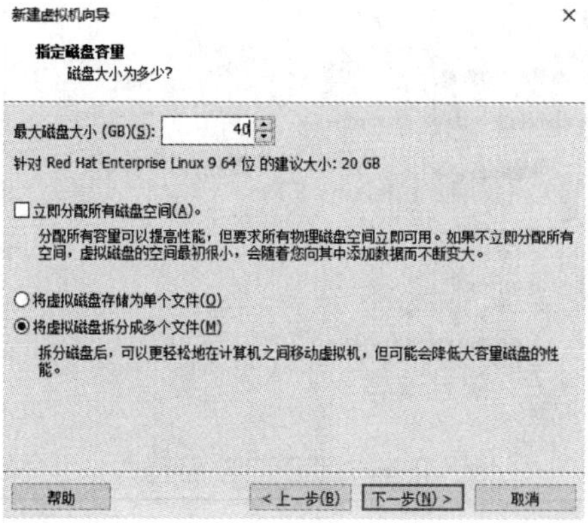 新建虚拟机向导　　　　　　　　　　　　　　　× **指定磁盘容量** 　磁盘大小为多少？ 最大磁盘大小 (GB)(S)：　　40 针对 Red Hat Enterprise Linux 9 64 位 的建议大小：20 GB □ 立即分配所有磁盘空间(A)。 　　分配所有容量可以提高性能，但要求所有物理磁盘空间立即可用。如果不立即分配所有空间，虚拟磁盘的空间最开始很小，会随着您向其中添加数据而不断变大。 ○ 将虚拟磁盘存储为单个文件(O) ◉ 将虚拟磁盘拆分成多个文件(M) 　　拆分磁盘后，可以更轻松地在计算机之间移动虚拟机，但可能会降低大容量磁盘的性能。 帮助　　　　　< 上一步(B)　下一步(N) >　取消	在"指定磁盘容量"界面中，可以设置磁盘大小，以便存储文件
	(11) 单击"下一步"按钮，进入"磁盘文件"设置界面，可以使用默认的文件名自动命名磁盘文件 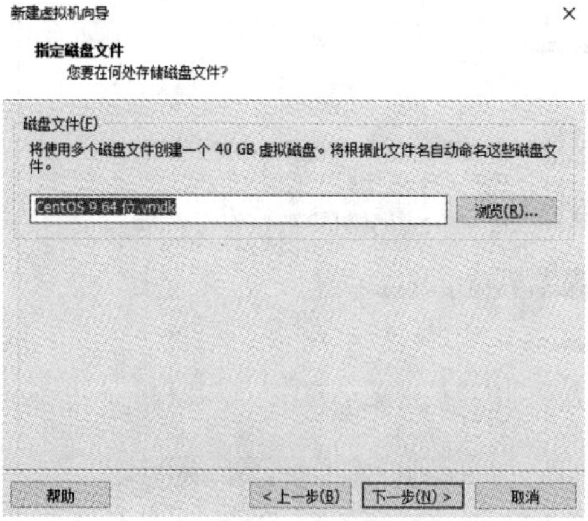 新建虚拟机向导　　　　　　　　　　　　　　　× **指定磁盘文件** 　您要在何处存储磁盘文件？ **磁盘文件(F)** 将使用多个磁盘文件创建一个 40 GB 虚拟磁盘。将根据此文件名自动命名这些磁盘文件。 CentOS 9 64 位.vmdk　　　　　　　　浏览(R)... 帮助　　　　　< 上一步(B)　下一步(N) >　取消	

续表六

操作步骤	操 作 过 程	操作说明
	(12)　单击"下一步"按钮，进入虚拟机配置界面，如下图所示 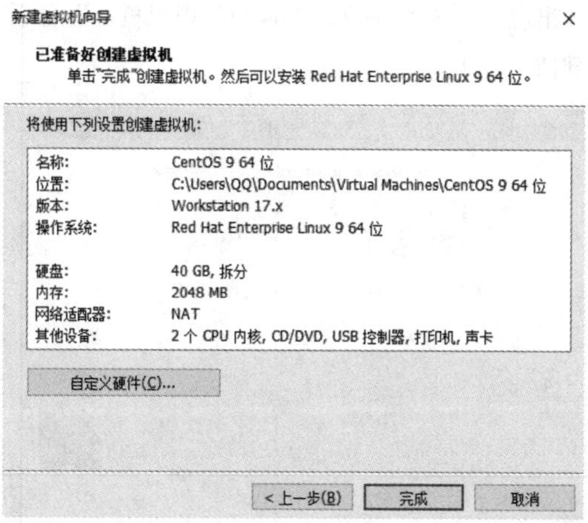 	在虚拟机配置界面中，可以看到虚拟机的相关信息，包括名称、位置、硬盘大小、内存大小等
步骤二： 创建虚拟机	(13) 单击虚拟机配置界面中的"自定义硬件…"按钮，选择硬件列表中的"CD/DVD(SATA)"选项，如下图所示。这里选择"使用 ISO 映像文件"选项，再单击"浏览…"按钮，选择系统中主机上的 CentOS Stream 9 系统镜像文件的路径 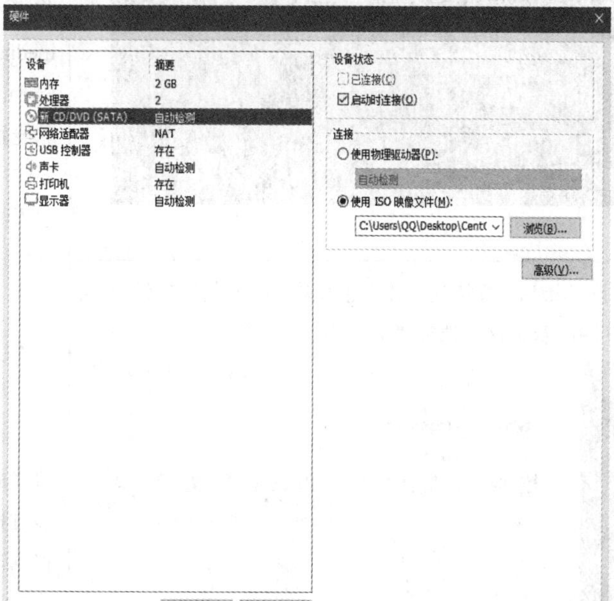 	在"CD/DVD(SATA)"选项中，可以设置安装操作系统使用的光驱设备。"连接栏"中有两个选项："使用物理驱动器"选项需要有物理光驱，因为虚拟机中没有光驱，所以不能选择该选项；"使用 ISO 映像文件"选项用于使用系统镜像文件安装操作系统。CentOS Stream 9 系统镜像文件大约为 9 GB，请务必提前下载

续表七

操作步骤	操　作　过　程	操作说明
步骤二： 创建虚拟机	(14) 完成相关设置后，单击"确定"按钮，返回 VMware Workstation 软件的操作界面，如下图所示。在操作界面左侧的虚拟机库中，出现了一个"CentOS 9 64 位"虚拟机，说明虚拟机已经创建成功 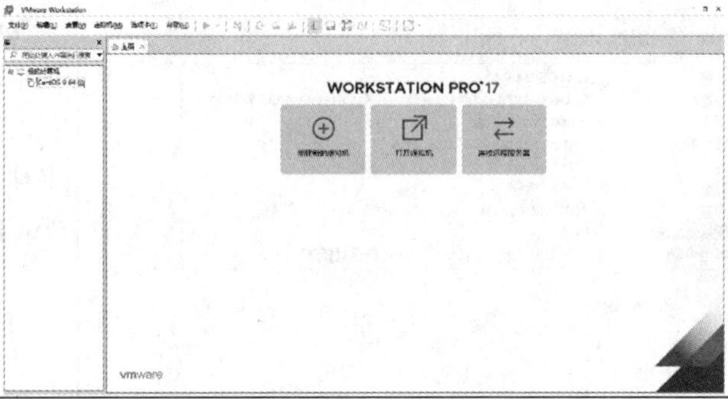 	
步骤三： 安装 Linux 操作系统	(1) 打开 VMware Workstation 虚拟机软件，选择左侧库中所创建的虚拟机，然后在虚拟机管理界面中单击"开启此虚拟机"，等待几秒就能看到 CentOS Stream 9 系统的安装界面，如下图所示 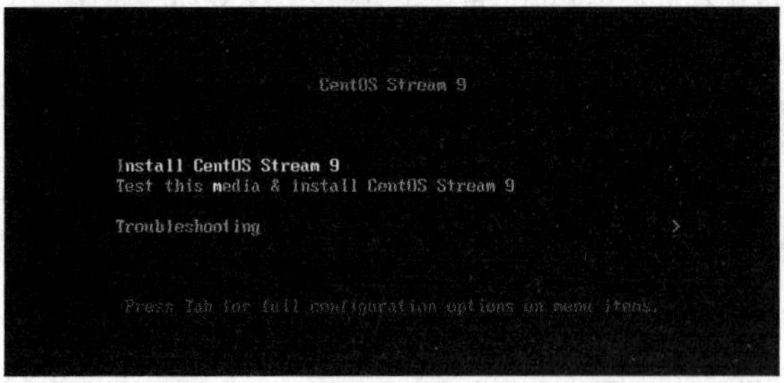 	在 CentOS Stream 9 系统的安装界面中，有三个选项，可通过键盘的方向键进行选择："Install CentOS Stream 9"选项用于直接安装操作系统；"Test this media & install CentOS Stream 9"选项用于校验光盘完整性后再安装系统；"Troubleshooting"选项用于启动救援模式
	(2) 按回车键后，等待几十秒，进入系统的安装语言设置界面，如下图所示。这里选择"简体中文"  	在系统的安装语言设置界面中，可以选择安装过程中使用的语言，根据需要进行选择

续表八

操作步骤	操作过程	操作说明
步骤三： 安装 Linux 操作系统	(3) 单击"继续"按钮，进入系统安装信息界面，如下图所示 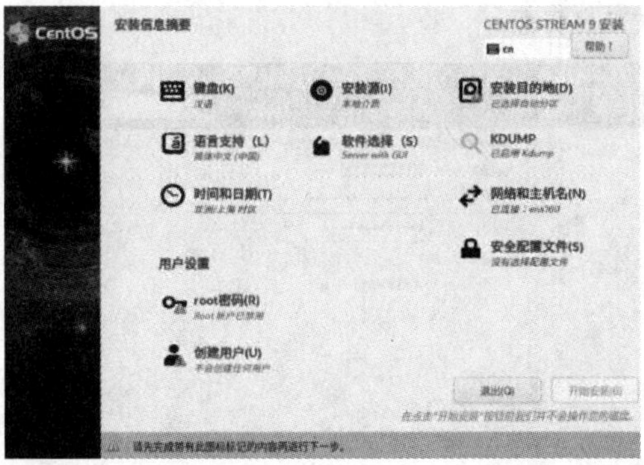 	在系统安装信息界面中，可以完成 CentOS Stream 9 系统的相关设置
	(4) 在系统安装信息界面中，单击"软件选择"，可以进入"软件选择"界面，如下图所示。默认是第一个选项"Server with GUI"，单击"完成"按钮，返回系统安装信息界面 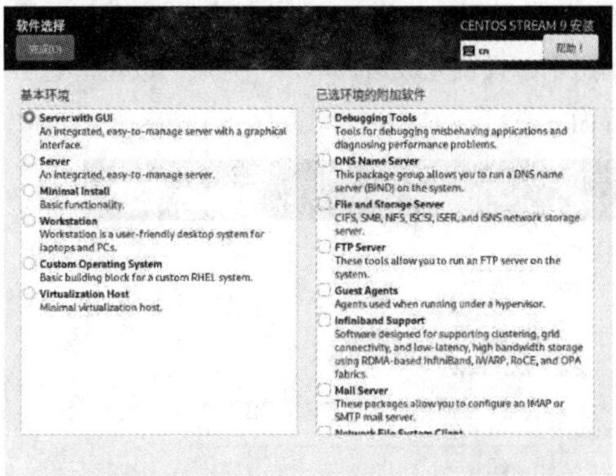 	第一个选项是带有桌面的系统。如果只是将 CentOS Stream 9 系统作为一个服务器使用，就可以选择"Minimal Install"
	(5) 在系统安装信息界面中，单击"安装目的地"，可以进入"安装目标位置"设置界面，如下图所示。默认是自动存储配置，单击"完成"按钮，返回系统安装信息界面  	"安装目标位置"设置界面主要用于分区设置，有两个选项：选择"自动"选项，系统会根据默认配置对硬盘进行分区，使用标准化的分区格式；选择"自定义"选项，可以手动进行分区，各分区大小和类型可以自己定义

续表九

操作步骤	操作过程	操作说明
	(6) 在系统安装信息界面中，单击"root 密码"，可以进入 root 密码设置界面，如下图所示。设置完成后，单击"完成"按钮，返回系统安装信息界面 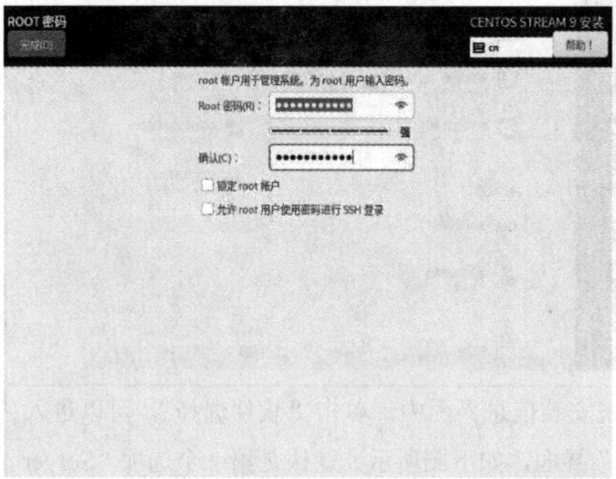 	默认情况下，在 CentOS Stream 9 系统中禁用 root 账号。在 root 密码界面，解锁 root 账户并设置 root 密码。如果设置了简单密码类型，就需要点击 2 次"完成"按钮
步骤三： 安装 Linux 操作系统	(7) 在系统安装信息界面中，单击"创建用户"，进入创建用户界面，如下图所示。设置完成后，单击"完成"按钮，返回系统安装信息界面 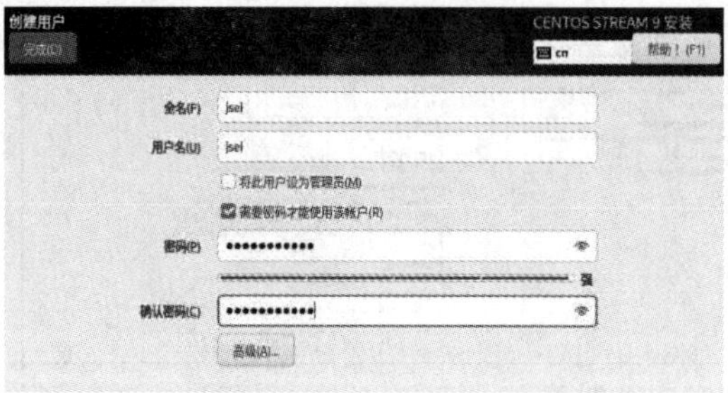 	在创建用户界面中，可以创建一个用户账户，并设置密码
	(8) 系统安装信息界面如下图所示，完成相关设置后，单击"开始安装"按钮  	系统安装时间大约 20 min，在安装过程中请耐心等待

续表十

操作步骤	操作过程	操作说明
步骤三： 安装Linux 操作系统	(9) 系统安装完成后，单击"重启"按钮，进入 CentOS Stream 9 的初始化配置界面，如下图所示 	因为安装操作系统时，选择使用"Server with GUI"的基本环境，所以系统启动后，进入的是 CentOS Stream 9 系统的图形化界面

任务拓展

某高校需要架设一套服务器为学校内部提供服务，现需要安装 Linux 操作系统，具体配置为：SCSI 硬盘大小为 100 GB，内存为 8 GB，采用双网卡配置。

任务2　Linux 系统管理

任务介绍

M 公司在原管理员离职后，安排了小王来负责服务器的管理工作，但工作交接时出现了问题，小王不知道服务器的 root 密码，因此需要重新设置 root 密码，并将系统主机名改为 xiaowang。

任务分析

要实现 root 用户密码和主机名的修改，可以按以下 4 个步骤进行操作：
步骤一，进入内核编辑界面，修改相关参数。
步骤二，进入紧急救援模式，修改 root 密码。
步骤三，登录系统，使用 root 用户登录。
步骤四，修改主机名。

必备知识

完成本任务需要掌握的必备知识见 2.1～2.3 节。

2.1　Linux 系统登录

Linux 系统的登录模式有两种：命令行登录和图形界面登录。

1. 命令行登录

在安装 CentOS Stream 9 系统时，如果选择"Minimal Install"选项进行最小化安装，那么成功启动系统后，会进入命令行登录界面，屏幕上显示的内容如图 2-1 所示。

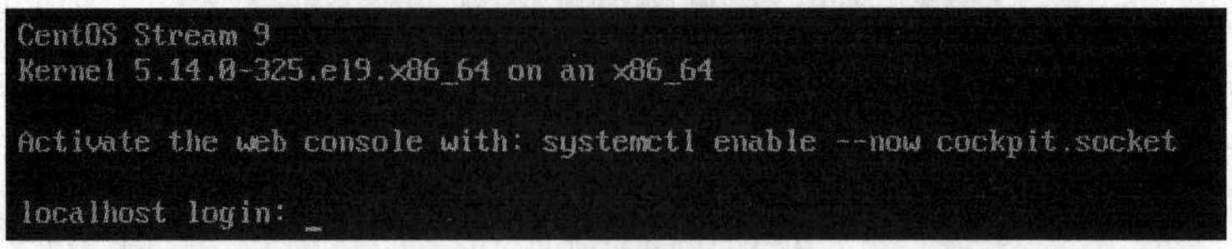

图 2-1　CentOS Stream 9 系统命令行登录界面

在图 2-1 中，第一行"CentOS Stream 9"表示本 Linux 操作系统的版本；第二行"Kernel 5.14.0-325.el9.x86_64 on an x86_64"是系统的内核版本号；第四行"localhost login"表示登录本地主机，后面应该输入用户名。

如果以管理员身份登录系统，在"localhost login"后输入管理员账号 root，按回车键确认后，在"Password"后面输入 root 密码。输入的密码在屏幕上是不显示的，如果密码输入正确，就可以看到一条登录时间的提示以及"[root@localhost ~] #"这样的命令提示符，此时表明 root 用户已经登录到系统中，屏幕上显示的内容如图 2-2 所示。

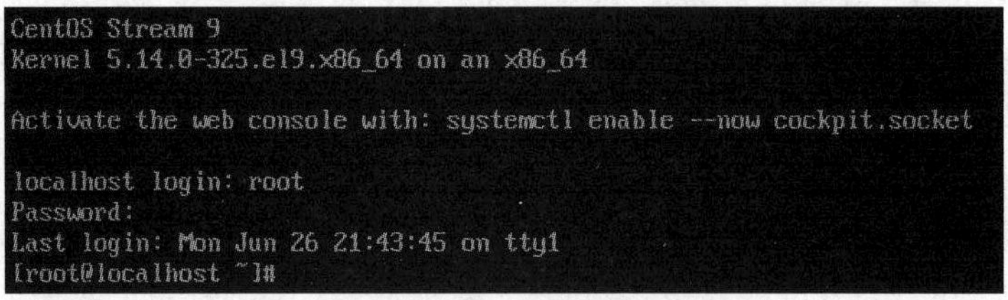

图 2-2　命令行 root 用户登录界面

2. 图形界面登录

在安装 CentOS Stream 9 系统时，如果选择默认的"Server with GUI"选项进行系统安装，那么在系统启动后，会进入图形登录界面，如图 2-3 所示。

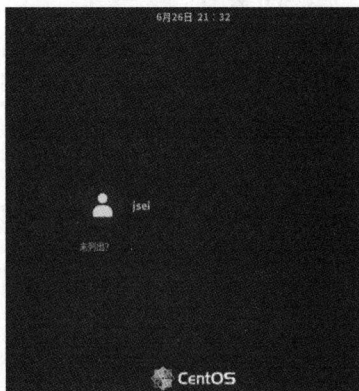

图 2-3　CentOS Stream 9 系统图形登录界面

在图 2-3 中，jsei 是安装系统时创建的一个用户，单击用户头像，再输入密码，就能以 jsei 用户身份登录系统。如果想以管理员 root 用户身份登录系统，则单击"未列出？"，此时会弹出如图 2-4 所示的用户名输入框。在用户名输入框中输入"root"，按回车键后弹出如图 2-5 所示的密码输入框。

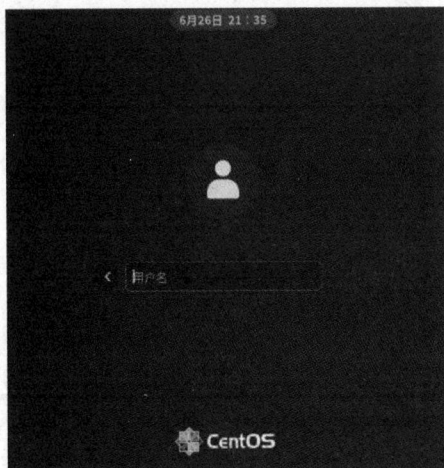

图 2-4　用户名输入框　　　　　　　　　图 2-5　密码输入框

输入 root 的密码，按回车键后，如果输入的密码正确，就可以进入 CentOS Stream 9 系统的图形操作界面，如图 2-6 所示。

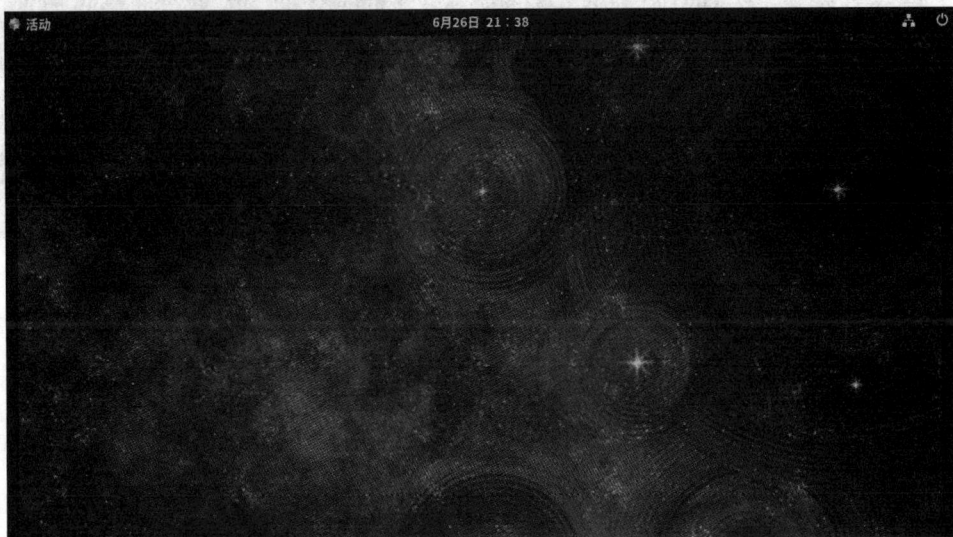

图 2-6　CentOS Stream 9 系统的图形操作界面

3. 命令行界面与图形界面的切换

在有图形界面的操作系统中，可以实现命令行界面与图形界面之间的切换，具体操作方法如下：

(1) **图形界面→命令行界面**：在图形界面左上角的"活动"中打开"终端"，在终端的命令行中输入"init 3"，如图 2-7 所示，可以从图形界面切换至命令行界面，或者直接使用快捷键"Ctrl+Alt+F2"进行切换。

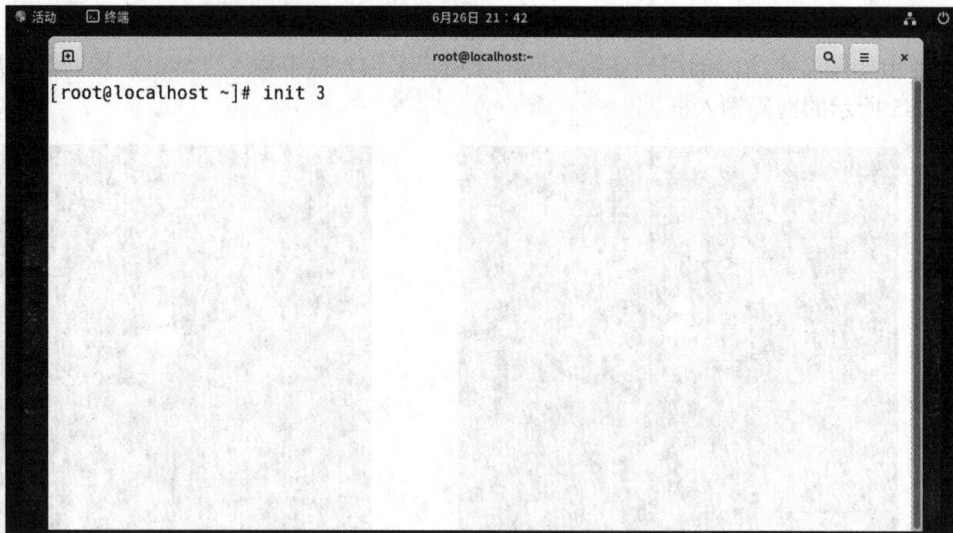

图 2-7　在图形界面的终端中输入"init 3"

(2) 命令行界面→图形界面：在命令行登录界面中，用管理员 root 用户身份登录系统，在命令行中输入"init 5"，如图 2-8 所示，可以从命令行界面切换至图形界面，或者直接使用快捷键"Ctrl+Alt+F1"进行切换。

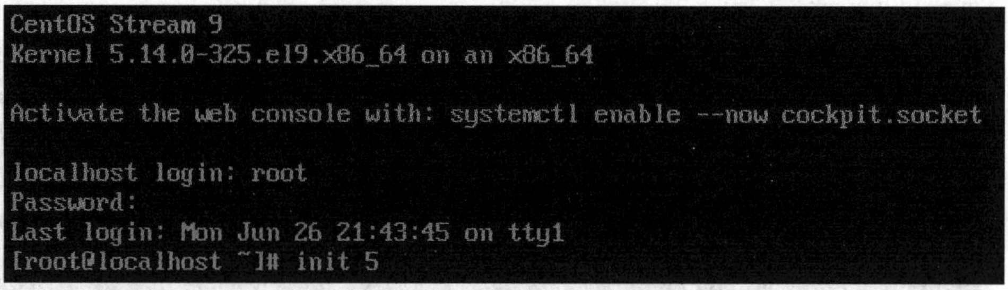

图 2-8　在命令行界面的命令行中输入"init 5"

这里需要注意的是，如果以普通用户身份登录系统，也可以使用 init 命令，但必须得到 root 的认证授权，也就是需要输入 root 的密码，输入正确后才能完成界面切换。

2.2　Linux 命令基础

1. Linux 命令提示符

用户登录系统后，在图形界面中打开命令终端，此时会出现以下内容：

[root@localhost ~]#

这就是 Linux 系统的命令提示符，其中每个部分的含义如下：

[ ]：提示符的分隔符号，没有特殊含义。

root：显示当前的登录用户。现在使用的是 root 用户登录。如果使用 jsei 用户登录系统，这里就显示的是 jsei。

@：分隔符号，没有特殊含义。

localhost：当前系统主机名的简写，完整的主机名是 localhost.localdomain。

~：用户当前所在的目录。此例中用户当前所在的目录是家目录。家目录又称主目录，在 Linux 系统中，用户登录后会有一个初始登录位置，这个初始登录位置就称为用户的家目录。系统中 root 用户的家目录是 /root，普通用户的家目录是 /home/用户名。

#：提示符。Linux 用这个符号标识登录的用户权限等级。# 表示当前登录的是管理员用户，$ 表示当前登录的是普通用户。

2. Linux 命令的基本格式

Linux 命令的基本格式如下：

[root@localhost ~]# 命令　[选项]　[参数]

在 Linux 命令格式中，[ ]代表可选项。有些命令不写选项或参数也能执行。命令的选项用于调整命令功能，而命令的参数则是这个命令的操作对象。

3. Linux 命令使用注意事项

(1) Linux 命令中需要严格区分大小写，包括执行的命令名、选项、参数以及系统中的文件名。

(2) Linux 命令中，命令、选项、参数之间都应该有空格。

(3) 如果要在一个命令行上输入和执行多条命令，可以使用分号";"来分隔命令。

(4) 如果想将一个较长的命令分成多行，可以使用反斜杠"\"来分隔命令。

4. Linux 系统中常用的快捷键

Linux 系统中常用的快捷键及其含义如表 2-1 所示。

表 2-1　Linux 系统中常用的快捷键及其含义

快捷键	含　义
Tab	补全命令或者文件名
Ctrl + C	终止正在运行的命令或进程
Ctrl + D	退出终端窗口
Ctrl + L	清空屏幕
Ctrl + Z	将正在运行的程序送到后台

5. Linux 系统的帮助命令

Linux 系统的命令数量很多，且每个命令有若干个选项。若在使用过程中遇到一个不熟悉的 Linux 命令，则需要正确使用 Linux 的帮助命令，这样才能快速地了解命令的功能和用法。

Linux 系统中常用的帮助命令是 help、man、info。

(1) help 命令可用于查看命令的帮助信息。该命令的基本格式如下：

命令名　--help

(2) man 是 manual 的简称，中文称之为手册。利用 man 命令可以查看命令语法、各选项的意义及相关命令。另外，man 命令不仅可用于查看 Linux 中命令的使用帮助，还可用于查看软件服务配置文件、系统调用、库函数等帮助信息。该命令的基本格式如下：

    man   命令名

(3) info 命令主要用于读取 Info 格式的帮助文档。与 man 手册相比，info 手册提供的文档数量相对较少，但 info 手册文档的结构化程度更高，更加详细和易读。该命令基本格式如下：

    info   命令名

2.3 Linux 系统管理命令

下面介绍常用的 Linux 系统管理命令。

1. shutdown 命令

shutdown 命令可以用于重启系统，也可以用于关闭系统。其命令格式如下：

    shutdown   [选项]   时间

常用选项有 -r 和 -h，其中，-r 选项用于重启系统，-h 选项用于关闭系统。其实现代码与功能如下：

```
[root@localhost ~]# shutdown   -r   now              //关闭系统后重启
[root@localhost ~]# shutdown   -h   now              //关闭系统后不重启
[root@localhost ~]# shutdown   -r   +5               //5 分钟后重启系统
[root@localhost ~]# shutdown   -h   +5               //5 分钟后关闭系统
[root@localhost ~]# shutdown   -r   8:00             //8 点钟重启系统
[root@localhost ~]# shutdown   -h   8:00             //8 点钟关闭系统
```

2. reboot 命令

reboot 命令用于重新启动系统，其作用相当于执行命令"shutdown -r now"。

3. poweroff 命令

poweroff 命令用于立即停止系统，并关闭电源，其作用相当于执行命令"shutdown -h now"。

4. uname 命令

uname 命令用于显示系统的相关信息，包括内核版本号、操作系统类型等。其命令格式如下：

    uname   [选项]

该命令加上 -a 选项可以显示系统的全部信息。其实现代码与结果如下：

```
[root@localhost ~]# uname   -a
Linux  localhost.localdomain  5.14.0-325.el9.x86_64  #1  SMP  PREEMPT_DYNAMIC  Fri  Jun  9
19:47:16 UTC 2023 x86_64 x86_64 x86_64 GNU/Linux
```

5. date 命令

date 命令用于显示或设置系统的日期与时间。其命令格式如下：

date　[选项]　[参数]

(1) 显示当前时间，其实现代码与结果如下：

```
[root@localhost ~]# date
2023 年 06 月 26 日 星期一 21:54:04 CST
```

(2) 将系统的日期修改为 2023 年 6 月 10 日，其实现代码与结果如下：

```
[root@localhost ~]# date  -s  2023-06-10
2023 年 06 月 10 日 星期六 00:00:00 CST
```

(3) 将系统的时间修改为 15 点 10 分，其实现代码与结果如下：

```
[root@localhost ~]# date  -s  15:10
2023 年 06 月 10 日 星期六 15:10:00 CST
```

6. free 命令

free 命令用于查看当前系统中内存的使用情况，包括物理内存、交换内存(swap)和内核缓冲区内存。其命令格式如下：

　　free　[选项]

该命令加上 -h 选项可以用常见的单位显示内存使用情况。其实现代码与结果如下：

```
[root@localhost ~]# free  -h
            total      used      free      shared    buff/cache    available
Mem:       1.7Gi      1.2Gi     169Mi      15Mi        520Mi        524GMi
Swap:      2.0Gi      60Mi      2.0Gi
```

7. echo 命令

echo 命令用于在终端输出字符串或变量提取后的值。echo 命令多用于 shell 脚本中。例如，需要在终端上输出"Today　is　Monday"，其实现代码与结果如下：

```
[root@localhost ~]# echo "Today  is  Monday"
Today  is  Monday
```

8. ps 命令

ps 命令用于查看系统中的进程状态。其命令格式如下：

　　ps　[选项]

该命令加上 -u 选项可以显示进程的用户名和启动时间等信息。其实现代码与结果如下：

```
[root@localhost ~]# ps  -u
USER    PID    %CPU    %MEM    VSZ     RSS     TTY     STAT    START    TIME    COMMAND
root    7833   0.0     0.3     224100  5408    tty2    Ss+     15:05    0:00    -bash
root    8586   0.0     0.3     224108  5428    pts/0   Ss      15:06    0:00    bash
root    8693   0.0     0.2     225480  3628    pts/0   R+      15:13    0:00    ps -u
```

输出内容的含义依次为进程的所有者、进程 PID、CPU 占用率、内存占用率、虚拟内存使用量、占用的固定内存量、所在终端、进程状态、被启动的时间、实际使用 CPU 的时间、命令名称与参数等。

9. pidof 命令

pidof 命令用于查询某个指定服务进程的 PID 值。例如，查询 bash 进程的 PID 值，其实现代码与结果如下：

```
[root@localhost ~]# pidof   bash
8586 7833
```

10. kill 命令

kill 命令用于向进程发送一个信号，信号可以由用户指定，常用于终止某个服务进程。使用命令 "kill -l" 可以查看所有信号及其编号。kill 命令的常用信号及其含义如表 2-2 所示。

表 2-2 kill 命令的常用信号及其含义

信号编码	信号名	含　义
1	SIGHUP	挂掉电话线或终端连接的挂起信号
2	SIGINT	结束进程，但并不是强制性的，等同于快捷键 "Ctrl+C" 的作用
9	SIGKILL	杀死进程，即强制结束进程
15	SIGTERM	正常结束进程，是 kill 命令的默认信号
19	SIGSTOP	暂停进程，等同于快捷键 "Ctrl+Z" 的作用

kill 的命令格式如下：

kill [选项] 进程 PID 号

例如，强制终止 bash 进程，执行命令 "kill -9 8586"，可以结束 bash 进程，同时会关闭 "终端" 窗口。

11. killall 命令

在系统中，一个复杂软件的服务程序通常会有多个进程，使用 kill 命令一个一个结束这些进程会比较麻烦，但若使用 killall 命令则可以一次性终止某个指定名称的服务所对应的全部进程。其命令格式如下：

killall [选项] [进程名称]

12. alias 命令

alias 命令用于查询和设置命令的别名，常用来设置一些比较复杂且常用命令的别名。其命令格式如下：

alias 命令别名 = 命令

(1) 设置 "pp" 为 "pwd" 命令的别名，其实现代码与结果如下：

```
[root@localhost ~]# alias   pp=pwd
[root@localhost ~]# pp
/root
[root@localhost ~]# pwd
/root
```

将 "pp" 设置为 "pwd" 命令的别名后，执行两个命令，系统显示的结果都是一样的。

(2) 查询系统中的别名，其实现代码与结果如下：

```
[root@localhost ~]# alias
…
alias ll = 'ls -l --color=auto'
alias ls = 'ls --color=auto'
alias mv = 'mv -i'
alias pp = 'pwd'
alias rm = 'rm -i'
```

直接输入命令"alias"，可以将当前系统中所有的别名都列出来。从中可以看到，刚刚设置的那个别名"alias pp = 'pwd'"。

13. history 命令

history 命令用于显示用户最近执行的命令，并且每个命令行前会有编号。其实现代码与结果如下：

```
[root@localhost ~]# history
…
4   date   -s   15:10
5   free   -h
…
```

如果想重新执行 history 中显示的命令行，其命令格式如下：

    ! 编号

例如，再执行一次历史命令中的"free -h"，其实现代码与结果如下：

```
[root@localhost ~]# !5
free   -h
              total      used      free     shared   buff/cache   available
Mem:    1.7Gi      1.2Gi      169Mi     15Mi        520Mi        524GMi
Swap:   2.0Gi      60Mi       2.0Gi
```

14. hostname 命令

hostname 命令用于显示主机名及更改主机名。

(1) 查询当前系统的主机名，其实现代码与结果如下：

```
[root@localhost ~]# hostname
localhost.localdomain
```

执行命令"hostname"，可以查询到系统的主机名是 localhost.localdomain，这是 CentOS Stream 9 系统默认的主机名。

(2) 将主机名修改为 client，其实现代码与结果如下：

```
[root@localhost ~]# hostname   client
[root@localhost ~]# hostname
client
```

执行命令"hostname　client",可以将系统的主机名修改为 client。这里需要注意的是, hostname 命令只能临时修改主机名,一旦系统重启就失效了。

(3) 将主机名永久修改为 server,其实现代码与结果如下:

```
[root@localhost ~]# hostnamectl    set-hostname    server
[root@localhost ~]# hostname
server
```

执行命令"hostnamectl set-hostname server",可以将系统的主机名永久修改为 server; 再执行命令"hostname",可以查看到主机名已经变为 server,但是此时命令提示符"[root@ localhost ~]"的主机名部分并没有发生改变。

使用快捷键"Ctrl+D"可以让修改的主机名立即生效。但若是在命令行界面中,使用快捷键"Ctrl+D"后需要重新输入用户名和密码登录;若是在图形界面中,使用快捷键"Ctrl+D"后需要重新打开一个终端窗口。

任务实施

任务 2 的实施过程如表 2-3 所示。

表 2-3　任务 2 的实施过程

操作步骤	操作过程	操作说明
步骤一: 进入内核 编辑界面,修 改相关参数	(1) 重启系统后,进入系统启动界面,如下图所示 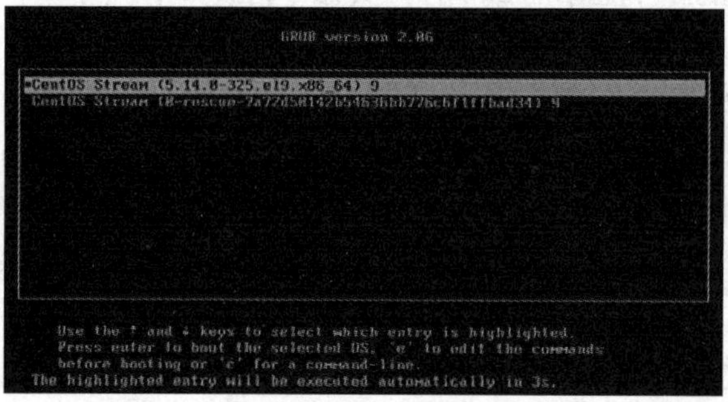 	可以执行命令 "reboot",完成系统 重启,也可以在 VMware 软件的菜 单栏中选择"重新启 动客户机"选项
	(2) 按"e"键,进入内核编辑界面,如下图所示,找到"quiet", 在它后面加上"rd.break" 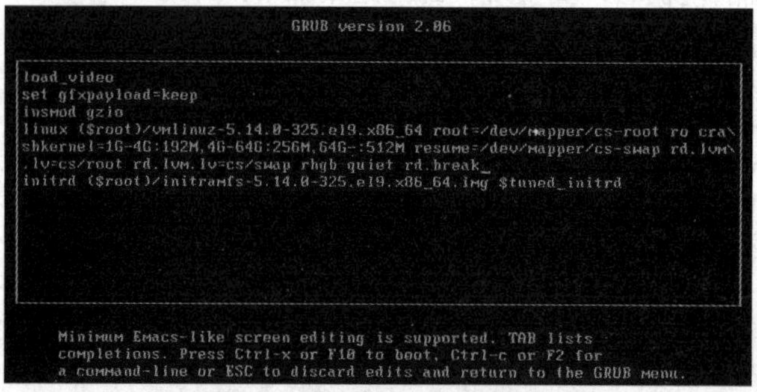 	要在系统重启后的 3 秒内按下"e"键, 否则会自动进入系统 启动。在内核编辑界 面中,使用键盘上的 方向键控制光标的 移动,注意"rd"前 面有空格,接着使用 "Ctrl+X"快捷键完 成系统重启

续表一

操作步骤	操 作 过 程	操作说明
步骤二： 进入紧急救援模式，修改 root 密码	(1) 使用"Ctrl+X"快捷键，系统将运行修改过的内核程序，并进入系统重启，待系统启动后，可以进入紧急救援模式，如下图所示。输入"mount -o remount, rw /sysroot"和"chroot /sysroot"两条命令 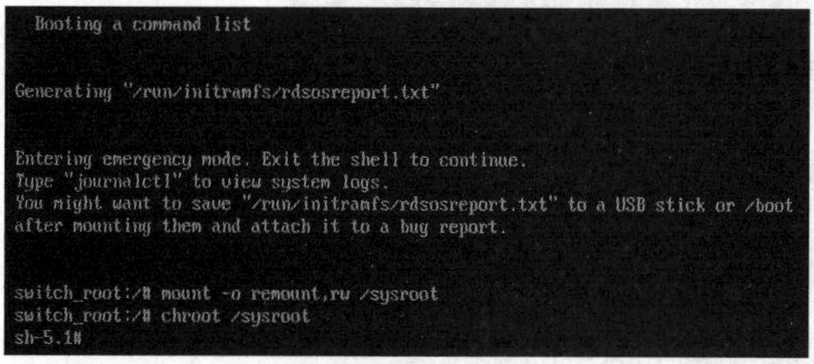 	"mount -o remount, rw /sysroot"：以读写方式挂载/sysroot 目录。 "chroot /sysroot"：将/sysroot 目录暂时作为根目录
	(2) 输入"LANG = en"命令，设置语言类型；输入"passwd"命令，修改 root 用户密码，如下图所示。在第一行输入密码并按回车键后，在第二行再输入一遍密码 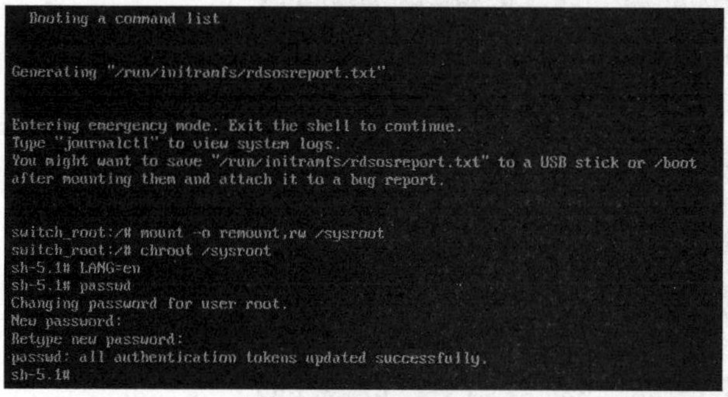 	"LANG = en"：设置语言类型为英文； "passwd"：修改 root 用户的密码。这里需要注意的是，输入的密码在屏幕上是不显示的
	(3) 依次输入"touch /.autorelabel""exit"和"reboot"三条命令，如下图所示 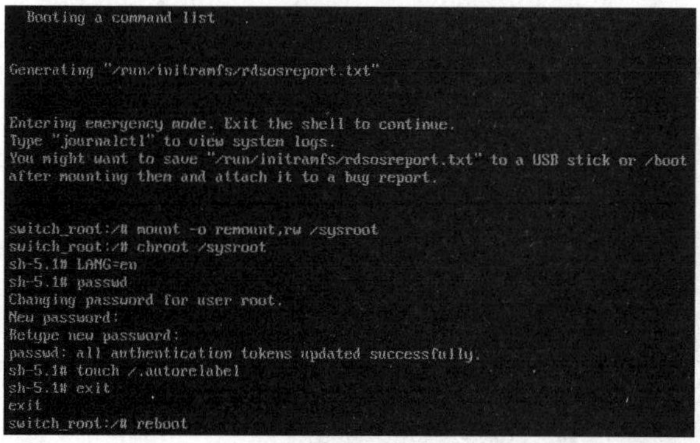 	"touch /.autore-label"：启动自动恢复 SELinux(强制访问控制安全系统)。 "exit"：退出 chroot(更改 root 目录)模式。 "reboot"：重启系统

续表二

操作步骤	操 作 过 程	操作说明
步骤三： 登录系统， 使用 root 用 户登录	(1) 系统启动后，显示图形登录界面，如下图所示 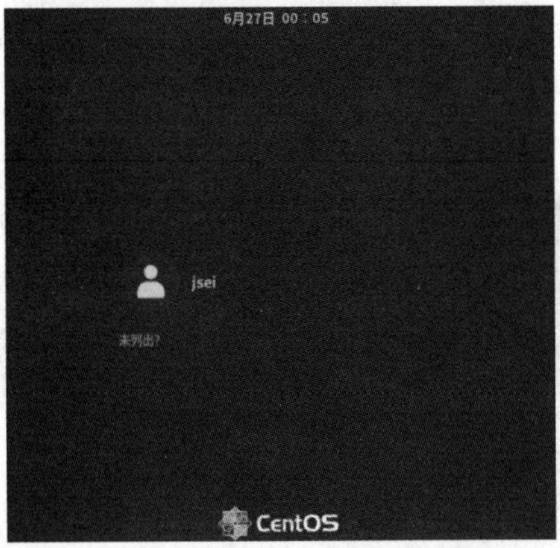 	jsei 是安装系统时创建的一个用户
	(2) 单击"未列出？"按钮，显示用户名输入框，如下图所示，输入"root"。 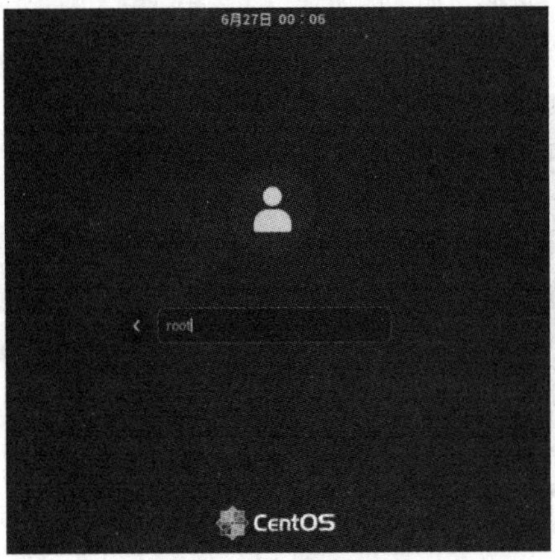 	root 是系统管理员用户
	(3) 按回车键后，出现密码输入框，如下图所示。输入修改后的密码，再按回车键，进入系统 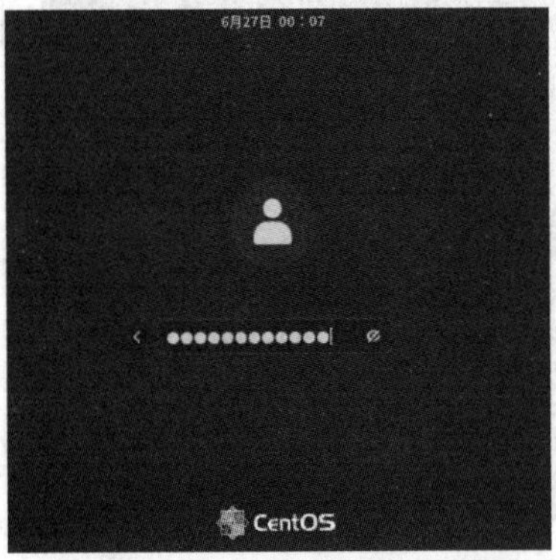 	输入修改后的 root 用户密码

续表三

操作步骤	操作过程	操作说明
步骤四： 修改主机名	(1) 登录系统后，可以看到系统的图形操作界面，如下图所示 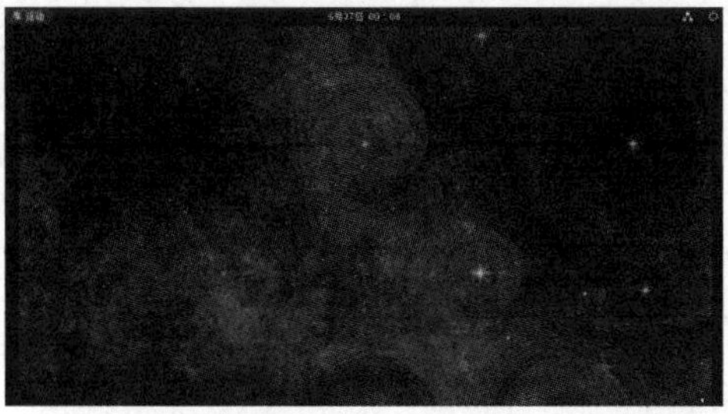 	
	(2) 单击左上角的"活动"，再单击"终端"选项，如下图所示 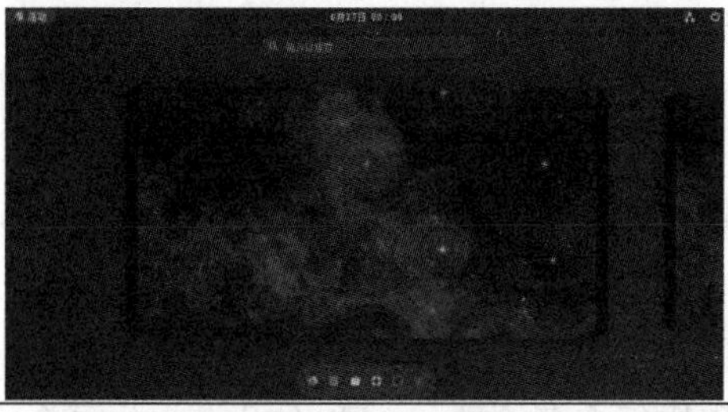 	
	(3) 在"终端"窗口的命令行中输入命令"hostnamectl set-hostname xiaowang"，如下图所示 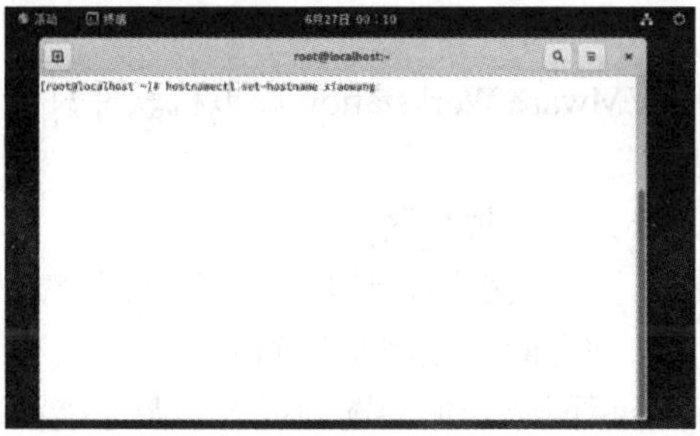 	使用快捷键"Ctrl+D"，可以退出当前"终端"窗口，相当于退出当前 shell，使修改主机名的操作立即生效

任务拓展

将某高校服务器中的 root 用户密码重置为 jsei2023，并将服务器的主机名修改为 jsei。

思 政 案 例

操作系统作为信息技术时代的关键核心基础软件，是国家信息化建设的重大战略之一。2023 年 2 月，习近平总书记在主持中共中央政治局集体学习时强调，要打好科技仪器设备、操作系统和基础软件国产化攻坚战。在操作系统相关领域中，国家陆续颁布了《"十四五"

规划和 2035 年远景目标纲要》《"十四五"软件和信息技术服务业发展规划》等文件，明确要求聚力攻坚、重点突破以操作系统为代表的基础软件。在国际环境和国内政策双重驱动下，我国国产操作系统的自主创新和产业化发展将加速推进。

项目一习题

一、选择题

1. 下列选项中，( )不是 Linux 的特点。

A. 单用户　　　　B. 开放性　　　　C. 多用户　　　　D. 多任务

2. Linux 最早由( )开发。

A. Linus Torvalds　　　　　　B. Rob Pick

C. Richard Petersen　　　　　　D. Linux Sarwar

3. Linux 操作系统默认的系统管理员账号是( )。

A. administrator　　B. root　　　　C. centos　　　　　D. admin

4. 在 Linux 系统中，想停止一个正在执行的命令，可以使用( )。

A. Esc　　　　　　B. Ctrl+D　　　　C. Ctrl+C　　　　D. Tab

5. 在 Linux 系统中，可以使用( )来自动补全命令。

A. Alt　　　　　　B. Tab　　　　　C. Ctrl　　　　　D. Shift

6. 在 Linux 系统中，输入和执行多条命令，可以使用( )分隔命令。

A. \　　　　　　　B. /　　　　　　C. &　　　　　　D. ;

二、判断题

1. 在 Windows 系统中，利用 VMware Workstation 虚拟机软件只能安装一个 Linux 操作系统。　　　　　　　　　　　　　　　　　　　　　　　　　　　　　( )

2. 安装 Linux 操作系统时，必须要有根分区。　　　　　　　　　　　　( )

3. 在 Linux 系统中，命令必须区分大小写，选项参数无须区分大小写。　　( )

4. 在 Linux 系统中，命令与选项之间必须用空格间隔。　　　　　　　　( )

5. 在 Linux 系统中，所有命令后面必须加上选项或者参数才能正常执行。　( )

6. 在 Linux 系统中，Tab 键可以自动补全命令。　　　　　　　　　　　( )

三、简答题

1. 简述 Linux 系统的特点。

2. 若忘记了 root 密码，如何解决？

3. 简述命令提示符 "[root@localhost ~]" 中每部分的含义。

4. 在 CentOS Stream 9 系统中，命令行界面与图形界面之间如何切换？

5. 简述 Linux 系统中常用的快捷键以及各自的功能。

项目二 目录和文件管理

作为 Linux 操作系统的管理员，必须熟练掌握目录和文件的创建与管理。本项目将主要介绍建立与删除目录、建立与删除文件、查找文件以及查看文件内容等的方法。

◇ 知识目标

1. 了解 Linux 目录结构及主要目录的功能。
2. 熟练掌握 Linux 系统中显示目录路径、创建目录、切换目录、删除目录等命令的使用方法。
3. 熟练掌握 Linux 系统中查看文件内容、创建文件、复制文件、移动文件、删除文件、查找文件等命令的使用方法。

◇ 能力目标

1. 根据企事业单位要求，设计目录分配方案，并利用 Linux 系统中目录创建与管理的方法，实现对企业各部门目录的管理。
2. 根据企事业单位要求，设计文件分配方案，并利用 Linux 系统中文件创建与管理的方法，实现对企业各部门文件的管理。

◇ 素养目标

1. 培养学生的家国情怀和科学精神。
2. 培养学生遵规守纪的习惯。
3. 培养学生分析问题和解决问题的能力。

任务 3 Linux 目录管理

任务介绍

M 公司随着业务范围不断地扩大，需要对现有部门进行调整。将原来的技术部拆分为研发部和服务部，并新增市场部。为此，系统管理员需要在 Linux 系统中完成新增部门文件存放目录的设置，将所有部门文件目录统一放在 /company 目录下。根据公司要求，每个部门目录及子目录情况如表 3-1 所示。

表 3-1　公司各部门目录情况

部门名称	目录名称	子目录名称	备 注	部门名称	目录名称	子目录名称	备 注
技术部	js	js_DM js_WD	原有	服务部	fw	fw_before、fw_after	新增
研发部	yf	yf_soft yf_hard	新增	市场部	sc	sc_east、sc_south sc_west、sc_north	新增

任务分析

要实现该企业目录的创建和删除，可以分为以下 3 个步骤：

步骤一，创建研发部目录。

步骤二，创建服务部目录。

步骤三，创建市场部目录。

必备知识

完成本任务需要掌握的必备知识见 3.1~3.8 节。

3.1　Linux 目录与 Windows 目录的区别

1. Windows 系统中的目录

在 Windows 系统中，一切皆图形，考虑到用户体验，系统尽可能地隐藏了实现过程。在 Windows 系统中，打开"计算机"，可以看到一个个的驱动器盘符，如"C""D""E"等，每个驱动器都有自己的目录，这样就形成了多个目录树并列的情形，其结构如图 3-1 所示。通常情况下，系统文件存放的位置在 C 盘，当然也可以在安装的时候指定在其他盘；其

图 3-1　Windows 系统目录结构示意图

他用户文件，包含用户后来安装的程序以及一些数据文件等，用户可以把它们存放在系统中的任意地方。Windows 系统目录的优缺点如下：

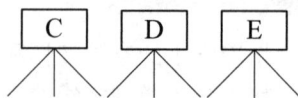

1) 优点

Windows 系统中用户储存文件的位置比较自由，且系统结构简单，便于新用户上手。

2) 缺点

(1) 目录组织缺乏标准。由于对"系统文件"和"用户文件"存放位置缺乏细致的规定，数据组织的方式显得比较凌乱，并且两种文件之间很容易相互干扰。

(2) 用户的使用经验对系统的使用效率影响很大。一般来说，合理地使用分区能提升系统的效率。

(3) 目录共享不便。在 Windows 系统中，有经验的用户会将自己的目录结构组织好，

但是每个用户组织自己内容的方式是不一样的，为目录共享带来了麻烦。

2. Linux 系统中的目录

在 Linux 系统中，一切皆文件，所有内容都是以文件的形式保存和管理的，包括文件、目录、硬件设备等。Linux 系统中的一切内容都是存放在唯一的虚拟文件系统中的，无论硬件、软件还是数据。在 Linux 系统中没有驱动器盘符，所有的文件都是在根目录下面，根目录用符号"/"表示，其结构如图 3-2 所示。

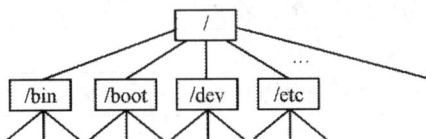

图 3-2　Linux 系统目录结构示意图

Linux 系统目录的优缺点如下：

1) 优点

(1) **目录结构反映了系统运行机理**。当了解了这些目录的功能之后，对整个 Linux 操作系统的运行机理也会有一个大致的了解。

(2) **结构清晰，避免了逻辑混乱**。这样的目录结构，有助于使用一种高效的方式组织使用者的数据，分类清晰并且不会对系统运行有任何影响，同时还规定了最开始每个目录的功能，且没有限制使用者的自由，因为知道创建目录和文件的位置。

(3) **组织规范，便于共享**。在 Linux 中，由于目录具有统一的组织结构，所以用户在共享数据的时候，能够猜测出所需要的数据大致存放的位置，同时也不会影响到私有数据的保密性。用户可以不共享自己的私有数据。

2) 缺点

Linux 系统中的每个子目录的功能是预先规定好的，因此首先需要知道每个目录下存放的文件，然后在相应的位置中再去创建内容。这也是 Linux 系统入门比较难的原因。

3.2　Linux 目录结构及功能

在 Linux 系统中，所有的文件与目录都是从根目录(/)开始的。根目录是所有目录与文件的源头，然后再是一个一个的分支，这种目录配置方式被称为目录树(Directory Tree)。Linux 系统目录树结构如图 3-3 所示。

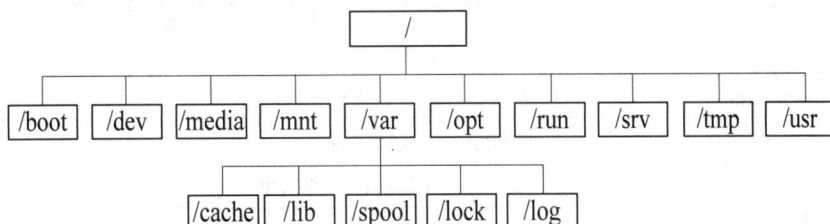

图 3-3　Linux 系统目录树结构

在 Linux 系统目录中，根目录及其子目录的功能如表 3-2 所示。

表 3-2　根目录及其子目录功能

目录名称	目录功能
/	根目录，文件系统的入口，最高一级目录
/bin	存放可执行二进制文件，如 ls、cat 等
/boot	存放内核以及启动所需的文件
/dev	用于存放设备文件的目录，包括声卡、磁盘、光驱等
/etc	存放系统管理和配置文件
/home	系统默认的用户家目录
/lib	存放根文件系统中的程序运行所需要的共享库及内核模块
/mnt	一般用于临时挂载存储设备的挂载目录
/proc	存放存储进程和系统信息
/root	系统管理员 root 的家目录
/sbin	存放系统管理员使用的可执行命令
/tmp	用于用户或正在执行的程序临时存放文件的目录
/usr	存放系统应用程序、命令程序文件、程序库、手册和其他文档
/var	存放系统中运行时常要改变的数据

下面对 Linux 系统中重要的目录进行详细解读。

1. /etc 目录

/etc 目录主要用于存放系统管理和配置文件，如用户的账号密码文件、各种服务的起始文件等。/etc 目录下主要文件和子目录功能如表 3-3 所示。

表 3-3　/etc 目录下主要文件和子目录功能

文件、目录名称	功能
/etc/resolv.conf	配置本机的客户端 DNS(Domain Name System，域名系统)
/etc/hosts	配置 IP 与域名解析的文件
/etc/fstab/	记录开机要挂载的文件系统，所有分区开机都会自动挂载
/etc/inittab	设定系统启动等级及启动文件设置
/etc/profile	系统全局变量配置路径
/etc/passwd	系统中用户账号信息
/etc/sudoers	sudo 命令对应的用户权限授权配置文件
/etc/exports	设定 NFS(网络文件)系统用的配置文件路径
/etc/group	设定用户的组名与相关信息
/etc/protocols	系统支持的协议文件
/etc/X11	Windows 的配置文件
/etc/issue	记录用户登录前显示的信息
/etc/mtab	当前安装的文件系统列表
/etc/login.defs	设置用户账号限制的文件
/etc/shells	存放有效登录 shell 的列表

2. /proc 目录

/proc 目录是一种伪文件系统，存储的是当前内核运行状态的一系列特殊文件。用户可以通过这些文件查看系统硬件及当前正在运行进程的相关信息，还可以通过更改其中某些文件来改变内核的运行状态。/proc 目录下主要文件和子目录功能如表 3-4 所示。

表 3-4　/proc 目录下主要文件和子目录功能

文件、目录名称	功　　能
/proc/cpuinfo	存放处理器的相关信息，如类型、厂家、型号和性能等
/proc/cmdline	加载 kernel 时所下达的相关选项
/proc/devices	系统已经加载的所有块设备和字符设备的信息
/proc/filesystems	当前被内核支持的文件系统类型列表文件
/proc/kcore	系统物理内存映像
/proc/meminfo	存放内存信息
/proc/modules	当前装入内核的所有模块名称列表
/proc/mounts	系统已经挂载的数据
/proc/net	网络协议状态信息
/proc/swaps	系统挂加载的内存位置
/proc/stat	实时记录系统上次启动以来的多种统计信息
/proc/version	系统内核的版本

3. /usr 目录

/usr 目录主要用于存放应用程序、命令程序文件、程序库、手册和其他文档，系统默认的软件都会被放置到该目录。/usr 目录下主要文件和子目录功能如表 3-5 所示。

表 3-5　/usr 目录下主要文件和子目录功能

文件、目录名称	功　　能
/usr/bin	存放非必要可执行文件
/usr/include	存放 Linux 下开发和编译应用程序所需要的头文件
/usr/lib	存放一些通常不是直接调用的可执行文件
/usr/local	用户自己编译的软件会默认安装到该目录
/usr/sbin	存放非必要的系统可执行文件
/usr/share	存放共享文件的目录
/usr/src	存放源代码

4. /var 目录

/var 目录主要存放常态性变动数据，包括缓存、登录文件以及某些软件运行所产生的文件，如程序文件、MySQL 数据库的文件等。/var 目录下主要文件和子目录功能如表 3-6 所示。

表 3-6　/var 目录下主要文件和子目录功能

文件、目录名称	功　　能
/var/log/message	存放日志信息，按周自动轮询
/var/log/secure	记录登录系统存取信息的文件
/var/log/wtmp	记录登录者信息的文件
/var/spool/mail/	放置邮件的目录
/var/tmp	需要存在较长时间的临时文件
/var/lib	存放程序执行过程中使用到的一些数据文件
/var/local	安装程序的可变数据
/var/log	系统中各种日志文件存放的目录

3.3　Linux 系统路径

在 Linux 系统中，所谓路径是指存放文件和目录的位置。Linux 系统中的路径可以分为绝对路径和相对路径。

1. 绝对路径

从根目录开始，依次将各级子目录的名字组合起来所形成的路径就称为某个文件的绝对路径。例如，根目录下有目录 usr，usr 目录下有子目录 local，local 目录下有文件 mysql，那么这个 mysql 文件的绝对路径就是 /usr/local/mysql。

2. 相对路径

相对路径是相对于目前路径的文件名写法。例如，用户当前所在的目录为 /usr，也就是在根目录的 usr 子目录下，那么 mysql 文件相对当前位置的路径为 local/mysql。相对路径还有以特殊符号开头的，"."代表当前的目录，".."代表上一层目录，"~"代表/root。

下面 3.4～3.8 节将介绍在 Linux 系统中目录管理的相关命令。

3.4　显示路径(pwd)

pwd 命令用于显示当前工作目录的绝对路径。其命令格式如下：

　　pwd

❖ 命令示例

[例 1]　以 root 用户登录系统，显示 root 用户的家目录。其实现代码与结果如下：

```
[root@localhost ~]# cd  ~              //切换到家目录
[root@localhost ~]# pwd                //查询当前路径
/root
```

执行命令"cd　~"，可以将目录切换至用户的家目录，再执行"pwd"命令，查询当前所在路径，可以知道 root 用户的家目录为 /root。

[例 2]　切换到 /etc/sysconfig/network-scripts 目录，显示当前目录路径。其实现代码与结果如下：

```
[root@localhost ~]# cd   /etc/sysconfig/network-scripts          //切换到指定目录
[root@localhost network-scripts]# pwd                            //查询当前路径
/etc/sysconfig/network-scripts
```

执行命令"cd　/etc/sysconfig/network-scripts"，可以切换到指定目录，再执行"pwd"命令，可以知道切换后的路径为/etc/sysconfig/network-scripts。

3.5　切换目录(cd)

cd 命令用于切换当前工作目录至指定目录。其命令格式如下：
　　cd　目录名/特殊符号
cd 命令在使用中可以使用的特殊符号及其含义如表 3-7 所示。

表 3-7　cd 命令中特殊符号及其含义

特殊符号	含　义
~	将目录切换到家目录
空白	将目录切换到家目录
-	将目录切换到上一次操作目录
..	将目录切换到上一级目录

❖ 命令示例

[例 1]　使用绝对路径方式，从当前目录切换到 /usr/share/doc 目录。其实现代码与结果如下：

```
[root@localhost ~]# cd   /usr/share/doc                          //切换到 doc 目录
[root@localhost doc]# pwd                                        //查询当前路径
/usr/share/doc
```

可以采用绝对路径方式切换目录，例如，执行命令"cd　/usr/share/doc"，可以从当前目录切换到/usr/share/doc 目录。

[例 2]　使用相对路径方式，从当前目录切换到/usr/share/man 目录。其实现代码与结果如下：

```
[root@localhost doc]# cd   ../man                                //切换到 man 目录
[root@localhost man]# pwd                                        //查询当前路径
/usr/share/man
```

可以采用相对路径方式切换目录。当前目录是 /usr/share/doc 目录，而 /usr/share/man 和 /usr/share/doc 都在 /usr/share 目录下。执行命令"cd　../man"，可以切换到 /usr/share/man 目录，命令中".."表示当前目录 /usr/share/doc 的上一级目录，也就是 /usr/share 目录。

[例 3]　从当前目录重新切换到 /usr/share/doc 目录，其实现代码与结果如下：

```
[root@localhost man]# cd   -                          //返回上次操作的目录
[root@localhost doc]# pwd                             //查询当前路径
/usr/share/doc
```

在文件目录操作中，经常会遇到目录来回切换的情况。如果想切换到刚刚操作的目录，采用绝对路径或相对路径方式时都需要输入目录的路径，遇到这种情况就可以使用特殊符号 "-"。例如，要切换到之前操作的 /usr/share/doc 目录，可以直接执行命令 "cd   -"，就完成了目录的切换。

[例 4]　从当前目录切换到 /usr/share 目录，其实现代码与结果如下：

```
[root@localhost doc]# cd   ..                         //切换到上一级目录
[root@localhost share]# pwd                           //查询当前路径
/usr/share
```

在文件目录操作中，返回上一级目录也是经常遇到的情况。虽然利用绝对路径可以切换到上一级目录，但是目录路径比较长，有时容易输入错误。遇到这种情况可以使用特殊符号 ".."，例如，从目录 /usr/share/doc 切换到 /usr/share 目录，直接执行命令 "cd   .."，就完成了目录的切换。

3.6　查看目录(ls)

ls 命令用于显示指定目录下的子目录和文件。其命令格式如下：

　　ls　[选项]　目录名

ls 命令的选项及其含义如表 3-8 所示。

表 3-8　ls 命令的选项及其含义

选项名称	含　　义
-a	显示所有文件及目录 (包含隐藏文件)
-d	显示目录，但不显示文件
-l	将权限、拥有者、文件大小等信息详细列出
-r	将文件以相反次序显示(原定依英文字母次序)
-t	将文件按建立时间的先后次序列出
-A	同 -a，但不列出 "."(目前目录)及 ".."(上一层目录)
-R	若目录下有文件，则将该目录以下的文件亦皆依序列出

❖ 命令示例

[例 1]　显示 /root 目录下的文件及目录，其实现代码与结果如下：

```
[root@localhost ~]# ls   /root                        //显示目录下的内容
公共  模板  视频  图片  文档  下载  音乐  桌面  anaconda-ks.cfg
```

使用 ls 命令，在不加任何选项的情况下，可以查看指定目录下文件及目录的简要信息。执行命令"ls　/root"，可以看到/root 目录下的内容。

[例2]　显示/root 目录下的所有文件，含隐藏文件，其实现代码与结果如下：

```
[root@localhost ~]# ls  -a  /root          //显示目录下的所有文件，包括隐藏文件
.      模板    文档   桌面              .bash_profile   .config   .ssh
..     视频    下载   anaconda-ks.cfg   .bashrc         .cshrc    .tcshrc
公共   图片    音乐   .bash_logout      .cache          .local
```

使用 ls 命令时，加上 -a 选项，可以显示目录下包括隐藏文件在内的所有文件。执行命令"ls　-a　/root"，可以看到 /root 目录下所有的文件，其中以"."开头的都是隐藏文件。

[例3]　显示/root 目录下文件的详细信息，其实现代码与结果如下：

```
[root@localhost ~]# ls  -l  /root                    //显示目录下文件的详细信息
总用量 4
drwxr-xr-x.  2   root   root    6    6月 26   09:08   公共
drwxr-xr-x.  2   root   root    6    6月 26   09:08   模板
drwxr-xr-x.  2   root   root    6    6月 26   09:08   视频
drwxr-xr-x.  2   root   root    6    6月 26   09:08   图片
drwxr-xr-x.  2   root   root    6    6月 26   09:08   文档
drwxr-xr-x.  2   root   root    6    6月 26   09:08   下载
drwxr-xr-x.  2   root   root    6    6月 26   09:08   音乐
drwxr-xr-x.  2   root   root    6    6月 26   09:08   桌面
-rw-------.  1   root   root   982   6月 26   09:07   anaconda-ks.cfg
```

使用 ls 命令时，加上 -l 选项，可以查看指定目录下文件的权限、所有者、文件大小、创建时间等详细信息。执行命令"ls　-l　/root"，可以看到/root 目录下文件的详细信息。在很多 Linux 发行版中，将"ll"设置为"ls　-l"的别名，因此执行命令"ll　/root"，也可以得到相同的结果。

[例4]　显示/root 目录下"公共"目录的详细信息，其实现代码与结果如下：

```
[root@localhost ~]# ls  -ld  公共               //显示指定目录的详细信息
drwxr-xr-x. 2  root  root  6  6月 26  09:08 公共
```

使用 ls 命令时，同时加上 -l、-d 选项，可以查看指定目录的详细信息。当前目录是/root 目录，执行命令"ls　-ld 公共"，可以显示/root 目录下"公共"目录的详细信息。

3.7　创建目录(mkdir)

mkdir 命令用来创建一个目录或者级联目录。其命令格式如下：

mkdir　[选项]　目录名

mkdir 命令的选项及其含义如表 3-9 所示。

表 3-9　mkdir 命令的选项及其含义

选项名称	含　义
-p	如果目录已经存在,则不会有错误提示。若父目录不存在,则将会创建父目录。该选项常用于创建级联目录
-v	显示指令执行过程

❖ 命令示例

[例 1]　在 /root 目录下,创建一个 test 目录,其实现代码与结果如下:

```
[root@localhost ~]# mkdir   test              //创建单个目录
[root@localhost ~]# ls                        //查看目录内容
公共  模板  视频  图片  文档  下载  音乐  桌面  anaconda-ks.cfg  test
```

当仅仅创建单个目录时,不需要添加任何选项参数。当前目录是/root 目录,执行命令"mkdir   test",可以在/root 目录下创建一个 test 目录,然后可以使用"ls"命令检查该目录是否创建成功。

[例 2]　在/root 目录下,创建 user1、user2、user3 三个目录,其实现代码与结果如下:

```
[root@localhost ~]# mkdir   user{1, 2, 3}      //创建多个目录
[root@localhost ~]# ls                        //查看目录内容
公共  模板  视频  图片  文档  下载  音乐  桌面  anaconda-ks.cfg  test  user1  user2  user3
```

当需要创建多个目录时,可以一次创建一个目录,分多条命令创建。也可以在一条命令中,同时创建多个目录,但是需要将不同的目录名写入"{}"中,中间用","隔开。当前目录是/root 目录,执行命令"mkdir   user{1, 2, 3}",可以在/root 目录下同时创建 user1、user2、user3 这三个目录,执行完成后,可以使用"ls"命令检查该目录是否创建成功。

[例 3]　在/root 目录下,创建 example1、example2 两个目录,并显示创建过程。其实现代码与结果如下:

```
[root@localhost ~]# mkdir   -v   example{1,2}      //创建目录,并显示创建过程
mkdir: 已创建目录 "example1"
mkdir: 已创建目录 "example2"
```

创建目录时,也可以加上-v 选项,用来显示创建过程。执行命令"mkdir   -v   example1 example2",系统显示出"已创建目录 XX"的信息,表示这两个目录已经创建成功。

[例 4]　在/root 目录下,创建一个 father/child 目录,其中 father 和 child 都是新建的目录。其实现代码与结果如下:

```
[root@localhost ~]# mkdir   -p   father/child      //创建多级目录
[root@localhost ~]# ls   /root/father              //查看目录内容
child
```

在实际工作中,还会遇到需要创建多级目录的情况,可以分多条命令创建,先创建父目录,再创建子目录,但如果目录的层级较多,这样操作起来就会比较麻烦。此时可以加上-p 选项,简化创建级联目录的过程,执行命令"mkdir   -p   father/child",就是在当前目

录下创建 father 目录的同时，创建其子目录 child。使用"ls　/root/father"命令，可以看到"child"目录已经创建成功。

3.8 删除目录(rmdir)

rmdir 命令用于删除目录，删除的目录必须为空目录或多级空目录。其命令格式如下：
　　rmdir　[选项]　目录名
rmdir 命令的选项及其含义如表 3-10 所示。

表 3-10　rmdir 命令的选项及其含义

选项名称	含　义
-p	递归删除目录
-v	显示指令执行过程

❖ 命令示例

[例 1]　删除 /root 目录下的 test 子目录，其实现代码与结果如下：

```
[root@localhost ~]# rmdir   test              //删除单个目录
[root@localhost ~]# ls                        //查看当前目录内容
公共   视频   文档   音乐   anaconda-ks.cfg   example2   user1   user3
模板   图片   下载   桌面   example1          father     user2
```

在实际工作中，对于不需要的目录，为了节约系统空间，一般采用删除方式进行处理。当前目录是 /root 目录，执行命令"rmdir   test"，可以直接删除 /root 目录下"test"这个子目录，然后可以使用"ls"命令检查该目录是否删除成功。

[例 2]　删除 /root 目录下 example1、example2、user1、user2、user3 这五个目录，其实现代码与结果如下：

```
[root@localhost ~]# rmdir   {example1,example2, user1,user2,user3}   //删除多个目录
[root@localhost ~]# ls                        //查看当前目录内容
公共   模板   视频   图片   文档   下载   音乐   桌面   anaconda-ks.cfg   father
```

对于多个目录的删除，可以采用一次删除一个目录，执行多条命令实现；也可以在一条命令中，同时删除多个目录，但是需要将不同的目录名写入"{}"中，中间用","隔开。当前目录是 /root 目录，执行命令"rmdir   {example1,example2, user1,user2,user3}"，可以同时删除/root 目录下 example1、example2、user1、user2、uscr3 五个目录，然后可以使用"ls"命令检查这些目录是否删除成功。

[例 3]　删除 father 及其子目录 child，其实现代码与结果如下：

```
[root@localhost ~]# rmdir   father
rmdir: 删除 'father' 失败: 目录非空
[root@localhost ~]# rmdir  -p  father/child         //删除目录及子目录
[root@localhost ~]# ls  -d  father                  //查看目录内容
ls: 无法访问 father: 没有那个文件或目录
```

使用 rmdir 命令只能删除空目录或多级空目录，加上 -p 选项，可以删除多级目录。执行命令"rmdir　-p　father/child"，可以删除 father 目录及其子目录 child 目录；执行命令"ls　-d　father"，系统提示没有这个目录，表示目录已经被删除。那么如果一个目录下存放了文件，如何删除这个目录呢？这个问题，可以在下一个任务的 4.5 小节中找到答案。

任务实施

任务 3 的实施过程如表 3-11 所示。

表 3-11　任务 3 的实施过程

操作步骤	操作过程	操作说明
步骤一：创建研发部目录	[root@localhost ~]# mkdir -p　/company/yf /yf_soft [root@localhost ~]# mkdir　/company/yf /yf_hard [root@localhost ~]#ls　/company/yf yf_hard　yf_soft	创建 yf 目录及 yf_soft 子目录 创建 yf_hard 子目录 查看创建结果
步骤二：创建服务部目录	[root@localhost ~]# mkdir　-p　/company/fw/fw_after [root@localhost ~]# mkdir　/company/fw/fw_before [root@localhost ~]#ls　/company/fw fw_after　fw_before	创建 fw 目录及 fw_after 子目录 创建 fw_before 子目录 查看创建结果
步骤三：创建市场部目录	[root@localhost ~]# mkdir　-p　/company/sc/sc_east [root@localhost ~]# mkdir　/company/sc/sc_south [root@localhost ~]# mkdir　/company/sc/sc_west [root@localhost ~]# mkdir　/company/sc/sc_north [root@localhost ~]#ls　/company/sc sc_east　sc_north　sc_south　sc_west	创建 sc 目录及 sc_east 子目录 创建 sc_south 子目录 创建 sc_west 子目录 创建 sc_north 子目录 查看创建结果

任务拓展

某高校为了尽快适应市场的变化，对现有教学部门进行调整。将原来的机械工程学院和电气工程学院合并为物联网学院，将原来电子与通信工程学院分为电子工程学院和通信工程学院，新增幼儿教育学院。为此，在 Linux 系统为上述分院重新设置文件存放目录，方便每个分院的文件管理，所有二级学院目录均在/jsei 目录下。每个二级学院目录及子目录情况如表 3-12 所示。

表 3-12　Linux 系统中各学院目录分配情况

二级学院名称	目录名称	子目录名称	备　注
物联网学院	wlw	wlw_jw wlw_xzh wlw_xg	新增
电子工程学院	dz	dz_jw dz_xzh dz_xg	新增
通信工程学院	tx	tx_jw tx_xzh tx_xg	新增
幼儿教育学院	yj	yj_jw yj_xzh yj_xg	新增
电子与通信工程学院	dztx	dztx_jw dztx_xzh dztx_xg	删除
机械工程学院	jx	jx_jw jx_xzh jx_xg	删除
电气工程学院	dq	dq_jw dq_xzh dq_xg	删除

任务4　Linux 文件管理

任务介绍

　　M 公司管理员在完成相关各部门的目录设置后，根据企业要求，再为技术部、研发部和服务部三个部门创建相应的文件，并将原 js_DM 目录的文件移动到研发部，将原 js_WD 目录的文件移动到服务部，最后删除技术部目录。企业各部门文件分配情况如表 4-1 所示。

表 4-1　企业各部门文件分配情况

部门名称	目录名称	文件名称	备　注
研发部	/company/yf/yf_soft	soft1、soft2、soft3	新增
	/company/yf/yf_hard	hard1、hard2、hard3	新增
服务部	/company/fw/fw_before	infor、price	新增
	/company/fw/fw_after	normal、vip	新增

续表

部门名称	目录名称	文件名称	备 注
市场部	/company/sc/sc_east	east	新增
	/company/sc/sc_south	south	新增
	/company/sc/sc_west	west	新增
	/company/sc/sc _ north	north	新增
技术部	/company/js/js_DM	所有文件	移动到 /company/yf 目录
	/company/js/js_WD	所有文件	移动到 /company/fw 目录
	/company/js/		删除

任务分析

要实现该企业目录文件的管理，可以分以下 4 个步骤：

步骤一，创建研发部文件。

步骤二，创建服务部文件。

步骤三，创建市场部文件。

步骤四，移动及删除原技术部相关文件。

必备知识

完成本任务需要掌握的必备知识见 4.1～4.8 节。

4.1 查看文件内容

在 Linux 系统中，用于查看文件内容的命令有很多，常用的命令有 cat、more、less、head、tail 等。

1. cat 命令

cat 命令用于显示文件内容，主要查看文本内容少的文件，可以显示不超过一页的内容。其命令格式如下：

  cat [选项] 文件名

cat 命令的选项及其含义如表 4-2 所示。

表 4-2 cat 命令的选项及其含义

选项名称	含 义
-n	对所有行进行编号
-b	与 -n 相似，但对于空白行不编号

❖ 命令示例

[例 1] 查看 /etc/passwd 文件内容，其实现代码与结果如下：

```
[root@localhost ~]# cat   /etc/passwd                    //查看文件内容
root:x:0:0:root:/root:/bin/bash
bin:x:1:1:bin:/bin:/sbin/nologin
daemon:x:2:2:daemon:/sbin:/sbin/nologin
adm:x:3:4:adm:/var/adm:/sbin/nologin
lp:x:4:7:lp:/var/spool/lpd:/sbin/nologin
…
```

cat 命令是最常用的文件内容查询命令，比较适合查看内容少的文件。执行命令"cat /etc/passwd"，可以看到 /etc/passwd 文件中的内容，如果文件内容比较多，则只显示文件的最后一页内容。

[例 2]　查看 /etc/passwd 文件内容，并显示行号。其实现代码与结果如下：

```
[root@localhost ~]# cat   -n   /etc/passwd              //查看文件内容
     1   root:x:0:0:root:/root:/bin/bash
     2   bin:x:1:1:bin:/bin:/sbin/nologin
     3   daemon:x:2:2:daemon:/sbin:/sbin/nologin
     4   adm:x:3:4:adm:/var/adm:/sbin/nologin
     5   lp:x:4:7:lp:/var/spool/lpd:/sbin/nologin
     …
```

使用 cat 命令时，加上 -n 选项，可以对输出的所有行进行编号。执行命令"cat   -n /etc/passwd"，可以看到 /etc/passwd 文件中的每一行前面都标有行号。

[例 3]　将 /etc/passwd 文件中的内容，复制到当前目录下的 file1 文件中。其实现代码与结果如下：

```
[root@localhost ~]# cat   /etc/passwd   >   file1         //创建单个文件
[root@localhost ~]# cat   file1                          //查看文件内容
root:x:0:0:root:/root:/bin/bash
bin:x:1:1:bin:/bin:/sbin/nologin
daemon:x:2:2:daemon:/sbin:/sbin/nologin
adm:x:3:4:adm:/var/adm:/sbin/nologin
lp:x:4:7:lp:/var/spool/lpd:/sbin/nologin
…
```

使用 cat 命令和">"符号，可将一个文件的内容导入到另一个文件中。执行命令"cat /etc/passwd   >   file1"，可以将 /etc/passwd 中的内容导入到 file1 文件中。

2. more 命令

more 命令用于分页显示文本文件的内容，可以逐页阅读文件中的内容。其命令格式如下：

　　more　[选项]　文件名

more 命令的选项及其含义如表 4-3 所示。

表 4-3　more 命令的选项及其含义

选项名称	含　义
-n	定义一次显示的行数
+n	从第 n 行开始显示
+/字符串	搜寻该字符串，从该字符串前两行之后开始显示
-c	从顶部清屏，然后显示
-u	把文件内容中的下划线去掉

执行 more 命令会进入一个交互界面，其中常用的交互命令及其功能如表 4-4 所示。

表 4-4　more 交互命令及其功能

交互命令	功　能
回车键	向下移动一行
空格键	向下移动一页
b	向上移动一页
:f	显示当前文件的文件名和行号
q	退出 more

❖ 命令示例

[例 4]　查看 /etc/passwd 文件内容，并每次显示 5 行。其实现代码与结果如下：

```
[root@localhost ~]# more   -5   /etc/passwd          //指定每次显示文件内容的行数
root:x:0:0:root:/root:/bin/bash
bin:x:1:1:bin:/bin:/sbin/nologin
daemon:x:2:2:daemon:/sbin:/sbin/nologin
adm:x:3:4:adm:/var/adm:/sbin/nologin
lp:x:4:7:lp:/var/spool/lpd:/sbin/nologin
```

使用 more 命令时，加上 -n 选项，这里 n 是具体的数值，用于指定每次显示文件内容的行数。执行命令"more　-5　/etc/passwd"，可以每次 5 行显示 /etc/passwd 文件中的内容，使用空格键可以向下翻页继续查看。

[例 5]　从第 10 行开始显示 /etc/passwd 文件内容，其实现代码与结果如下：

```
[root@localhost ~]# more    +10   /etc/passwd                //指定开始行显示文件内容
operator:x:11:0:operator:/root:/sbin/nologin
games:x:12:100:games:/usr/games:/sbin/nologin
ftp:x:14:50:FTP User:/var/ftp:/sbin/nologin
nobody:x:99:99:Nobody:/:/sbin/nologin
systemd-network:x:192:192:systemd Network Management:/:/sbin/nologin
dbus:x:81:81:System message bus:/:/sbin/nologin
polkitd:x:999:998:User for polkitd:/:/sbin/nologin
…
```

使用 more 命令时，加上+n 选项，这里 n 是具体的数值，用于指定从第 n 行开始显示文件内容。执行命令"more　+10　/etc/passwd"，可以从第 10 行开始显示/etc/passwd 文件内容。

3. less 命令

less 命令是 more 命令的改进版，比 more 命令的功能更强大。less 命令不仅可以用于翻页查看文件的内容，还可以用于在文件中搜索字符。其命令格式如下：

　　less　[选项]　文件名

less 命令的选项及其含义如表 4-5 所示。

表 4-5　less 命令的选项及其含义

选项名称	含　　义
-N	显示行号
+n	从第 n 行开始显示
-g	只标示最后搜索到的关键词
-i	忽略搜索时的大小写
-m	显示类似 more 命令的百分比

4) 交互命令

执行 less 命令会进入一个交互界面，其中常用的交互命令及其功能如表 4-6 所示。

表 4-6　less 交互命令及其功能

交互命令	功　　能
回车键	向下移动一行
空格键	向下移动一页
pagedown	向下移动一页
y	向上移动一行
b	向上移动一页
pageup	向上移动一页
/ 字符串	向下搜索"字符串"的功能
? 字符串	向上搜索"字符串"的功能
n	搜索字符串时，重复前一次搜索
N	搜索字符串时，反向重复前一次搜索
q	退出 less 命令

❖ 命令示例

[例 6]　查看/etc/passwd 文件内容，并显示行号。其实现代码与结果如下：

```
[root@localhost ~]# less　-N　/etc/passwd                    //查看文件内容，并显示行号
        1 root:x:0:0:root:/root:/bin/bash
        2 bin:x:1:1:bin:/bin:/sbin/nologin
        3 daemon:x:2:2:daemon:/sbin:/sbin/nologin
```

```
        4 adm:x:3:4:adm:/var/adm:/sbin/nologin

        5 lp:x:4:7:lp:/var/spool/lpd:/sbin/nologin

    …
```

使用 less 命令时，加上 -N 选项，可以对输出的所有行进行编号。执行命令"less　-N /etc/passwd"，可以看到 /etc/passwd 文件中的每一行前面都标有行号。

[例 7]　从第 10 行开始查看 /etc/passwd 文件内容，并显示行号。其实现代码与结果如下：

```
    [root@localhost ~]# less　-N　+10　/etc/passwd                //指定开始行显示文件内容

        10 operator:x:11:0:operator:/root:/sbin/nologin

        11 games:x:12:100:games:/usr/games:/sbin/nologin

        12 ftp:x:14:50:FTP User:/var/ftp:/sbin/nologin

        13 nobody:x:99:99:Nobody:/:/sbin/nologin

    …
```

使用 less 命令时，加上 +n 选项，这里 n 是具体的数值，用于指定从第 n 行开始显示文件内容的行数。执行命令"less　-N　+10　/etc/passwd"，可以从第 10 行开始显示 /etc/passwd 文件内容。

[例 8]　查看 /etc/passwd 文件中包含 ftp 字符的内容，其实现代码与结果如下：

```
    [root@localhost ~]# less　/etc/passwd                //查看文件内容

    …

    operator:x:11:0:operator:/root:/sbin/nologin

    games:x:12:100:games:/usr/games:/sbin/nologin

    ftp:x:14:50:FTP User:/var/ftp:/sbin/nologin

    nobody:x:99:99:Nobody:/:/sbin/nologin

    systemd-network:x:192:192:systemd Network Management:/:/sbin/nologin

    …

    /ftp                                                //搜索字符串
```

执行命令"less　/etc/passwd"，查看 /etc/passwd 文件内容，然后输入"/ftp"，此时 /etc/passwd 文件中包含 ftp 字符的内容会高亮显示出来，使用 n 和 N 交互命令，可以前后查找多个匹配的字符串。

4. head 命令

head 命令用于显示文件的开头内容。在默认情况下，显示文件的前 10 行内容。其命令格式如下：

　　head　[选项]　文件名

head 命令的选项及其含义如表 4-7 所示。

表 4-7　head 命令的选项及其含义

选项名称	含　义
-n	指定显示的行号
-c	指定显示的字节数

❖ 命令示例

[例 9]　查看 /etc/passwd 文件前 5 行的内容，其实现代码与结果如下：

```
[root@localhost ~]# head  -n  5  /etc/passwd                    //查看文件指定行内容
root:x:0:0:root:/root:/bin/bash
bin:x:1:1:bin:/bin:/sbin/nologin
daemon:x:2:2:daemon:/sbin:/sbin/nologin
adm:x:3:4:adm:/var/adm:/sbin/nologin
lp:x:4:7:lp:/var/spool/lpd:/sbin/nologin
```

使用 head 命令，不添加任何选项时，默认显示文件前 10 行的内容。加上 -n 选项时，若后面的行数为正数，则表示指定显示文件的前多少行的内容。执行命令"head -n 5 /etc/passwd"，可以显示 /etc/passwd 文件中前 5 行内容。

[例 10]　查看 /etc/passwd 文件中除最后 40 行以外的内容，其实现代码与结果如下：

```
[root@localhost ~]# head  -n  -40  /etc/passwd                    //查看文件指定行内容
root:x:0:0:root:/root:/bin/bash
bin:x:1:1:bin:/bin:/sbin/nologin
daemon:x:2:2:daemon:/sbin:/sbin/nologin
```

使用 head 命令，加上 -n 选项时，如果后面的行数为负数，就不显示后多少行的内容。执行命令"head -n -40 /etc/passwd"，文件中一共 43 行，按要求不显示最后 40 行，也就是只显示 /etc/passwd 文件中前 3 行的内容。

5. tail 命令

tail 命令用于显示文件尾部的内容。在默认情况下，显示文件的后 10 行内容。其命令格式如下：

tail　[选项]　文件名

tail 命令的选项及其含义如表 4-8 所示。

表 4-8　tail 命令的选项及其含义

选项名称	含　义
-n	显示文件的尾部 n 行内容
-c	显示文件的尾部 n 字节内容

❖ 命令示例

[例 11]　查看 /etc/passwd 文件最后 5 行的内容，其实现代码与结果如下：

```
[root@localhost ~]# tail  -n  5  /etc/passwd                    //查看文件尾部内容
avahi:x:70:70:Avahi mDNS/DNS-SD Stack:/var/run/avahi-daemon:/sbin/nologin
postfix:x:89:89::/var/spool/postfix:/sbin/nologin
ntp:x:38:38::/etc/ntp:/sbin/nologin
tcpdump:x:72:72::/:/sbin/nologin
jsei:x:1000:1000:jsei:/home/jsei:/bin/bash
```

使用 tail 命令时，不添加任何选项，默认显示文件最后 10 行的内容。加上 -n 选项，用于指定显示文件的最后多少行。执行命令"tail　-n　5　/etc/passwd"，可以显示 /etc/passwd 文件中最后 5 行内容。

[例 12]　查看 /etc/passwd 文件最后 10 个字节的内容，其实现代码与结果如下：

```
[root@localhost ~]# tail  -c  10  /etc/passwd                    //查看文件尾部内容
/bin/bash
```

使用 tail 命令时，加上 -c 选项，用于指定显示文件的最后多少个字节。执行命令"tail -c　10　/etc/passwd"，可以显示 /etc/passwd 文件中最后 10 个字节内容。

4.2　创建文件(touch)

touch 命令主要用来修改文件时间戳，或者新建一个不存在的文件。其命令格式如下：

touch　[选项]　目录名/文件名

touch 命令的选项及其含义如表 4-9 所示。

表 4-9　touch 命令的选项及其含义

选项名称	含　义
-a	只更改存取时间
-c	不建立任何文档
-m	只更改变动时间
-r	将文件的访问时间设置为和参考文档的时间相同
-t	设定文件的访问时间

❖ 命令示例

[例 1]　在 /root 目录下，创建一个 1.txt 文件，其实现代码与结果如下：

```
[root@localhost ~]# touch    1.txt                          //创建单个文件
[root@localhost ~]# ll                                      //查看目录文件
-rw-r--r--. 1  root   root    0       6月 27  09:49 1.txt
-rw-------. 1  root   root    982     6月 26  09:07 anaconda-ks.cfg
…
```

在日常工作中，经常需要创建新文件。在 Linux 系统中，既可以一次创建一个文件，也可以一次创建多个文件。执行命令"touch　1.txt"，可以在 /root 目录下创建一个名为 1.txt 的文件，然后可以使用"ll"命令检查文件是否创建成功。

[例 2]　在 /root 目录下再创建 4 个文件，文件名分别为 2.txt、3.txt、4.txt、5.txt，其实现代码与结果如下：

```
[root@localhost ~]# touch    {2,3,4,5}.txt                  //创建多个文件
[root@localhost ~]# ll                                      //查看目录文件
```

```
-rw-r--r--. 1  root   root    0      6月 27  09:49     1.txt
-rw-r--r--. 1  root   root    0      6月 27  09:50     2.txt
-rw-r--r--. 1  root   root    0      6月 27  09:50     3.txt
-rw-r--r--. 1  root   root    0      6月 27  09:50     4.txt
-rw-r--r--. 1  root   root    0      6月 27  09:50     5.txt
-rw-------. 1  root   root    982    6月 26  09:07     anaconda-ks.cfg
…
```

当需要创建多个文件时，可以一次创建一个文件，分多条命令创建；也可以在一条命令中，同时创建多个目录，但是需要将不同的文件名写入"{}"中，中间用","隔开。当前目录是/root目录，执行命令"touch　{2,3,4,5}.txt"，可以在/root目录下同时创建4个文件，再使用"ll"命令可以检查文件是否创建成功。

[例3]　将1.txt文件的访问时间修改为和2.txt文件的时间相同，其实现代码与结果如下：

```
[root@localhost ~]# touch  -r  2.txt  1.txt           //修改文件访问时间
[root@localhost ~]# ll                                //查看目录文件
-rw-r--r--. 1  root   root    0      6月 27  09:50  1.txt
-rw-r--r--. 1  root   root    0      6月 27  09:50  2.txt
…
```

使用touch命令时，加上-r选项，用于将文件的访问时间修改为和参考文件的时间相同。执行命令"touch　-r　2.txt　1.txt"，可以将1.txt文件的访问时间修改为和2.txt文件的访问时间相同，然后使用"ll"命令可以看到1.txt文件的访问时间已修改完成。

[例4]　将1.txt文件的访问时间修改为2023年6月10日20时10分，其实现代码与结果如下：

```
[root@localhost ~]# touch  -t  202306102010   1.txt    //修改文件访问时间
[root@localhost ~]# ll                                 //查看目录文件
-rw-r--r--. 1  root   root  0  6月  10  20:10  1.txt
…
```

使用touch命令时，加上-t选项，用于修改文件的访问时间，其他文件属性不变。执行命令"touch　-t　202306102010　1.txt"，可以将1.txt文件的访问时间修改为2023年6月10日20时10分，然后使用"ll"命令可以看到1.txt文件的访问时间已修改完成。

4.3　复制文件(cp)

cp命令主要用来复制文件或者目录，还可以复制整个目录。其命令格式如下：

cp　[选项]　源目录名/源文件名　目的目录名/目的文件名

cp命令的选项及其含义如表4-10所示。

表 4-10　cp 命令的选项及其含义

选项名称	含　义
-a	用于复制目录，保留链接、文件属性，并复制目录下的所有内容
-d	复制时保留链接
-f	覆盖已经存在的目标文件时不给出提示
-i	覆盖已经存在的目标文件时给出提示
-l	不复制文件，只生成链接文件
-p	除复制文件的内容以外，还把修改时间和访问权限也复制到新文件中
-r	复制该目录下所有的子目录和文件

❖ 命令示例

[例 1]　将/root 目录下 1.txt 文件复制到/mnt 目录下，其实现代码与结果如下：

```
[root@localhost ~]# cp  1.txt  /mnt                    //复制文件
[root@localhost ~]# ll  /mnt                           //查看/mnt 目录下文件
-rw-r--r--. 1  root  root  0  6月  27  10:06  1.txt
[root@localhost ~]# ll                                 //查看/root 目录下文件
-rw-r—r--. 1  root  root  0  6月  10  20:10  1.txt
…
```

使用 cp 命令，可以将文件从一个目录复制到另一个目录。执行命令"cp 1.text /mnt"，可以将/root 目录下 1.txt 文件复制到/mnt 目录下，此时在/root 目录和/mnt 目录下各有一个 1.txt 文件，但这两个文件的访问时间已经发生变化。/mnt 目录下 1.txt 文件的访问时间是使用 cp 命令复制时的时间。

[例 2]　将/root 目录下 2.txt 文件复制到/mnt 目录下，要求除复制文件的内容以外，还把修改时间和访问权限也复制到新文件中。其实现代码与结果如下：

```
[root@localhost ~]# cp  -p  2.txt  /mnt                //复制文件
[root@localhost ~]# ll  /mnt                           //查看/mnt 目录下文件
-rw-r--r--. 1  root  root  0    6月  27  09:50    2.txt
…
[root@localhost ~]# ll                                 //查看/root 目录下文件
-rw-r--r--. 1  root  root  0    6月  27  09:50    2.txt
…
```

使用 cp 命令时，加上-p 选项，用于除了复制文件的内容，还把修改时间和访问权限也复制到新文件中。执行命令"cp -p 2.txt /mnt"，可以将 2.txt 文件复制到/mnt 目录下。此时在/root 目录和/mnt 目录下各有一个 2.txt 文件，而且两个文件的访问时间和访问权限都是一致的。

[例 3]　将/etc/passwd 文件复制到/mnt/ 目录下，并重命名为 newfile。其实现代码与结果如下：

```
[root@localhost ~]# cp   /etc/passwd   /mnt/newfile          //修改文件并命名
[root@localhost ~]# cat   /mnt/newfile                       //查看文件内容
root:x:0:0:root:/root:/bin/bash
bin:x:1:1:bin:/bin:/sbin/nologin
…
[root@localhost ~]# cat   /etc/passwd                        //查看文件内容
root:x:0:0:root:/root:/bin/bash
bin:x:1:1:bin:/bin:/sbin/nologin
…
```

使用 cp 命令，在复制文件的同时还可以给文件重新命名。执行命令"cp　/etc/passwd /mnt/newfile"，可以将 /etc/passwd 文件复制到 /mnt/ 目录下，并重命名为 newfile。然后使用 cat 命令，可以看到两个文件中的内容是相同的。

[例 4]　备份 /etc 目录下的所有内容到 /mnt 目录，其实现代码与结果如下：

```
[root@localhost ~]# cp   -r   /etc/*   /mnt                  //复制目录下所有内容
[root@localhost ~]# ll   /mnt                                //查看目录文件
总用量 1304
-rw-r--r--.   1   root   root       0   6 月 27   10:06   1.txt
drwxr-xr-x.   3   root   root      28   6 月 27   10:20   accountsservice
-rw-r--r--.   1   root   root      16   6 月 27   10:20   adjtime
-rw-r--r--.   1   root   root    1529   6 月 27   10:20   aliases
…
```

使用 cp 命令时，加上 -r 选项，用于复制目录下所有的子目录和文件。*是通配符，可以匹配零个或多个字符，执行命令"cp　-r　/etc/*　/mnt"，可以将 /etc 目录下的所有内容复制到 /mnt 目录，然后使用"ll"命令可以查看到 /mnt 目录下的内容。

4.4　移动文件(mv)

mv 命令可以用来移动文件或者目录，同时，也可以修改文件名。其命令格式如下：
　　mv　[选项]　源目录名/源文件名　目的目录名/目的文件名
mv 命令的选项及其含义如表 4-11 所示。

表 4-11　mv 命令的选项及其含义

选项名称	含　义
-b	若需覆盖文件，则覆盖前先行备份
-f	若目标文件已经存在，则直接覆盖
-i	若目标文件已经存在，则询问是否覆盖

❖ 命令示例

[例 1]　新建一个目录 /dir，并将 /root 目录下的 1.txt 文件移动到目录 /dir。其实现代码与结果如下：

```
[root@localhost ~]# mkdir   /dir                                    //创建目录
[root@localhost ~]# mv   1.txt   /dir                               //移动文件
[root@localhost ~]# ll   /dir                                       //查看目录下文件
总用量 0
-rw-r--r--.   1   root   root        0  6 月 27  10:06   1.txt
```

使用 mv 命令，可以将一个文件移动到其他目录。执行命令"mv   1.txt   /dir"，可以将 1.txt 移动到 /dir 目录，然后使用"ll"命令可以查看操作结果。

[例 2]　将 /dir 目录下 1.txt 文件名修改为 file1，其实现代码与结果如下：

```
[root@localhost ~]# mv   /dir/1.txt   /dir/file1                    //修改文件名
[root@localhost ~]# ll   /dir                                       //查看目录下文件
总用量 0
-rw-r--r--.   1   root   root        0  6 月 27  10:06   file1
```

使用 mv 命令，还可以修改文件名。执行命令"mv   /dir/1.txt   /dir/file1"，可以将 /dir 目录下 1.txt 文件名修改为 file1，然后使用"ll"命令可以查看操作结果。

[例 3]　将 /dir 目录移动到 /mnt 目录下，其实现代码与结果如下：

```
[root@localhost ~]# mv   /dir   /mnt                                //移动目录
[root@localhost ~]# ll   /dir                                       //查看目录
ls: 无法访问/dir: 没有那个文件或目录
[root@localhost ~]# ll   /mnt                                       //查看目录
总用量 1376
drwxr-xr-x.   2   root   root   19  6 月   27   10:25   dir
…
```

使用 mv 命令，还可以移动目录。执行命令"mv   /dir   /mnt"，可以将 /dir 目录移动到 /mnt 目录下，然后使用"ll"命令可以看到 /dir 目录已经不存在了，该目录已经被移动到 /mnt 目录下。

如果在移动文件或目录过程中出现文件名重名，那么系统会询问是否覆盖，输入"y"表示覆盖，输入"n"表示不覆盖。

4.5　删除文件(rm)

rm 命令主要用来删除一个文件或者目录。其命令格式如下：

　　rm　[选项]　目录名/文件名

rm 命令的选项及其含义如表 4-12 所示。

表 4-12　rm 命令的选项及其含义

选项名称	含　义
-f	不提示，强制删除文件或目录
-i	删除已有文件或目录之前先询问用户
-r	递归删除，将指定目录下的所有文件与子目录一并删除

❖ 命令示例

[例 1]　删除 /mnt/1.txt 文件，其实现代码与结果如下：

```
[root@localhost ~]# rm   /mnt/1.txt                              //删除文件
rm：是否删除普通空文件"/mnt/1.txt"？y
```

在实际工作中，对于不需要的文件，为了节约系统空间，一般采用删除方式进行处理。执行命令"rm　/mnt/1.txt"，系统会询问是否删除，这里输入"y"即可完成删除。

[例 2]　强制删除 /mnt/2.txt 文件，其实现代码与结果如下：

```
[root@localhost ~]# rm   -f   /mnt/2.txt                         //强制删除文件
```

使用 rm 命令删除文件时，如果确定要删除，那么可以增加 -f 选项。执行命令"rm -f/mnt/2.txt"，系统无询问提示，直接删除 2.txt 文件。

[例 3]　强制删除 /mnt/dir 目录及其所有内容，其实现代码与结果如下：

```
[root@localhost ~]# rm   -rf   /mnt/dir                          //强制删除目录
[root@localhost ~]# ll   /mnt/dir                               //查看目录
ls: 无法访问 /mnt/dir: 没有那个文件或目录
```

使用 rm 命令时，加上 -r 选项，用于删除目录及目录下所有内容，也就是删除一个非空目录。执行命令"rm　-rf　/mnt/dir"，系统会直接删除 /mnt/dir 目录，然后执行命令"ll /mnt/dir"，可以看到系统中已经没有 /mnt/dir 这个目录了。

4.6　查找文件(find)

find 命令不仅可以按照文件名搜索文件，还可以按照权限、大小、时间等信息来搜索文件。其命令格式如下：

　　find　查找路径　[选项]

find 命令的选项及其含义如表 4-13 所示。

表 4-13　find 命令的选项及其含义

选项名称	含　义
-name	按照文件名进行查找，区分大小写
-iname	按照文件名进行查找，不区分大小写
-type	按照指定文件类型进行查询
-size	按照文件大小进行文件查询
-user	按照文件所有者进行文件查询
-group	按照文件所属组进行文件查询

❖ 命令示例

[例 1]　查找 /etc 目录下以 geo 开头的文件，其实现代码与结果如下：

```
[root@localhost ~]# find   /etc -name   geo*                     //按照文件名查找文件
/etc/xdg/autostart/geoclue-demo-agent.desktop
```

```
/etc/geoclue
/etc/geoclue/geoclue.conf
```

在实际工作中，经常会遇到查询文件的情况。在 Linux 系统中，最常用的文件查找命令是 find 命令。如果按照文件名查找，那么可以加上"-name"选项。执行命令"find　/etc -name　geo*"，可以在/etc 目录下查找以 geo 开头的文件，但这里只显示完全匹配 geo 开头的文件。

[例 2]　查找/etc 目录下后缀为 .conf.d 的目录，其实现代码与结果如下：

```
[root@localhost ~]# find  /etc  -type  d  -name  *.conf.d        //按照目录名查找目录
/etc/X11/xorg.conf.d
/etc/polkit-1/localauthority.conf.d
/etc/ld.so.conf.d
/etc/krb5.conf.d
/etc/security/pwquality.conf.d
/etc/dracut.conf.d
/etc/containers/registries.conf.d
```

使用 find 命令时，如果按照文件类型进行查找，那么可以加上"-type"选项。命令"find /etc -type d -name *.conf.d"中的"d"为参数，表示文件类型为目录。执行命令后，可以在/etc 目录下查找到后缀为 .conf.d 的所有目录。

[例 3]　查找/etc 目录下大于 1 MB 的文件，其实现代码与结果如下：

```
[root@localhost ~]# find  /etc  -size  +1M                       //按照文件大小查找
/etc/selinux/targeted/policy/policy.33
/etc/udev/hwdb.bin
```

使用 find 命令时，如果按照文件的大小进行查找，那么可以加上"-size"选项。命令"find /etc -size +1M"中的"+1M"参数，表示文件大小大于 1 MB。执行命令后，可以在/etc 目录下查找到大于 1 MB 的所有文件。

[例 4]　查找/etc/yum 目录下所有者为 root 的文件和目录，其实现代码与结果如下：

```
[root@localhost ~]# find  /etc/yum  -user  root                  //按照文件所有者查找
/etc/yum
/etc/yum/pluginconf.d
/etc/yum/protected.d
/etc/yum/vars
```

使用 find 命令时，如果按照文件的所属用户进行查找，那么可以加上"-user"选项。执行命令"find /etc/yum -user root"，可以在/etc/yum 目录下查找到所有者为 root 用户的文件和目录。

4.7　文件的打包(tar)

tar 命令主要用来将多个文件打包为一个文件，将文件打包并压缩，将打包的文件解包和将打包压缩的文件解压。其命令格式如下：

  tar　[选项]　文件名/目录名

tar 命令的选项及其含义如表 4-14 所示。

表 4-14　tar 命令的选项及其含义

选项名称	含　　义
-A	追加 tar 文件至归档
-c	创建一个新归档
-C	切换到指定的目录
-f	指定备份文件
-p	用原来的文件权限还原文件
-r	追加文件至归档结尾
-t	列出归档内容
-z	通过 gzip 压缩归档
-j	通过 bzip2 压缩归档
-k	保留源文件不覆盖
-v	显示指令执行过程
-x	从备份文件中还原文件

❖ 命令示例

[例 1]　新建 /mnt/example 目录，在该目录下再新建两个文件 file 1 和 file 2，然后打包 /mnt/example 目录及所有文件，并按照 gzip 格式压缩为 file.tar.gz，保存到/mnt 目录下。其实现代码与结果如下：

```
[root@localhost ~]# mkdir   /mnt/example                          //创建目录
[root@localhost ~]# touch   /mnt/example/file{1, 2}               //创建文件
[root@localhost ~]# tar  -zcpv  -f /mnt/file.tar.gz  /mnt/example  //打包文件
tar: 从成员名中删除开头的"/"
/mnt/example/
/mnt/example/file1
/mnt/example/file2
[root@localhost ~]# ll  /mnt/file.tar.gz                          //查看压缩文件
-rw-r--r--. 1  root  root  160  6月 27  18:43  /mnt/file.tar.gz
```

步骤一，执行命令"mkdir　/mnt/example"，在/mnt 目录下创建一个 example 目录。

步骤二，执行命令"touch　/mnt/example/file{1,2}"，在/mnt/example 目录下，创建 file1、file2 两个文件。

步骤三，执行命令"tar　-zcpv　-f　/mnt/file.tar.gz　/mnt/example"，可以将/mnt/example 目录及所有文件打包成 file.tar.gz，保存在/mnt 目录下。

步骤四，执行命令"ll　/mnt/file.tar.gz"，可以查看压缩文件的相关属性信息。

[例 2]　将 /mnt/ file.tar.gz 解压到 /root 目录，其实现代码与结果如下：

```
[root@localhost ~]# tar  -xzv  -f  /mnt/file.tar.gz  -C  /root        //打包文件
mnt/example/
mnt/example/file 1
mnt/example/file 2
[root@localhost ~]# ll   -R  /root/mnt                              //查看目录内容
/root/mnt/:
总用量 0
drwxr-xr-x. 2  root   root   32   6月   27   18:45   example
/root/mnt/example:
总用量 0
-rw-r--r--. 1  root   root   0  6月   27   18:45   file1
-rw-r--r--. 1  root   root   0  6月   27   18:45   file2
```

执行命令"tar -xzv   -f /mnt/file.tar.gz   -C   /root"，可以将压缩文件解压到 /root 目录下。执行命令"ll -R   /root/mnt"，可以看到压缩文件中的内容已经在 /root/mnt 目录下。

4.8　Vim 编辑器

Vim 编辑器是 Linux 系统中最基本的文本编辑器，它是 Vi 编辑器的升级版本，添加了代码着色功能。它可以执行输出、删除、查找、替换、块操作等文本操作，使用它可以高效地编辑代码、配置系统文件等。

1. Vim 编辑器的工作模式

Vim 编辑器有三种基本工作模式，分别为：一般命令模式、编辑模式、命令行模式。

1) 一般命令模式

一般命令模式简称一般模式，使用命令"vim 文件名"可以直接进入此模式。在一般模式下，可以进行文本内容的查看、复制、删除等操作，但不能输入相关文本内容。

2) 编辑模式

在一般模式中，输入"i""o"或"a"等字母可以进入编辑模式。在此模式下，可以进行正常的文本录入。可通过按"Esc"键退出编辑状态，切换到一般模式。

3) 命令行模式

在一般模式中，输入"："可以进入命令行模式。在此模式下，可以进行查找数据、替换字符、显示行号等操作。输入"：wq"，可以保存操作结果并退出 Vim 编辑器。

Vim 编辑器三种工作模式之间的切换如图 4-1 所示。

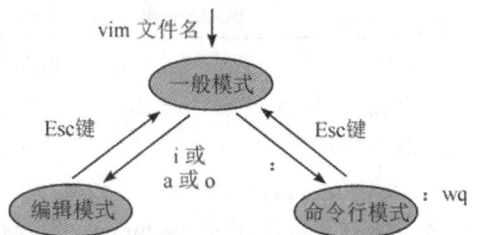

图 4-1　Vim 编辑器三种模式之间的切换

2. Vim 编辑器的基本操作

1) 一般模式下的操作

输入"vim＋文件名"即可进入一般模式状态。此模式下的常见操作包含移动光标、文本内容查找与替换、文本内容复制和粘贴、文本内容删除等。

(1) Vim 编辑器中移动光标的方法如表 4-15 所示。

表 4-15　移动光标的方法

操　作	功　能　描　述
Ctrl + f	屏幕向下移动一页，相当于"Page Down"按键
Ctrl + b	屏幕向上移动一页，相当于"Page Up"按键
0 或 Home	移动到当前行的最前面
$ 或 End	移动到当前行的最后面
G	移动到文件的最后一行
nG	移动到文件的第 n 行
gg	移动到文件的第一行
n	n 为数字，向下移动 n 行

(2) Vim 编辑器中常见的文本内容查找与替换的方法如表 4-16 所示。

表 4-16　文本内容查找与替换的方法

命　令	功　能　描　述
/abc	从光标所在位置向前查找字符串 abc
/^abc	查找以 abc 为行首的行
/abc$	查找以 abc 为行尾的行
?abc	从光标所在位置向后查找字符串 abc
n	向同一方向重复上次的查找指令
N	向相反方向重复上次的查找指令
r	替换光标所在位置的字符
:s/a1/a2/g	将当前光标所在行中所有的 a1 都用 a2 替换
:n1,n2s/a1/a2/g	将文件 n1 到 n2 行中所有的 a1 都用 a2 替换
:%s/a1/a2/g	将文件中所有的 a1 都用 a2 替换

[例 1]　复制 /etc/passwd 文件到 /etc 目录下，并将其重命名为 pwd，然后查找 /etc/pwd 文件中的字符串"shutdown"。其实现代码如下：

```
[root@localhost ~]# cp   /etc/passwd   /etc/pwd          //复制文件
[root@localhost ~]# vim   /etc/pwd                       //打开文件
…
/shutdown
```

执行命令"vim　/etc/pwd"，打开 /etc/pwd 文件。输入"/shutdown"，按回车键后可以进入 Vim 编辑器的命令行模式并查询文件中的"shutdown"字符串，系统会高亮显示查找到的字符串，按"n"键向下查找下一个匹配的字符串，按"N"键向上查找上一个匹配的字符串。

[例2]　将 /etc/pwd 文件中所有的"root"替换为"ROOT"，其实现代码如下：

```
[root@localhost ~]# vim    /etc/pwd                //打开文件
…
:%s/root/ROOT/g
```

执行命令"vim   /etc/pwd"，打开 /etc/pwd 文件。输入":%s/root/ROOT/g"命令后，可以将 /etc/pwd 文件中所有的"root"替换为"ROOT"。如果需要保存替换结果，则输入":wq"保存替换结果并退出 Vim 编辑器。

(3) Vim 编辑器中常见的文本内容复制和粘贴的方法如表 4-17 所示。

表 4-17　文本内容复制和粘贴的方法

命　令	功　能　描　述
yy	复制当前行
nyy	从当前行开始向下复制 n 行
yG	复制当前行至最后的所有行
p	从光标下一行开始粘贴
P	从光标上一行开始粘贴
u	恢复前一个动作

[例3]　复制 /etc/pwd 中第 3、4 行内容，然后粘贴到第 1 行前面。其实现代码如下：

```
[root@localhost ~]# vim    /etc/pwd                //打开文件
…
3G
2yy
1G
P
```

执行命令"vim   /etc/pwd"，打开 /etc/pwd 文件。输入"3G"，光标会移动到第 3 行；再输入"2yy"，表示复制第 3、4 行内容；再输入"1G"，光标会移动到第 1 行；最后输入"P"，可以将第 3、4 行内容复制到第 1 行前面。

(4) Vim 编辑器中常见的文本内容删除的方法如表 4-18 所示。

表 4-18　文本内容删除的方法

命　令	功　能　描　述
x	删除当前字符
nx	删除从光标开始的 n 个字符
dd	删除当前行
ndd	向下删除当前行在内的 n 行
u	撤销上一步操作
U	撤销对当前行的所有操作

[例 4] 删除文件 /etc/pwd 中第 5 行内容，其实现代码如下：

```
[root@localhost ~]# vim   /etc/pwd                //打开文件
…
5G
dd
```

执行命令"vim   /etc/pwd"，打开 /etc/pwd 文件。输入"5G"，光标会移动到第 5 行；再输入"dd"，可以删除当前行，即第 5 行内容。

[例 5] 删除文件 /etc/pwd 中第 2～4 行的内容，其实现代码如下：

```
[root@localhost ~]# vim   /etc/pwd                //打开文件
…
2G
3dd
```

执行命令"vim   /etc/pwd"，打开 /etc/pwd 文件。输入"2G"，光标会移动到第 2 行；再输入"3dd"，可以从当前行向下删除 3 行，即删除第 2～4 行的内容。

2) 编辑模式下的操作

在一般模式下输入"i"即可进入编辑模式，进入编辑模式后就可以对文本内容进行添加、修改、删除等操作，下面结合具体例子进行讲解。

[例 6] 在文件 /etc/file 中输入"Hello World"，其实现代码如下：

```
[root@localhost ~]# vim   /etc/file                //打开文件
按"I"键
Hello World
```

执行命令"vim   /etc/ file"，打开 /etc/ file 文件，如果该文件不存在，则可以新建该文件。按"i"键，可以进入文本编辑状态，再输入"Hello World"。

3) 命令行模式下的操作

在 Vim 编辑器的一般模式下输入":"可以进入命令行模式，命令行模式的常用命令如表 4-19 所示。

表 4-19　命令行模式的常用命令

命　令	功　能　描　述
:q	不保存退出
:wq	保存退出
:q!	不保存强制退出
:set nu	显示行号
:set nonu	取消行号，撤销上一步操作

[例 7] 将上一个例子，在 /etc/file 文件内完成文本内容编辑后，保存并退出编辑器。其实现代码如下：

```
[root@localhost ~]# vim    /etc/file                    //打开文件
Hello World
Esc 键
:wq
```

完成文本内容编辑后，按"Esc"键，可以切换至一般模式，然后输入":wq"保存并退出 Vim 编辑器。

[例 8] 打开 /etc/passwd 文件，并显示文件行号。其实现代码与结果如下：

```
[root@localhost ~]# vim    /etc/passwd                  //打开文件
:set nu
1 root:x:0:0:root:/root:/bin/bash
2 bin:x:1:1:bin:/bin:/sbin/nologin
3 daemon:x:2:2:daemon:/sbin:/sbin/nologin
4 adm:x:3:4:adm:/var/adm:/sbin/nologin
5 lp:x:4:7:lp:/var/spool/lpd:/sbin/nologin
…
```

执行命令"vim   /etc/ passwd"，打开 /etc/passwd 文件，然后输入"：set nu"可以显示文件中每一行的行号。

任务实施

任务 4 的实施过程如表 4-20 所示。

表 4-20   任务 4 的实施过程

操作步骤	操作过程	操作说明
步骤一： 创建研发部 文件	[root@localhost ~]# touch /company/yf/yf_soft/soft1 [root@localhost ~]# touch /company/yf/yf_soft/soft2 [root@localhost ~]# touch /company/yf/yf_soft/soft3 [root@localhost company]# ls /company/yf/yf_soft soft1 soft2 soft3	创建 soft1 文件 创建 soft2 文件 创建 soft3 文件 查看创建结果
	[root@localhost ~]# touch /company/yf/yf_hard/hard{1,2,3} [root@localhost ~]# ls /company/yf/yf_hard hard1 hard2 hard3	创建三个文件 查看创建结果
步骤二： 创建服务部 文件	[root@localhost ~]# touch /company/fw/fw_before/infor [root@localhost ~]# touch /company/fw/fw_before/price [root@localhost ~]# ls /company/fw/fw_before infor price	创建 infor 文件 创建 price 文件 查看创建结果
	[root@localhost ~]# touch /company/fw/fw_after/normal [root@localhost ~]# touch /company/fw/fw_after/vip	创建 normal 文件 创建 vip 文件

续表

操作步骤	操作过程	操作说明
步骤三： 创建市场部文件	[root@localhost ~]# touch　/company/sc/sc_east/east [root@localhost ~]# touch　/company/sc/sc_west/west [root@localhost ~]# touch　/company/sc/sc_south/south [root@localhost ~]# touch　/company/sc/sc_north/north	创建 east 文件 创建 west 文件 创建 south 文件 创建 north 文件
步骤四： 移动及删除技术部目录文件	[root@localhost ~]# mv　/company/js/js_DM　/company/yf [root@localhost ~]# ls　/company/yf yf_softyf_hard　js_DM	移动 js_DM 目录
	[root@localhost ~]# mv　/company/js/js_WD　/company/fw [root@localhost ~]# ls　/company/fw fw_after　fw_before　js_WD	移动 js_WD 目录
	[root@localhost ~]# rm　-rf　/company/js	删除 js 目录

🚴 任务拓展

某高校的系统管理员已经在服务器中完成了相关目录的设置，现根据各分院要求进行文件管理。每个二级学院文件分配情况如表 4-21 所示。

表 4-21　各学院文件分配情况

二级学院名称	目录名称	文件名称	备注
物联网学院	wlw	wlw_jw、wlw_xzh、wlw_xg	新增
电子工程学院	dz	dz_jw、dz_xzh、dz_xg	新增
通信工程学院	tx	tx_jw、tx_xzh、tx_xg	新增
幼儿教育学院	yj	yj_jw、yj_xzh、yj_xg	新增
电子与通信工程学院	dztx	所有文件	删除
机械工程学院	jx	所有文件移动到 wlw 目录	移动
电气工程学院	dq	复制所有文件到 wlw 目录	复制

思 政 案 例

夏培肃先生一生奋战在科研和教育一线，是我国计算机研究的先驱和我国计算机事业的重要奠基人之一。夏培肃曾经说过"中国人有能力、有志气设计和研制自己的计算机。"1952 年，在华罗庚教授的组织领导下，夏培肃加入了我国第一个计算机研究小组，开展了初期预研工作。1960 年，夏培肃主持设计研制了我国第一台自行设计的通用电子数字计算机——107 计算机。

项目二习题

一、选择题

1. 使用 mkdir 创建/home/test/dir 这样的多级目录，应该加上的选项是(   )。

A. -r B. -p C. -a D. -t

2. 下列选项中，用于删除目录的命令是(   )。

A. ls B. cd C. rmdir D. mkdir

3. 下列选项中，用于切换目录的命令是(   )。

A. ls B. cd C. rmdir D. mkdir

4. 使用 cat 命令时，显示文件内容行号的选项是(   )。

A. -I B. -N C. -g D. -n

5. 使用 find 命令查找文件时，匹配文件所属用户的选项是(   )。

A. -name B. -user C. -type D. -size

6. 在 Vim 一般模式下，输入 ":n1,n2s/a1/a2/g" 表示(   )。

A. 将 n1 替换为 n2 B. 将 n2 替换为 n1

C. 将 a1 替换为 a2 D. 将 a2 替换为 a1

二、判断题

1. 使用 cd 命令进入目录的时候，可以使用绝对路径，也可以用相对路径。   (   )

2. 执行命令 "ls -a"，可以查看文件的详细信息。   (   )

3. 使用 mkdir 命令既可以创建单个目录，也可以创建多级目录。   (   )

4. 执行命令 "mkdir   /jsei" 和执行命令 "mkdir   jsei" 的效果是一样的。   (   )

5. 使用 touch 命令既能创建目录，也能创建文件。   (   )

6. 使用 rm 命令既能删除目录，也能删除文件。   (   )

三、简答题

1. 简述 Linux 中绝对路径和相对路径的区别。

2. 简述 more 命令和 less 命令的区别。

3. 一个目录下有文件和子目录，如何删除这个目录？

4. 简述 Vim 编辑器的工作模式及切换方法。

项目三　用户和用户组管理

Linux 系统是多用户、多任务的操作系统，作为 Linux 操作系统的管理员，熟练掌握用户和用户组的创建与维护管理的方法就显得十分重要。本项目将主要介绍新建与删除用户、新建与删除用户组以及将用户加入用户组等操作的方法。

◆ 知识目标

1. 理解并掌握 Linux 系统中用户的相关概念。
2. 理解并掌握 Linux 系统中用户组的相关概念。
3. 熟练掌握 Linux 系统中新增用户、修改用户、删除用户等命令的使用方法。
4. 熟练掌握 Linux 系统中新增用户组、修改用户组、删除用户组等命令的使用方法。

◆ 能力目标

1. 根据企事业单位要求，设计用户的规划方案，并利用 Linux 系统中用户的创建与维护管理的方法，实现对企业内部人员账号的管理。
2. 根据企事业单位要求，设计用户组的规划方案，并利用 Linux 系统中用户组的创建与维护管理的方法，实现对企业内部人员账号的组群管理。

◆ 素养目标

1. 培养学生的沟通能力及团队协作精神。
2. 培养学生的专注精神和创新精神。
3. 培养学生分析问题和解决问题的能力。

任务5　Linux 用户管理

任务介绍

M 公司随着规模不断的壮大，对现有部门进行调整。作为系统管理员，在部门调整后，需要在 Linux 操作系统中重新为上述部门人员调整账号。根据公司要求，每个部门人员账号情况如表 5-1 所示。

表 5-1　公司各部门人员账号情况

部门名称	原人员账号	现人员账号	账号 UID	账号初始密码
技术部	js01、js02		3001、3002	333333
研发部		js01→yf01 js02→yf02	3001→4001 3002→4002	333333→444444
服务部		fw01、fw02	5001、5002	555555
市场部		sc01、sc02	6001、6002	666666

任务分析

要实现该公司部门人员账号的创建、删除和修改，可以分以下 3 个步骤：

步骤一，创建服务部人员账号，并设置账号密码。

步骤二，创建市场部人员账号，并设置账号密码。

步骤三，修改原技术部人员账号和密码。

必备知识

完成本任务需要掌握的必备知识见 5.1～5.7 节。

5.1　Linux 系统的用户

Linux 系统是一个多用户、多任务的操作系统，通常会拥有少至几个多至几百个的可登录用户，为确保系统的安全性和有效性，必须对用户进行妥善的管理和控制。

用户账号是用户在系统里的标识，用以鉴别用户身份、限制用户的权限、防止用户非法或越权使用系统资源。任何一个需要使用系统资源的用户，都必须首先向系统管理员申请一个账号，然后以这个账号的身份进入系统。每个用户账号都拥有一个唯一的用户名和各自的密码。用户账号可以帮助系统管理员对使用系统的用户进行跟踪，并控制用户对系统资源的访问，同时用户密码还可以为用户提供安全性保护。

在 Linux 系统中，各个用户的权限和所完成的任务是不同的，系统是通过用户的 ID 号来识别用户的，用户的 ID 号简称 UID(用户 ID)，是系统中标识每个用户的唯一标识符。在 Linux 系统中主要有系统管理员、系统用户和普通用户这 3 类用户，这 3 类用户的 UID 取值也是不同的，各类用户的 UID 取值情况如表 5-2 所示。

表 5-2　Linux 系统中 UID 取值情况

UID 取值范围	说　　明
0 (系统管理员)	默认情况下，Linux 系统的管理员用户是 root 用户，其 UID 为 0，root 用户在每台 Linux 操作系统中都是真实存在的，通过它可以登录系统，可以在系统中操作任何文件和执行任何命令，拥有最高的管理权限
1~999 (系统用户)	系统用户最大的特点是安装系统后默认就会存在，且默认情况大多数不能登录系统，但是，它们是系统正常运行不可缺少的，它们的存在主要是方便系统管理，满足相应的系统进程对文件属性的要求。例如：系统中的 bin、adm、nobody、mail 用户等
1000 以上 (普通用户)	普通用户是为了让使用者能够使用 Linux 系统资源而建立的账号，普通用户不仅可以操作自己家目录下的文件及目录，还可以进入或浏览相关的目录。普通用户的 UID 取值大于 999，默认情况下从 1000 开始

5.2　Linux 系统的用户账号文件

在 Linux 系统中，存放用户信息的文件有很多，其中有两个非常重要的文件，一个是管理使用者 UID 重要参数的 /etc/passwd 文件，另一个是专门管理密码相关数据的 /etc/shadow 文件。

1. /etc/passwd 文件

/etc/passwd 文件是系统用户配置文件，存储了系统中所有用户的基本信息，并且所有用户都可以读取该文件。其中每一行都是一个用户账号的相关信息，/etc/passwd 文件中的内容如下：

```
[root@localhost ~]# cat   /etc/passwd
root:x:0:0:root:/root:/bin/bash
bin:x:1:1:bin:/bin:/sbin/nologin
daemon:x:2:2:daemon:/sbin:/sbin/nologin
adm:x:3:4:adm:/var/adm:/sbin/nologin
lp:x:4:7:lp:/var/spool/lpd:/sbin/nologin
…
```

/etc/passwd 文件中每行由 7 个字段组成，每个字段之间以 ":" 作为分隔符，这 7 个字段分别为用户名、密码、UID、GID (组 ID)、用户信息、家目录和 shell，各字段的功能如下：

(1) **用户名字段**。这个字段是用户账号名称，是用户登录时所使用的用户名。以 /etc/passwd 文件中第一行 root 用户的数据为例，它的用户名是 root，如果想以系统管理员身份登录系统，输入的用户名就是 root。

(2) **密码字段**。这个字段是用户的登录密码，考虑系统的安全性，通常用字母 "X" 来表示。以 /etc/passwd 文件中第一行 root 用户的数据为例，这里的 "X" 是密码的标志，而不是真正的密码，真正的密码保存在 /etc/shadow 文件中。

(3) **UID 字段**。这个字段是用户标识符，系统中每个用户的 UID 号都是唯一的。以 /etc/passwd 文件中第一行 root 用户的数据为例，它的 UID 是 0。Linux 系统中对不同用户的 UID 是有规定的，其中，系统管理员的 UID 固定为 0，系统用户的 UID 一般为 1～999，普通用户的 UID 大于等于 1000。

(4) **GID 字段**。这个字段是用户所属用户组的组号，以 /etc/passwd 文件中第一行 root 用户的数据为例，它所属的用户组 GID 号为 0。

(5) **用户信息字段**。这个用户信息包括用户名称、办公电话、住宅电话等相关信息。以 /etc/passwd 文件中第一行 root 用户的数据为例，这里只显示了用户名称 root。如果想设置用户信息字段，那么需要使用 chfn 命令进行设置。

(6) **家目录字段**。这个字段表示用户的起始工作目录，是用户成功登录后的默认目录。以 /etc/passwd 文件中第一行 root 用户的数据为例，其家目录就是 /root 目录。普通用户默认的家目录是 /home/ 下与用户名同名的目录，例如，user1 用户的家目录就是 /home/user1，user2 用户的家目录就是 /home/user2。

(7) **shell 字段**。这个字段表示用户所使用的 shell，当用户登录系统后，会取得一个 shell 与系统的内核进行通信从而进行相关的操作，默认为"/bin/bash"。以 /etc/passwd 文件中第一行 root 用户的数据为例，它的 shell 就是"/bin/bash"，表示 root 用户是可以正常登录系统的。如果这一字段为"/sbin/nologin"，则表示不允许这个用户登录系统。

2. /etc/shadow 文件

/etc/shadow 文件用于存储 Linux 系统中用户的密码信息，是加密过的密码。为了保证用户密码的安全性，只有 root 用户对该文件具有只读权限且不能修改，其他用户不能对该文件进行任何操作。其中每一行都是一个用户密码的相关信息，/etc/shadow 文件中的内容如下：

```
[root@localhost ~]# cat   /etc/shadow
root:$6$LFo5/TljPY2JKTCe$Do01DgJwhGL9IFKbZCcC8Tj17sHsOZo6pWBT4xIZlT5iOgTvCiUCa
4UpxvO3Zg.L/jjeV11ejbZb/p8uK8k8q.:19560:0:99999:7:::
bin:*:19347:0:99999:7:::
daemon:*:19347:0:99999:7:::
adm:*:19347:0:99999:7:::
lp:*:19347:0:99999:7:::
…
```

/etc/shadow 文件中每行由 9 个字段组成，每个字段之间以"："作为分隔符。这 9 个字段分别为用户名、用户密码、最后一次修改时间、最小修改间隔时间、密码有效期、密码需要修改前的警告天数、密码过期后的宽限天数、账号失效时间和保留字段。各字段的功能如下：

(1) **用户名字段**。这个字段是用户账号名称，用户登录时所使用的用户名必须与 /etc/passwd 相同才行。以 /etc/shadow 文件中第一行 root 用户的数据为例，它的用户名是 root，如果想以系统管理员身份登录系统，输入的用户名就是 root。

(2) **用户密码字段**。这个字段是用户的登录密码，这里保存的是经过加密的密码。以 /etc/shadow 文件中第一行 root 用户的数据为例，它经过加密的密码就是这一串包含数字、字母和特殊字符的字符串，这里的密码是不能手动修改的，如果手动修改了，系统则将无法识别密码，从而导致密码失效。

(3) **最后一次修改时间字段**。这个字段表示最后一次修改密码的时间。在 Linux 系统中，计算日期的时间是以 1970 年 1 月 1 日为 1 进行不断累加得到的时间。

(4) **最小修改间隔时间字段**。这个字段表示从最后一次修改密码的日期(第 3 字段)开始计算，到允许再次修改密码的时间。以 /etc/shadow 文件中第一行 root 用户的数据为例，这一字段是 0，表示可以随时修改密码；如果这个字段是 30，则代表在修改后 30 天之内不能再次修改密码。

(5) **密码有效期字段**。这个字段表示从最后一次更改密码(第 3 字段)开始计算，到需要再次更改密码的时间。超过该时间的话，该账户密码将进入过期阶段，默认值是 99999，也就是 273 年，可认为是永久生效。如果将这个字段改为 100，则表示密码在修改 100 天之后必须再次被修改，否则这个用户的密码将变为过期状态。

(6) **密码需要修改前的警告天数字段**。这个字段用于设置提前发出警告的天数，当账户密码有效期快到时，系统会发出警告信息给此账户，提醒用户"再过 * 天你的密码就要过期了，请尽快重新设置你的密码！"。以 /etc/shadow 文件中第一行 root 用户的数据为例，这一字段是 7，也就是说，距离密码有效期的第 7 天开始，每次登录时系统都会向该账户发出"修改密码"的警告信息。

(7) **密码过期后的宽限天数字段**。这个字段用于设置宽限天数，在密码过期后，用户如果还是没有修改密码，则在此字段规定的宽限天数内，用户还是可以登录系统的。该字段默认为空，代表密码过期后立即失效；如果此字段设为 10，则代表密码过期 10 天后失效。

(8) **账号失效时间字段**。这个字段表示在这个字段规定的日期之后，将无法再使用这个用户账号。这里设置的时间和第三字段一样，都是以 1970 年 1 月 1 日为 1 进行不断累加得到的时间。该字段默认为空，表示该账号没有失效时间。该字段通常被使用在具有收费服务的系统中，或者用于设置临时用户账号。

(9) **保留字段**。目前没有使用，等待新功能的加入。

下面 5.3～5.7 节将介绍 Linux 系统中用户管理的相关命令。

5.3 新增用户(useradd)

useradd 命令可用来建立用户账号，此命令只有系统管理员 root 用户才能使用。其命令格式如下：

　　　　useradd　[选项]　用户账号名

useradd 命令的选项及其含义如表 5-3 所示。

表 5-3　useradd 命令的选项及其含义

选项名称	含　　义
-d	指定用户登录时的起始目录(家目录)
-e	指定用户账号的失效日期
-f	指定在密码过期后多少天即关闭该账号
-g	指定用户所属的用户组
-G	指定用户所属的附加组
-r	建立系统用户账号
-s	指定用户登录后所使用的 shell
-u	指定用户 UID

❖ 命令示例

[例 1]　新增一个用户 user1，其实现代码与结果如下：

```
[root@localhost ~]# useradd    user1                    //新增用户
[root@localhost ~]# cat    /etc/passwd                  //查看 passwd 文件
…
jsei:x:1000:1000:jsei:/home/jsei:/bin/bash
user1:x:1001:1001::/home/user1:/bin/bash
```

使用 useradd 命令，在不加任何选项参数的情况下，默认新增的是普通用户。执行命令"useradd   user1"，再查看 /etc/passwd 文件，其中 jsei 是安装系统时创建的用户，其第三字段 UID 为 1000，此时再新增一个用户 user1，可以看到 user1 用户信息中第三字段 UID 为 1001。

[例 2]　新增一个用户 user2，并指定其 UID 为 2000。其实现代码与结果如下：

```
[root@localhost ~]# useradd -u 2000 user2              //新增用户时，指定其 UID
[root@localhost ~]# cat    /etc/passwd                  //查看 /etc/passwd 文件
…
user1:x:1001:1001::/home/user1:/bin/bash
user2:x:2000:2000::/home/user2:/bin/bash
```

使用 useradd 命令时，加上 -u 选项，用于在新增用户时指定其 UID。执行命令"useradd -u 2000 user2"，再查看 /etc/ passwd 文件，可以看到 user2 用户信息中第三字段 UID 为 2000。

[例 3]　新增一个用户 user3，并指定其家目录为/opt/dir。其实现代码与结果如下：

```
[root@localhost ]# useradd -d /opt/dir    user3        //新增用户时，指定其家目录
[root@localhost ~]# cat    /etc/passwd                  //查看 /etc/passwd 文件
…
user1:x:1001:1001::/home/user1:/bin/bash
user2:x:2000:2000::/home/user2:/bin/bash
user3:x:2001:2001::/opt/dir:/bin/bash
```

使用 useradd 命令时,加上 -d 选项,用于在新增用户时指定其家目录。执行命令"useradd -d /opt/dir user3",再查看 /etc/ passwd 文件,可以看到 user3 用户信息中第 6 字段用户家目录已被设置为 /opt/ dir。

[例4] 新增一个用户 user4,并指定其用户组为 user3 用户组。其实现代码与结果如下:

```
[root@localhost ~]# useradd  -g  user3  user4       //新增用户时,指定其所属用户组
[root@localhost ~]#cat  /etc/passwd                 //查看 /etc/passwd 文件
…
user1:x:1001:1001::/home/user1:/bin/bash
user2:x:2000:2000::/home/user2:/bin/bash
user3:x:2001:2001::/opt/dir:/bin/bash
user4:x:2002:2001::/home/user4:/bin/bash
```

使用 useradd 命令时,加上 -g 选项,用于在新增用户时指定其所属用户组 GID。执行命令"useradd -g user3 user4",再查看 /etc/ passwd 文件,可以看到 user4 用户信息中第 4 字段所属用户组 GID 为 2001,2001 对应的就是 user3 用户组。

[例5] 新增一个临时用户 user5,并设定其账号有效期至 2024 年 12 月 30 日。其实现代码与结果如下:

```
[root@localhost ~]# useradd  -e  2024-12-30  user5    //新增用户时,指定其失效日期
[root@localhost ~]# cat  /etc/shadow                  //查看 /etc/shadow 文件
…
user1:!!:195350:99999:7:::
user2:!!:19535:0:99999:7: : :
user3:!!:19535:0:99999:7: : :
user4:!!:19535:0:99999:7: : :87
user5:!!:19535:0:99999:7::20087:
```

使用 useradd 命令时,加上 -e 选项,用于在新增用户时指定其失效日期。执行命令"useradd -e 2024-12-30 user5"后,再查看 /etc/shadow 文件,可以看到 user5 用户信息中第 8 字段账号失效时间为 20087,这个数字是以 1970 年 1 月 1 日为 1 进行不断累加得到的。如果想知道这个数字对应的是哪一天,那么可以使用 date 命令。其实现代码与结果如下:

```
[root@localhost ~]# date  -d  "1970-01-01  20087  day"
2024 年 12 月 30 日 星期一 00:00:00 CST
```

执行命令"date -d "1970-01-01 20087 day"",就可以知道 20087 这个数字对应的日期是 2024 年 12 月 30 日。

5.4 修改用户(usermod)

usermod 命令用于修改用户的基本信息,但不能修改已经登录系统用户的账号名称。其命令格式如下:

usermod　[选项]　用户账号名

usermod 命令的选项及其含义如表 5-4 所示。

表 5-4　usermod 命令的选项及其含义

选项名称	含　义
-d	修改用户登录时的目录(家目录)
-e	修改账号的有效期限
-g	修改用户所属的用户组
-G	修改用户所属的附加组
-l	修改用户账号名称
-L	锁定用户密码，使密码无效
-s	修改用户登录后所使用的 shell
-u	修改用户 UID
-U	解除密码锁定

❖ 命令示例

[例 1]　将 user1 用户的 UID 设置为 1200，其实现代码与结果如下：

```
[root@localhost ~]# usermod  -u  1200  user1              //修改用户 UID
[root@localhost ~]# cat  /etc/passwd                      //查看 /etc/passwd 文件
…
user1:x:1200:1001::/home/user1:/bin/bash
…
```

使用 usermod 命令时，加上 -u 选项，用于修改用户 UID。执行命令"usermod -u 1200 user1"，再查看 /etc/passwd 文件，可以看到 user1 用户信息中第三字段 UID 已经被修改为 1200。

[例 2]　将 user1 用户的家目录修改为/opt/dir1，其实现代码与结果如下：

```
[root@localhost ~]# mkdir  /opt/dir1                       //创建目录
[root@localhost ~]# usermod  -d  /opt/dir1  user1          //修改用户的家目录
[root@localhost ~]# cat  /etc/passwd                       //查看 /etc/passwd 文件
…
user1:x:1200:1001::/opt/dir1:/bin/bash
…
```

使用 usermod 命令时，加上 -d 选项，用于修改用户的家目录。执行命令"usermod -d /opt/dir1 user1"，再查看/etc/passwd 文件，可以看到 user1 用户信息中第 6 字段用户家目录已经被修改为/opt/dir1。

[例 3]　将 user1 用户所属的用户组修改为 user2 用户组，其实现代码与结果如下：

```
[root@localhost ~]# usermod  -g  user2  user1             //修改用户所属用户组
[root@localhost ~]# cat  /etc/passwd                      //查看 /etc/passwd 文件
```

> ...
>
> user1:x:1200:**2000**::/home/dir1:/bin/bash
>
> ...

使用 usermod 命令时，加上 -g 选项，用于修改用户所属的用户组。执行命令"usermod -g user2 user1"，再查看 /etc/passwd 文件中 user1 用户信息，可以看到第 4 字段 GID 字段已经被修改为 2000，系统中 user2 用户组对应的用户组 GID 号为 2000，表示 user1 用户所属用户组是 user2 用户组。

5.5 设置用户密码(passwd)

passwd 命令主要用于设置用户的密码。普通用户只能设置自己的密码，而 root 用户可以为所有用户设置密码。其命令格式如下：

passwd [选项] 用户账号名

passwd 命令的选项及其含义如表 5-5 所示。

表 5-5 passwd 命令的选项及其含义

选项名称	含　　义
-d	删除密码
-f	强制执行
-l	锁住用户密码
-s	列出密码的相关信息
-u	解开已锁定的账号

注：选项为空时，表示给用户设置密码。

❖ 命令示例

[例 1] 设置 user1 用户的密码为 000000，其实现代码与结果如下：

```
[root@localhost ~]# cat  /etc/shadow                        //查看 /etc/shadow 文件
...
user1:!!:19535:0:99999:7: : :
...
[root@localhost ~]# passwd  user1                           //设置用户密码
更改用户 user1 的密码
新的密码：
重新输入新的密码：
passwd：所有的身份验证令牌已经成功更新。
[root@localhost ~]# cat  /etc/shadow                        //查看 /etc/shadow 文件
...
user1:$6$gnJidUEe$NK2uhB95N.lq8YwioBpg.H/KRRszAwEfiM:19535:0:99999:7: : :
...
```

使用 passwd 命令时，不加任何选项参数，直接加上用户名，用于设置用户的密码。执行命令"passwd user1"和输入两次密码后，系统提示所有的身份验证令牌已经成功更新，表示用户密码已经设置成功，再查看 /etc/shadow 文件，可以看到 user1 用户密码信息中第 2 字段用户密码字段是一串包含数字、字母和特殊字符的字符串，这就是加密后的用户密码。

[例 2]　使 user1 用户的密码失效，其实现代码与结果如下：

```
[root@localhost ~]# passwd  -l  user1                        //使用户密码失效
锁定用户 user1 的密码
passwd: 操作成功
```

使用 passwd 命令时，加上 -l 选项，用于锁定用户密码。执行命令"passwd -l user1"后，系统提示锁定用户 user1 的密码，此时如果再使用 user1 账号登录系统，那么输入密码后也无法进入系统。

[例 3]　解锁被锁定的 user1 用户，其实现代码与结果如下：

```
[root@localhost ~]# passwd  -u  user1                        //解锁用户
解锁用户 user1 的密码
passwd: 操作成功
```

使用 passwd 命令时，加上 -u 选项，用于解锁已被锁定的用户。执行命令"passwd -u user1"后，系统提示解锁用户 user1 的密码，此时如果再使用 user1 用户账号登录系统，输入密码后就可以正常登录系统。

[例 4]　设置 user1 用户的账户密码为空，其实现代码与结果如下：

```
[root@localhost ~]# passwd  -d  user1                        //删除用户密码
清除用户 user1 的密码
passwd: 操作成功
```

使用 passwd 命令时，加上 -d 选项，用于删除用户密码。执行命令"passwd -d user1"后，系统提示清除用户 user1 的密码，此时再使用 user1 用户账号登录系统，无需输入密码就可以登录系统。

5.6　切换用户(su)

su 命令用于用户身份的切换，包括从 root 用户切换为普通用户、从普通用户切换为 root 用户以及普通用户之间的切换三种情况。其中，从 root 用户切换为普通用户无需输入密码，直接完成切换；其他两种情况都需要正确输入对方的密码，才能完成切换。其命令格式如下：

　　su　[选项]　用户账号名

su 命令的选项及其含义如表 5-6 所示。

表 5-6　su 命令的选项及其含义

选项名称	含　义
-c<命令>	执行完指定的命令后，即恢复原来的身份
-f	用于 csh 与 tsch，使 shell 不读取启动文件
-l	变更用户身份时，变更环境变量
-s<shell>	指定要执行的 shell

❖ 命令示例

[例 1]　从 root 用户切换至 user2 用户，其实现代码与结果如下：

```
[root@localhost ~]# su    user2          //从 root 切换至 user2
[user2@localhost root]$
```

使用 su 命令，可以从 root 用户直接切换至普通用户，因为 root 用户是系统管理员，其权限最高，所以切换时无需输入密码，便可完成切换。执行命令"su   user2"后，可以直接切换至 user2 用户，可以看到命令提示符中用户名由"root"变为"user2"，提示符由"#"变为"$"。

[例 2]　从 user2 用户切换至 user3 用户，其实现代码与结果如下：

```
[user2@localhost root]$ su    user3      //从 user2 切换至 user3
密码：                                   //输入 user3 的密码
[user3@localhost root]$
```

使用 su 命令，可以从一个普通用户切换至另一个普通用户，但需要输入对方用户的密码，验证正确后才能完成切换。执行命令"su   user3"，再输入 user3 用户的密码，可以完成切换，命令提示符中用户名由"user2"变为"user3"。

[例 3]　从 user3 用户切换至 root 用户，同时切换 shell 环境。其实现代码与结果如下：

```
[user3@localhost root]$ su   -l   root     //从 user3 切换至 root
密码：                                     //输入 root 的密码
[root@localhost ~]#
```

使用 su 命令时，加上 -l 选项，用于完成用户身份切换，同时变更环境变量。当然，从普通用户切换至 root 用户，需要输入 root 用户的密码，验证正确才能完成切换。

[例 4]　使用 su 命令查询 user2 用户的家目录，其实现代码与结果如下：

```
[root@localhost ~]# su   -l   -c   pwd   user2    //切换至 user2 并查询用户家目录
/home/user2
[root@localhost ~]#                      //实际上没有完成用户的切换
```

使用 su 命令时，加上 -c 选项，用于变更为新的用户并执行一条命令，然后再切换回原来用户。执行命令"su   -l   -c   pwd   user2"，可以切换至 user2，并执行 pwd 命令，再切换回 root 用户。执行命令后系统显示的是"/home/user2"，这个目录是 user2 用户的登录目录，也就是家目录。命令执行前后的命令提示符"[root@localhost ~]#"没有发生变化，表明用户身份并没有切换。

注意：使用 su 命令时，普通用户可以切换到 root 管理员完成相应的工作，但是这会暴露 root 管理员的密码，那么如何解决这个问题呢？

当使用普通用户登录系统时，可以使用 sudo 命令把特定命令的执行权限赋予指定用户，这样既可以保证普通用户能够完成相关的工作，也可以避免暴露 root 管理员的密码。例如，jsei 用户使用 sudo 命令查看 /root 目录中的内容，方法如下：

(1) 要在 sudo 配置文件 /etc/sudoers 中添加 jesi 用户，其实现代码与结果如下：

```
[root@localhost ~]# vim    /etc/sudoers
## Allow root to run any commands anywhere
root      ALL = (ALL)          ALL
jsei      ALL = (ALL)          ALL
```

(2) 使用 jsei 用户登录系统，然后使用 sudo 命令查看 /root 目录，其实现代码与结果如下：

```
[jsei@localhost ~]$ sudo    ls   /root
[sudo] jsei  的密码：
公共   模板   视频   图片   文档   下载   音乐   桌面   anaconda-ks.cfg
```

执行命令"sudo   ls   /root"时，只需要输入 jsei 自己的密码，就可以查看 /root 目录中的内容。

5.7 删除用户(userdel)

userdel 命令用于删除用户的相关数据。此命令只有系统管理员 root 用户才能使用。其命令格式如下：

userdel   [选项]   用户账号名

userdel 命令的选项及其含义如表 5-7 所示。

表 5-7   userdel 命令的选项及其含义

选项名称	含 义
-f	强制删除用户，即使用户当前已登录
-r	删除用户的同时，删除与用户相关的所有文件

❖ 命令示例

[例 1]   用户 user2 已经登录系统，要求强制删除此用户，其实现代码与结果如下：

```
[root@localhost ~]# userdel   -f   user2              //强制删除 user2 用户
[root@localhost ~]# find   /  -name   user2           //查找系统中 user2 相关文件
/var/spool/mail/user2
/home/user2
```

使用 userdel 命令时，加上 -f 选项，用于强制删除已登录用户。执行命令"userdel   -f user2"，系统将删除 user2 用户，但系统中还会有残留文件。

[例 2]   将 user1、user3、user4、user5 用户及其相关文件彻底删除，其实现代码与结果如下：

[root@localhost ~]# userdel　-r　user1	//删除 user1 用户
[root@localhost ~]# find　/　-name　user1	//查找系统中 user1 相关文件
[root@localhost ~]# userdel　-r　user3	//删除 user3 用户
[root@localhost ~]# userdel　-r　user4	//删除 user4 用户
[root@localhost ~]# userdel　-r　user5	//删除 user5 用户

使用 userdel 命令时，加上 -r 选项，用于同时删除用户及其相关文件。执行命令"userdel -r　user1"后，再使用 find 命令查找系统中是否还有与 use1 相关的文件，结果并未找到，表示此时系统已经将 user1 用户及其相关文件都删除了。按照相同的方法，删除 user3 用户、user4 用户和 user5 用户。

注意：在 Linux 系统中，正常删除一个用户时，命令格式为"userdel　-r　用户名"，这样才能在删除用户的同时，将用户的家目录及本地邮件存储的相关文件也一同删除。

任务实施

任务 5 的实施过程如表 5-8 所示。

表 5-8　任务 5 的实施过程

操作步骤	操作过程	操作说明
步骤一： 创建服务部人员账号，并设置账号密码	[root@localhost ~]# useradd　-u　5001　fw01 [root@localhost ~]# useradd　-u　5002　fw02 [root@localhost ~]# cat /etc/passwd fw01:x:5001:5001::/home/fw01:/bin/bash fw02:x:5002:5002::/home/fw02:/bin/bash	新增用户 fw01，指定其 UID 为 5001 新增用户 fw02，指定其 UID 为 5002 查看 /etc/passwd，查询创建结果
	[root@localhost ~]# passwd　fw01 [root@localhost ~]# passwd　fw02	设置用户 fw01 的密码 设置用户 fw02 的密码
步骤二： 创建市场部人员账号，并设置账号密码	[root@localhost ~]# useradd　-u　6001　sc01 [root@localhost ~]# useradd　-u　6002　sc02 [root@localhost ~]# cat /etc/passwd sc01:x:6001:6001::/home/sc01:/bin/bash sc02:x:6002:6002::/home/sc02:/bin/bash	新增用户 sc01，指定其 UID 为 6001 新增用户 sc02，指定其 UID 为 6002 查看 /etc/passwd，查询创建结果
	[root@localhost ~]# passwd　sc01 [root@localhost ~]# passwd　sc02	设置用户 sc01 的密码 设置用户 sc02 的密码
步骤三： 修改原技术部人员账号和密码	[root@localhost ~]# usermod　-u　4001　js01 [root@localhost ~]# usermod　-u　4002　js02 [root@localhost ~]# usermod　-l　yf01　js01 [root@localhost ~]# usermod　-l　yf02　js02 [root@localhost ~]# cat /etc/passwd yf01:x:4001:3001::/home/js01:/bin/bash yf02:x:4002:3002::/home/js02:/bin/bash	将 js01 用户 UID 修改为 4001 将 js02 用户 UID 修改为 4002 将 js01 用户名修改为 yf01 将 js02 用户名修改为 yf02 查看 /etc/passwd，查询修改结果
	[root@localhost ~]# passwd　yf01 [root@localhost ~]# passwd　yf02	修改用户 yf01 的密码 修改用户 yf02 的密码

任务拓展

某高校在对教学部门进行调整后，需要重新调整人员账号。每个二级学院人员账号分配情况如表 5-9 所示。

表 5-9　各二级学院人员账号情况

二级学院名称	原人员账号	现人员账号	账号 UID	账号初始密码
机械工程学院	jx01 jx02		6101 6102	111111
电气工程学院	dq01 dq02		6201 6202	222222
电子与通信工程学院	dztx01 dztx02 dztx03 dztx04		6301 6302 6303 6304	333333
物联网学院		jx01 jx02 dq01 dq02	6401 6402 6403 6404	444444
电子工程学院		dztx01 dztx02	6501 6502	555555
通信工程学院		dztx03 dztx04	6601 6602	666666
幼儿教育学院		yj01 yj02 yj03	6701 6702 6703	777777

任务6　Linux 用户组管理

任务介绍

M 公司对部门进行调整后，为了便于各个部门的管理，系统管理员需要根据部门人员情况，在 Linux 系统中，将人员账号划分到每个部门中。公司各部门人员账号与所属用户组情况如表 6-1 所示。

表 6-1　公司各部门人员账号与所属用户组情况

部门名称	现人员账号	现所属用户组	用户组 GID
研发部	yf01、yf02	yf	1666
服务部	fw01、fw02	fw	1777
市场部	sc01、sc02	sc	1888

任务分析

要实现该企业部门人员账号的分组管理，可以分为以下 4 个步骤：

步骤一，创建研发部、服务部和市场部的用户组。

步骤二，修改研发部人员账号所属的用户组。

步骤三，修改服务部人员账号所属的用户组。

步骤四，修改市场部人员账号所属的用户组。

必备知识

完成本任务需要掌握的必备知识见 6.1～6.7 节。

6.1 Linux 系统的用户组

1. Linux 系统的用户组概述

Linux 系统中的用户组是具有相同特性的用户的逻辑集合。系统中拥有少至几个多至几百个的可登录用户，有时需要让多个用户具有相同的权限，比如允许多个用户访问某一个文件，此时使用用户组管理就方便多了，只要将所有需要访问该文件的用户放入一个用户组，并给这个用户组授权，这样组中所有的用户也就拥有了此访问的权限。

2. Linux 系统的用户组分类

Linux 系统中的用户组分为初始组和附加组。一个用户可以有多个附加组，但只能有一个初始组。

(1) 初始组。用户登录时就拥有这个用户组的相关权限，这个用户组就是用户的初始组，也称为主组。每个用户的初始组只能有一个，通常就是将和此用户的用户名相同的组名作为该用户的初始组。例如，执行命令 "useradd user1" 创建 user1 用户时，系统会默认创建一个 user1 用户组，那么 user1 用户组就是 user1 用户的初始组。

(2) 附加组。每个用户只能有一个初始组，除初始组以外，用户可以加入多个其他的用户组，并拥有这些组的权限，这些用户组就是这个用户的附加组。例如，上面的 user1 用户属于初始组 user1，如果再将 user1 用户加入 group 组，那么 user1 用户同时属于 user1 组和 group 组。其中，user1 组是 user1 用户的初始组，group 组是 user1 用户的附加组。

3. Linux 系统中用户与用户组的关系

Linux 系统中用户和用户组之间的关系可以分为一对一、多对一、一对多和多对多 4 种关系。

一对一：一个用户只归属于一个用户组，这个用户是用户组中的唯一成员。

多对一：多个用户归属于同一个用户组。

一对多：一个用户归属于多个不同的用户组。

多对多：多个用户归属于多个不同的用户组。

6.2　Linux 系统的用户组配置文件

在 Linux 系统中，有两个存放用户组配置信息的文件，一个是 /etc/group 文件，另一个是 /etc/gshadow 文件。

1. /etc/group 文件

/etc/group 文件是存储系统中用户组的 ID(GID)、组名的文件。任务 5 中讲过，etc/passwd 文件中每行用户信息的第 4 个字段是用户所属用户组的 ID，那么，GID 对应的用户组名到底是什么呢？就可以在 /etc/group 文件中查找到。

/etc/group 文件中的内容如下：

```
[root@localhost ~]# cat   /etc/group
root:x:0:
bin:x:1:
daemon:x:2:
…
```

/etc/group 文件中每行由 4 个字段组成，每个字段之间以 ":" 作为分隔符，这 4 个字段分别为组名、组密码、GID 和用户组成员列表，各字段的功能如下：

(1) **组名字段**。这个字段是用户组的名称，由字母或数字构成。与用户名一样，组名在系统中也是唯一的。/etc/group 文件中第一行用户组名称就是 root。

(2) **组密码字段**。这个字段用来指定组管理员，为了考虑系统的安全性，组密码一般用字母 "x" 表示，它只是一个密码标识。

(3) **GID 字段**。这个字段是用户组的 ID，Linux 系统就是通过 GID 来区分用户组的，而组名只是为了便于用户识别。

(4) **用户组成员列表字段**。这个字段列出用户组包含的附加组成员。如果该用户组中无附加组成员，则该字段为空。

2. /etc/gshadow 文件

/etc/gshadow 文件用于存储 Linux 系统中用户组密码的信息。对于大型服务器，针对很多用户和组，定制一些关系结构比较复杂的权限模型，设置用户组密码是极其必要的。为了保证密码的安全性，只有 root 用户对该文件具有只读权限且不能修改，其他用户不能对该文件进行任何操作。文件中每一行都是一个用户组密码的相关信息，/etc/gshadow 文件中的内容如下：

```
[root@localhost ~]# cat   /etc/gshadow
root: : :
bin: : :
daemon: : :
…
```

/etc/gshadow 文件中每行由 4 个字段组成，每个字段之间以 ":" 作为分隔符。这 4 个字段分别为组名、组密码、组管理员和用户组成员列表，各字段的功能如下：

(1) **组名字段**。这个字段是用户组的名称，由字母或数字构成。与用户名一样，组名在系统中也是唯一的。/etc/gshadow 文件中第一行用户组名称就是 root，这个是与 /etc/group 文件中的组名相对应的。

(2) **组密码字段**。这个字段是用户组的密码，是给用户组管理员使用的。对于大多数用户组来说，通常不设置组密码，因此该字段通常为空，可以用 gpasswd 命令给用户组添加组密码。例如，执行"gpasswd root"命令给 root 用户组添加密码，完成后再查看 /etc/gshadow 文件，可以看到 root 用户组这一行数据，组密码字段是一串包含数字、字母和特殊字符的字符串，这就是加密后的用户组密码。其实现代码与结果如下：

```
[root@localhost ~]# gpasswd    root
正在修改 root 组的密码
新密码：
请重新输入新密码：
[root@localhost ~]# cat    /etc/gshadow
root:$6$tyjXW/VvN5n/ILd$wiJaMS6RbEYmign7YO7EWpRBKmtqJOx9QnuRhHjSbewxOYS/
UDArrYePmtKLAUfRzYQDz2v0eShTxDb7QjvcQ/: :
bin: : :
daemon: : :
…
```

(3) **组管理员字段**。这个字段是该用户组的管理员账号，默认为空，表示未设置管理员。

(4) **用户组成员列表字段**。这个字段列出每个用户组包含的附加组成员，在 /etc/group 文件中有相同字段，具体内容参考 /etc/group 的详解。

下面 6.3～6.7 节将介绍在 Linux 系统中用户组管理的相关命令。

6.3　新增用户组(groupadd)

groupadd 命令可用来建立新的用户组，只有系统管理员 root 用户可以使用 groupadd 命令，新用户组的信息将被添加到系统文件中。其命令格式如下：

　　groupadd　[选项]　用户组名

groupadd 命令的选项及其含义如表 6-2 所示。

表 6-2　groupadd 命令的选项及其含义

选项名称	含　义
-g	指定新建用户组 GID
-K	覆盖配置文件 "/ect/login.defs"
-o	允许使用重复的用户组 GID
-p	设置用户组密码
-r	创建系统用户组

❖ 命令示例

[例1]　新增一个用户组 group1，其实现代码与结果如下：

```
[root@localhost ~]# groupadd   group1                    //新增用户组
[root@localhost ~]# cat   /etc/group                     //查看 /etc/group 文件
…
jsei:x:1000:jsei
group1:x:1001:
```

使用 groupadd 命令，在不加任何选项的情况下，新增的是普通用户组。执行命令
"groupadd   group1"，再查看 /etc/group 文件，其中 jsei 是安装系统时创建的用户所属的
用户组，其第三字段 GID 为 1000，新增的用户组 group1 的用户组信息中第三字段 GID
为 1001。

[例2]　新增一个系统用户组 group2，其实现代码与结果如下：

```
[root@localhost ~]# groupadd   -r  group2                //新增系统用户组
[root@localhost ~]# cat   /etc/group                     //查看 /etc/group 文件
…
group1:x:1001:
group2:x:982:
```

在 Linux 系统中，系统用户组的 GID 取值在 1~999 之间。执行命令"groupadd   -r
group2"，再查看 /etc/group 文件，可以看到 group2 用户组信息中第三字段 GID 为 982。

[例3]　新增一个用户组 group3，并指定其 GID 为 1600。其实现代码与结果如下：

```
[root@localhost ~]# groupadd  -g  1600  group3           //新增用户组时，指定其 GID
[root@localhost ~]# cat   /etc/group                     //查看 /etc/group 文件
…
group1:x:1001:
group2:x:982:
group3:x:1600:
```

使用 groupadd 命令时，加上 -g 选项，用于在新增用户组时指定其 GID。执行命令
"groupadd   -g   1600   group3"，再查看 /etc/group 文件，可以看到 group3 用户组信息中
第三字段 GID 为 1600。

[例4]　新增一个用户组 group4，并指定其 GID 为 1600。其实现代码与结果如下：

```
[root@localhost ~]# groupadd   -g   1600   group4
groupadd：GID "1600"已经存在
[root@localhost ~]# groupadd   -o   -g   1600   group4    //允许使用重复的用户组 GID
[root@localhost ~]# cat   /etc/group                     //查看 /etc/group 文件
…
group1:x:1001:
```

```
group2:x:982:
group3:x:1600:
group4:x:1600:
```

执行命令"groupadd -g 1600 group4",因为此时系统中已经有一个用户组的 GID 是 1600,所以系统会提示 GID"1600"已经存在,此时可以再加上 -o 选项,执行命令"groupadd -o -g 1600 group4",这样就可以使用重复的用户组 GID,再查看 /etc/group 文件,可以看到 group3 和 group4 用户组信息中第三字段 GID 均为 1600。

6.4 修改用户组(groupmod)

groupmod 命令用来修改用户组的相关信息,如用户组 GID、名称等。其命令格式如下:

    groupmod   [选项]   用户组名

groupmod 命令的选项及其含义如表 6-3 所示。

表 6-3 groupmod 命令的选项及其含义

选项名称	含　义
-g	修改用户组 GID
-o	允许使用已存在的用户组 GID
-n	修改用户组名称

❖ 命令示例

[例1] 将 group4 用户组的 GID 修改为 1200,其实现代码与结果如下:

```
[root@localhost ~]# groupmod  -g  1200  group4          //修改用户组 GID
[root@localhost ~]# cat   /etc/group                     //查看 /etc/group 文件
…
group1:x:1001:
group2:x:982:
group3:x:1600:
group4:x:1200:
```

使用 groupmod 命令时,加上 -g 选项,用于修改用户组 GID。执行命令"groupmod -g 1200 group4",再查看 /etc/group 文件,可以看到 group4 用户组信息中第三字段 GID 已经被修改为 1200。

[例2] 将 group3 用户组的 GID 修改为 1200,其实现代码与结果如下:

```
[root@localhost ~]# groupmod  -g  1200  group3
groupmod：GID "1200" 已经存在
[root@localhost ~]# groupmod  -o  -g  1200  group3       //允许使用重复的用户组 GID
[root@localhost ~]# cat   /etc/group                     //查看 /etc/group 文件
…
```

```
group1:x:1001:
group2:x:982:
group3:x:1200:
group4:x:1200:
```

执行命令"groupmod -g 1200 group3",因为系统中已经有一个用户组的 GID 是 1200,所以系统提示 GID "1200" 已经存在,此时再加上 -o 选项,执行命令"groupmod -o -g 1200 group3",这样就可以将 group3 用户组 GID 修改为系统中已经存在的 GID,再查看 /etc/group 文件,可以看到 group3 和 group4 用户组信息中第 3 字段 GID 均为 1200。

[例 3]　将 group4 用户组的组名修改为 newgroup,其实现代码与结果如下:

```
[root@localhost ~]# groupmod  -n  newgroup  group4
[root@localhost ~]# cat  /etc/group                       //查看 /etc/group 文件
…
group1:x:1001:
group2:x:982:
group3:x:1200:
newgroup:x:1200:
```

使用 groupmod 命令时,加上 -n 选项,用于修改用户组的组名。执行命令"groupmod -n newgroup group4",再查看 /etc/group 文件,可以看到原来 group4 用户组名已经被修改为 newgroup。

在 Linux 系统中,尽量避免不同用户组采用相同的 GID,因此再将 newgroup 用户组 GID 修改为 1600,命令为"groupmod -g 1600 newgroup"。

6.5　管理用户组(gpasswd)

gpasswd 命令用于将一个用户添加到用户组或者从用户组中删除,还可以使用该命令给用户组设置一个组管理员。其命令格式如下:

　　gpasswd　[选项]　用户组名

gpasswd 命令的选项及其含义如表 6-4 所示。

表 6-4　gpasswd 命令的选项及其含义

选项名称	含　　义
-a	将一个用户加入到一个用户组中
-d	将一个用户从一个用户组中删除
-r	取消一个用户组的组密码
-R	限制某用户访问用户组
-A	指定用户组的管理员

注:选项为空时,表示给群组设置密码。

❖ 命令示例

[例 1] 新增一个用户 user1，并将用户 user1 加入到用户组 group1 中。其实现代码与结果如下：

```
[root@localhost ~]# useradd  user1                    //新增用户 user1
[root@localhost ~]# gpasswd  -a  user1  group1        //将用户加入到用户组中
正在将用户"user1"加入到"group1"组中
[root@localhost ~]# cat  /etc/group                   //查看 /etc/group 文件
…
group1:x:1001:user1
group2:x:982:
group3:x:1200:
newgroup:x:1600:
user1:x:1601:
```

使用 gpasswd 命令时，加上 -a 选项，用于将用户加入到用户组中。执行命令"gpasswd -a user1 group1"，再查看 /etc/group 文件，可以看到 group1 用户组信息中第 4 字段用户组成员列表字段是 user1，表示用户 user1 已经加入到用户组 group1 中，此时用户组 group1 是用户 user1 的附加组。

[例 2] 将用户 user1 从用户组 group1 中删除，其实现代码与结果如下：

```
[root@localhost ~]# gpasswd  -d  user1  group1        //将用户从用户组中删除
正在将用户"user1"从"group1"组中删除
[root@localhost ~]# cat  /etc/group                   //查看 /etc/group 文件
…
group1:x:1001:
group2:x:982:
group3:x:1200:
newgroup:x:1600:
user1:x:1601:
```

使用 gpasswd 命令时，加上 -d 选项，用于将用户从用户组中删除。执行命令"gpasswd -d user1 group1"，再查看 /etc/group 文件，可以看到 group1 用户组信息中第 4 字段用户组成员列表字段已经没有 user1，表示已经将用户 user1 从用户组 group1 中删除了。

[例 3] 设置用户组 group1 的密码为 centos，其实现代码与结果如下：

```
[root@localhost ~]# gpasswd  group1                   //设置用户组密码
正在修改 group1 组的密码
新密码：
请重新输入新密码：
[root@localhost ~]# cat  /etc/gshadow                 //查看 /etc/gshadow 文件
…
```

```
group1:$6$61ORespAcA/rMn$Bay4OEM2ihmV4dwb6igG0CeWHP6Zkshx::

group2:!::

group3:!::

newgroup:!::

user1:!::
```

　　使用 gpasswd 命令，不加任何选项，直接加上用户组名，用于设置用户组密码。执行命令"gpasswd　group1"，这里需要输入两次密码，再查看 /etc/gshadow 文件，可以看到 group1 用户组信息中第二字段组密码字段是一串包含数字、字母和特殊字符的字符串，这就是加密后的用户组密码。

　　[例 4]　将用户 user1 设置为用户组 group1 的管理员，其实现代码与结果如下：

```
[root@localhost ~]# gpasswd  -A  user1  group1              //设置用户组管理员
[root@localhost ~]# cat  /etc/gshadow                      //查看 /etc/gshadow 文件
…
group1:$6$61ORespAcA/rMn$Bay4OEM2ihmV4dwb6igG0CeWHP6Zkshx:user1:
group2:!::
group3:!::
newgroup:!::
user1:!::
```

　　使用 gpasswd 命令时，加上 -A 选项，用于设置用户组的管理员。执行命令"gpasswd　-A user1　group1"，再查看 /etc/gshadow 文件，可以看到 group1 用户组信息中第三字段组管理员字段是 user1，表示已经将用户 user1 设置为用户组 group1 的管理员。

6.6　删除用户组(groupdel)

　　groupdel 命令用于删除用户组，此命令只有 root 用户才能使用。此命令仅适用于删除"不是任何用户初始组"的用户组，如果用户组还是某用户的初始组，则无法成功删除。其命令格式如下：

　　　　groupdel　用户组名

　　❖ 命令示例

　　[例 1]　删除用户组 group1、group2、group3、newgroup，其实现代码与结果如下：

```
[root@localhost ~]# groupdel  group1                         //删除用户组
[root@localhost ~]# groupdel  group2
[root@localhost ~]# groupdel  group3
[root@localhost ~]# groupdel  newgroup
[root@localhost ~]# cat  /etc/group                          //查看 /etc/group 文件
…
jsei:x:1000:jsei
user1:x:1601:
```

执行命令"groupdel　group1"等，可以将 group1、group2、group3、newgroup 这 4 个用户组删除。再查看/etc/group 文件，可以看到文件中 group1、group2、group3、newgroup 这 4 个用户组的相关信息已经被删除了。

[例 2] 删除用户组 user1，其实现代码与结果如下：

```
[root@localhost ~]# groupdel    user1                          //删除用户组 user1
groupdel：不能移除用户"user1"的主组
```

执行命令"groupdel　user1"后，系统提示不能移除用户"user1"的主组。如果想删除一个用户的初始组，则可以将用户所属的用户组修改为其他用户组，例如，将 user1 用户所属用户组修改为其他用户组，再删除 user1 用户组，其实现代码与结果如下：

```
[root@localhost ~]# groupadd    test                           //新增用户组
[root@localhost ~]# usermod  -g   test   user1                 //修改用户所属用户组
[root@localhost ~]# groupdel    user1                          //删除用户组 user1
[root@localhost ~]# cat   /etc/group                           //查看 /etc/group 文件
…
jsei:x:1000:jsei
test:x:1602:
```

首先执行命令"groupadd　test"，新增一个用户组 test；再执行命令"usermod -g   test user1"，将 user1 用户所属的用户组修改为 test；再执行命令"groupdel　user1"，删除用户组 user1；最后查看/etc/group 文件，可以看到 user1 用户组的信息已经被删除了。另外一种方法是可以先删除组中的用户，再删除用户组。

6.7　切换用户组(newgrp)

newgrp 命令用于从用户的附加组中选择一个用户组，作为用户新的初始组。其命令格式如下：

　　newgrp　用户组名

❖ 命令示例

[例 1] 了解 newgrp 命令的具体用法和功能。

将用户 test 分别加入到用户组 usergroup1、usergroup2 中，然后从 root 用户切换至 test 用户后创建一个文件 file1，再使用 newgrp 命令将用户的初始组分别切换到 usergroup1 和 usergroup2，同时分别创建文件 file2 和 file3，最后查看一下这三个文件的属性。

步骤一，新增 2 个用户组 usergroup1、usergroup2，其实现代码与结果如下：

```
[root@localhost ~]# groupadd    usergroup1                     //新增用户组
[root@localhost ~]# groupadd    usergroup2                     //新增用户组
```

执行命令"groupadd usergroup1""groupadd usergroup2",可以新增 2 个用户组usergroup1、usergroup2。

步骤二,创建一个用户 test,并将用户 test 加入到 usergroup1 和 usergroup2 中。其实现代码与结果如下:

```
[root@localhost ~]# useradd   test                              //新增用户
[root@localhost ~]# passwd   test                              //设置用户密码
更改用户 test 的密码。
新密码:
重新输入新密码:
passwd:所有的身份验证令牌已经成功更新。
[root@localhost ~]# gpasswd  -a  test  usergroup1              //将用户加入到用户组中
正在将用户"test"加入到"usergroup1"组中
[root@localhost ~]# gpasswd  -a  test  usergroup2              //将用户加入到用户组中
正在将用户"test"加入到"usergroup2"组中
```

执行命令"gpasswd -a test usergroup1""gpasswd -a test usergroup2",可以将用户 test 加入到 usergroup1 和 usergroup2 用户组中。

步骤三,从 root 用户切换至 test 用户,创建 file1 文件;将 test 用户所属用户组切换为usergroup1,创建 file2 文件;将 test 用户所属用户组切换为 usergroup2,创建 file3 文件。其实现代码与结果如下:

```
[root@localhost ~]# su  -l   test                              //切换至 test 用户
[test@localhost ~]$ touch   file1                             //创建文件 file1
[test@localhost ~]$ newgrp   usergroup1                       //切换 test 的初始组为 usergroup1
[test@localhost ~]$ touch   file2                             //创建文件 file2
[test@localhost ~]$ newgrp   usergroup2                       //切换 test 的初始组为 usergroup2
[test@localhost ~]$ touch   file3                             //创建文件 file3
[test@localhost ~]$ ll                                        //查看文件属性
-rw-rw-r--. 1  test   test          0     1 月  22 13:20  file1
-rw-r--r--. 1   test   usergroup1   10    1 月  22 13:20  file2
-rw-r--r--. 1   test   usergroup2   0     1 月  22 13:20  file3
```

使用 ll 命令,可以看到刚创建的三个文件所属用户组分别是 test 用户组、usergroup1用户组、usergroup2 用户组,这就是 newgrp 命令发挥的作用,即通过切换附加组使之成为新的初始组,从而让用户获得使用各个附加组的权限。

任务实施

任务 6 的实施过程如表 6-5 所示。

表 6-5　任务 6 的实施过程

操作步骤	操作过程	操作说明
步骤一： 创建研发部、服务部和市场部的用户组	[root@localhost ~]# groupadd　-g　1666　yf [root@localhost ~]# groupadd　-g　1777　fw [root@localhost ~]# groupadd　-g　1888　sc	新增用户组 yf,并指定 GID 为 1666 新增用户组 fw,并指定 GID 为 1777 新增用户组 sc,并指定 GID 为 1888
步骤二： 修改研发部人员账号所属的用户组	[root@localhost ~]# usermod　-g　yf　yf01 [root@localhost ~]# usermod　-g　yf　yf02 [root@localhost ~]# cat　/etc/passwd|grep　yf yf01:x:4001:1666::/home/js01:/bin/bash yf02:x:4002:1666::/home/js02:/bin/bash	将用户 yf01 所属用户组修改为 yf 将用户 yf02 所属用户组修改为 yf 查看 /etc/passwd,查询修改结果
步骤三： 修改服务部人员账号所属的用户组	[root@localhost ~]# usermod　-g　fw　fw01 [root@localhost ~]# usermod　-g　fw　fw02 [root@localhost ~]# cat　/etc/passwd|grep　fw fw01:x:5001:1777::/home/fw01:/bin/bash fw02:x:5002:1777::/home/fw02:/bin/bash	将用户 fw01 所属用户组修改为 fw 将用户 fw02 所属用户组修改为 fw 查看 /etc/passwd,查询修改结果
步骤四： 修改市场部人员账号所属的用户组	[root@localhost ~]# usermod　-g　sc　sc01 [root@localhost ~]# usermod　-g　sc　sc02 [root@localhost ~]# cat　/etc/passwd|grep　sc sc01:x:6001:1888::/home/sc01:/bin/bash sc02:x:6002:1888::/home/sc02:/bin/bash	将用户 sc01 所属用户组修改为 sc 将用户 sc02 所属用户组修改为 sc 查看 /etc/passwd,查询修改结果

🚴 任务拓展

　　某高校为了对现有教学部门进行管理，需要将不同人员按照部门进行分组管理。各部门分组情况如表 6-6 所示。

表 6-6　各学院人员账号与用户组情况

二级学院名称	人员账号	用户组名	用户组 GID	备　注
机械工程学院		jx	5111	删除
电气工程学院		dq	5222	删除
电子与通信工程学院		dt	5333	删除
物联网学院	jx01、jx02、dq01、dq02	wlw	6111	新增
电子工程学院	dztx01、dztx02	dz	6222	新增
通信工程学院	dztx03、dztx04	tx	6333	新增
幼儿教育学院	yj01、yj02、yj03	yj	6444	新增

思　政　案　例

　　载人航天工程是当今世界高新技术发展水平的集中体现，也是衡量一个国家综合国力的重要标志。航天科技"神舟"团队作为负责我国所有载人航天器研制设计工作的主力军，不断勇攀科技新高峰，以载人航天技术创新和跨越，实现科技强国的创新理念。宇宙探索无止境，太空奏响中华曲。每一次神舟发射总是激动人心，为祖国自豪；每一次太空探索总是鼓舞人心，为时代点赞。2023 年 6 月 4 日，载着"圆梦乘组"的神舟十五号载人飞船返回舱成功着陆，标志着我国载人飞行任务又一次取得圆满成功。

项　目　三　习　题

一、选择题

1. 使用 useradd 命令新建用户时，同时设置用户主目录的选项是(　　)。
A. -d　　　　　　　B. -g　　　　　　　C. -p　　　　　　　D. -u
2. 使用 usermod 命令修改用户时，可以禁止用户登录系统的选项是(　　)。
A. -e　　　　　　　B. -g　　　　　　　C. -L　　　　　　　D. -u
3. 使用 passwd 命令时，可以设置用户口令为空的选项是(　　)。
A. -d　　　　　　　B. -f　　　　　　　C. -l　　　　　　　D. -u
4. 使用 groupadd 命令新建用户组时，可以指定用户组 GID 的选项是(　　)。
A. -g　　　　　　　B. -o　　　　　　　C. -r　　　　　　　D. -W
5. 使用 groupmod 命令时，允许两个用户组使用相同 GID 的选项是(　　)。
A. -g　　　　　　　B. -o　　　　　　　C. -r　　　　　　　D. -W
6. 使用 gpasswd 命令时，可以把用户加入到用户组中的选项是(　　)。
A. -a　　　　　　　B. -A　　　　　　　C. -d　　　　　　　D. -r

二、判断题

1. 使用 useradd 命令只可以新建普通用户，系统用户必须在安装系统时设置。(　　)
2. 在 Linux 系统中，创建用户的同时也会创建一个与用户同名的组。(　　)
3. 在 Linux 系统中，用户经过加密之后的口令存放在/etc/passwd 文件中。(　　)
4. 使用 groupadd 命令时，新建的用户组的 GID 必须大于 500。(　　)
5. 使用 passwd 命令只能为自己设置密码，不能为其他用户设置。(　　)
6. 使用 newgrp 命令，可以将系统中任何一个用户组作为用户的初始组。(　　)

三、问答题

1. 简述系统中用户 UID 的分类。
2. 简述用户的初始组和附加组的区别。

项目四　文件权限管理

Linux 系统是多用户、多任务的操作系统，数据安全是每个管理员必须考虑的问题，文件权限对于数据安全至关重要。在了解了 Linux 的用户与用户组之后，接下来就需要知道针对这些用户与用户组进行设置文件权限的方法。本项目将主要介绍 Linux 文件信息的内容、文件权限的概念、文件权限的设置及访问控制列表等内容。

◈ 知识目标

1. 理解并掌握 Linux 系统文件信息的基本组成。
2. 理解并掌握 Linux 系统权限的含义和表示方式。
3. 熟练掌握 Linux 系统中一般权限的设置方法。
4. 熟练掌握 Linux 系统中特殊权限的设置方法。
5. 熟练掌握 Linux 系统中访问控制列表的设置方法。

◈ 能力目标

1. 根据企事业单位要求，完成文件的一般权限设置。
2. 根据企事业单位要求，完成文件的特殊权限设置。
3. 根据企事业单位要求，完成文件的访问控制列表设置。

◈ 素养目标

1. 培养学生遵规守纪的习惯。
2. 培养学生分析问题和解决问题的能力。
3. 培养学生沟通能力及团队协作精神。

任务 7　文件一般权限管理

任务介绍

根据企业要求，现需要对目录和文件实行分级分部门管理，所有目录和文件均保存在 /company 目录下，每个部门拥有一个独立的文件夹，部门之间不能访问对方文件夹。另外，每个员工都有所属部门的文件夹，相同部门不同员工之间可以查看对方的文件夹，但不可修改，员工只能修改自己的文件夹。每个部门员工和目录分配情况如表 7-1 所示。

表 7-1　企业各部门员工和目录分配情况

部门名称	员工账号	目录名称
研发部	yf01	/company/yf/yf01
	yf02	/company/yf/yf02
服务部	fw01	/company/fw/fw01
	fw02	/company/fw/fw02
市场部	sc01	/company/sc/sc01
	sc02	/company/sc/sc02

任务分析

要实现该企业员工文件权限的设置，可以按以下 3 个步骤进行操作：

步骤一，创建员工目录。

步骤二，设置部门目录权限。

步骤三，设置用户目录权限。

必备知识

完成本任务需要掌握的必备知识见 7.1～7.5 节。

7.1　文件的属性信息

在 Linux 系统中，文件信息具体是由哪些部分组成的呢？下面以 /etc 目录下的文件信息为例进行说明。使用命令"ll　/etc"，可查看 /etc 目录下所有文件的详细信息，截取部分结果如图 7-1 所示。

类型权限	文件数	所属用户	所属组	大小	创建时间		文件名
drwxr-xr-x.	4	root	root	40	2 月 14	22:41	groff
-rw-r--r--.	1	root	root	96	2 月 14	22:59	group
lrwxrwxrwx.	1	root	root	22	2 月 14	22:42	-> ../boot/grub2/grub.cfg

图 7-1　Linux 文件的属性信息

文件的属性信息由以下 7 部分组成：

(1) **文件类型权限**。第 1 个字符一般用来区分文件的类型，常见文件类型如下：

① d：表示目录，如图中的 groff 目录。

② -：表示普通文件，如图中的 group 文件。

③ l：表示链接文件，如图中的 grub.cfg 文件。

④ b：表示可供储存的接口设备，如 U 盘。

⑤ c：表示串行端口设备，如键盘、鼠标。

第 2～10 个字符表示文件的访问权限,详细情况将在 7.2 节进行讲解。

(2) **文件数**。每个文件都会将其权限属性记录到文件系统中的 i-node(节点)中,每个文件名都会连接到一个 i-node。因此,文件数就反映了有多少不同文件名连接到相同的一个 i-node。

(3) **该文件(目录)所属用户**。这里显示的是该文件(目录)拥有者的用户账号。

(4) **该文件(目录)所属组**。这里显示的是该文件(目录)所属的初始用户组。

(5) **该文件的大小**。这里文件大小默认单位为 byte。

(6) **文件的创建或修改时间**。这部分的内容分别是日期(日/月)和时间,如果文件创建或修改时间距离现在比较久,那么该部分显示为日/月/年。

(7) **文件名**。如果文件名以“.”开头,则表示该文件为隐藏文件。

7.2 文件的权限

文件的属性信息中第一部分文件类型权限的第 2～10 个字符表示文件的访问权限,这 9 个字符每 3 个为一组,第 2、3、4 个字符表示该文件所属用户的权限,第 5、6、7 个字符表示该文件所属用户组成员的权限,第 8、9、10 个字符表示该文件所属用户组外其他用户的权限。

Linux 文件的权限分为可读(r)、可写(w)、可执行(x)三种,如果不具备任何权限,则用“-”表示。

下面以图 7-1 中 groff 目录的权限为例进行详细说明,其权限为 rwxr-xr-x。

(1) 2～4 字符(rwx):表示 root 用户对 groff 目录具有可读可写可执行权限。

(2) 5～7 字符(r-x):表示 root 用户组中其他组成员对 groff 目录具有可读可执行权限,但不可写入。

(3) 8～10 字符(r-x):表示 root 组外的其他用户对 groff 目录具有可读可执行权限,但不可写入。

下面 7.3～7.5 节将介绍权限管理相关命令的使用方法。

7.3 设置文件权限(chmod)

chmod 命令主要用来设置文件或目录的访问权限。其命令格式如下:

    chmod   [选项]   目录名/文件名

chmod 命令的选项及其含义如表 7-2 所示。

表 7-2 chmod 命令的选项及其含义

选项名称	含 义
+	增加某种权限
-	取消某种权限
=	赋予给定权限
-R	递归处理,将指定目录下的所有文件及子目录一并处理

❖ 命令示例

目录和文件权限设置的方法有文字表示法和数字表示法两种。

(1) 文字表示法。

使用文字表示法设置权限时，用 4 个字母表示不同的用户。

u：表示文件所属用户。

g：表示文件所属组。

o：表示文件所属组外其他用户。

a：表示系统中所有用户。

[例 1]　新建/mnt/file 文件，并设置所有用户都对文件可读可写，其实现代码与结果如下：

```
[root@localhost ~]# touch   /mnt/file                        //创建文件
[root@localhost ~]# ll   /mnt/file                           //查看文件权限
-rw-r--r--. 1   root   root   0   6 月 28   14:47      /mnt/file
[root@localhost ~]# chmod   a = rw   /mnt/file               //设置权限
[root@localhost ~]# ll   /mnt/file                           //查看文件权限
-rw-rw-rw-. 1   root   root   0   6 月 28   14:47      /mnt/file
```

执行命令"chmod　a = rw　/mnt/file"，其中"a=rw"表示所有用户权限为读写权限；再使用 ll 命令查看文件属性，可以看到此时文件权限为 rw-rw-rw-，表示所有用户都对该文件可读可写。

[例 2]　为/mnt/file 文件的所属用户添加执行权限，其实现代码与结果如下：

```
[root@localhost ~]# chmod   u+x           /mnt/file          //设置权限
[root@localhost ~]# ll   /mnt/file                           //查看文件权限
-rwxrw-rw-. 1   root   root   0   6 月 28   14:47      /mnt/file
```

执行命令"chmod　u+x　/mnt/file"，其中"u+x"表示给文件所属用户添加执行权限；再使用 ll 命令查看文件属性，可以看到此时文件权限为 rwxrw-rw-，表示文件所属用户对该文件可读可写可执行。

[例 3]　取消其他用户对/mnt/file 文件的读写权限，其实现代码与结果如下：

```
[root@localhost ~]# chmod   o-r, o-w        /mnt/file        //设置权限
[root@localhost ~]# ll   /mnt/file                           //查看文件权限
-rwxrw----. 1   root   root   0   6 月 28   14:47      /mnt/file
```

设置多个权限值时，中间要用","隔开。执行命令"chmod　o-r, o-w　/mnt/file"，其中"o-r,o-w"表示取消其他用户对文件的读写权限；再使用 ll 命令查看文件属性，可以看到此时文件权限为 rwxrw----，表示文件所属组外的其他用户对该文件无任何权限。

[例 4]　新建/mnt/test/testdir 目录，再新建/mnt/test/testfile 文件，并设置/mnt/test 目录及目录下所有文件对所有人都可读可写可执行。其实现代码与结果如下：

```
[root@localhost ~]# mkdir   -p   /mnt/test/testdir           //创建目录
[root@localhost ~]# touch   /mnt/test/testfile               //创建文件
[root@localhost ~]# chmod   -R   a = rwx   /mnt/test         //设置目录权限
[root@localhost ~]# ll   /mnt/test/                          //查看目录下文件
```

```
        drwxrwxrwx. 2   root   root   6   6月   28   15:17   testdir
        -rwxrwxrwx. 1   root   root   0   6月   28   15:17   testfile
        [root@localhost ~]# ll   -d   /mnt/test                              //查看目录
        drwxrwxrwx. 3   root   root   37  6月   28   15:17   /mnt/test/
```

如果目录下包含子目录，则设置权限时，需要加上-R选项。执行命令"chmod -R a = rwx /mnt/test/"，可以将该目录以及目录下所有文件的权限设置为可读可写可执行；再使用ll命令，可以看到目录及目录下的所有文件对所有人都可读可写可执行。

（2）数字表示法。

在实际设置文件权限时，通常采用数字表示法来表示权限的类型，此方法较为简便。所谓数字表示法，就是将可读(r)、可写(w)、可执行(x)分别用数字4、2、1表示，不具备任何权限用数字0表示，再把三个数字相加。

例如，图7-1中groff目录的权限为rwxr-xr-x，使用数字表示法表示各个权限的结果如下：

① "rwx"转化为数字是"421"，数字相加得7。

② "r-x"转化为数字是"401"，数字相加得5。

③ "r-x"转化为数字是"401"，数字相加得5。

因此，groff目录的权限用数字表示法就是755。

[例5]　创建一个/mnt/jsei目录，设置目录所属用户对该目录有全部权限，目录所属组成员对该目录有可读可写权限，其他用户对该目录只有可读权限。其实现代码与结果如下：

```
        [root@localhost ~]# mkdir   /mnt/jsei                              //创建目录
        [root@localhost ~]# chmod   764   /mnt/jsei                        //设置目录权限
        [root@localhost ~]# ll   -d   /mnt/jsei                            //查看目录
        drwxrw-r--. 2   root   root   6   6月   28   16:00   /mnt/jsei/
```

所属用户对该目录的权限为rwx，即可读可写可执行，用数字表示法就是421，相加得7；所属组对该目录的权限为rw-，即可读可写不可执行，用数字表示法就是420，相加得6；其他用户对该目录的权限为r--，即可读不可写不可执行，用数字表示法就是400，相加得4。因此，/mnt/jsei目录的权限数字表示形式应为764，执行命令"chmod   764   /mnt/jsei"，就完成了要求的权限设置。

在实际使用的系统中，要合理地设置文件和目录的权限，最大程度地保障文件的安全。为了文件的安全性，应避免使用777这样的权限。

7.4　修改文件拥有者(chown)

chown命令用于修改文件和目录的所属用户和所属组。其命令格式如下：

　　　　chown　[选项]　用户　文件或目录名

和

　　　　chown　[选项]　用户：用户组　文件或目录名

chown 命令的选项及其含义如表 7-3 所示。

表 7-3　chown 命令的选项及其含义

选项名称	含　义
-f	忽略错误信息
-R	处理指定目录以及目录下的所有文件
-v	显示详细的处理信息

❖ 命令示例

[例 1]　新建一个用户 user1，并在 /mnt/jsei 目录下新建三个文件 file1、file2、file3，同时将/mnt/jsei 目录下 file1 文件的所属用户改为 user1。其实现代码与结果如下：

```
[root@localhost ~]# useradd   user1                          //新建用户
[root@localhost ~]# touch   /mnt/jsei/file{1,2,3}           //创建文件
[root@localhost ~]# chown   user1   /mnt/jsei/file1         //修改文件所属用户
[root@localhost ~]# ll /mnt/jsei                            //查看目录下文件
-rw-r--r--. 1 user1 root  0  6月    28   16:13   file1
-rw-r--r--. 1 root  root  0  6月    28   16:13   file2
-rw-r--r--. 1 root  root  0  6月    28   16:13   file3
```

执行命令"chown   user1   /mnt/jsei/file1"，可以将 file1 文件所属用户修改为 user1；再使用命令"ll   /mnt/jsei"，可以看出 file1 文件的所属用户已经改为 user1，而 file2 和 file3 文件的所属用户仍为 root。

[例 2]　将/mnt/jsei 目录下 file1 文件的所属组修改为 user1，其实现代码与结果如下：

```
[root@localhost ~]# chown   :user1   /mnt/jsei/file1        //修改文件所属组
[root@localhost ~]# ll   /mnt/jsei                          //查看目录下文件
-rw-r--r--. 1 user1 user1  0  6月    28   16:13   file1
-rw-r--r--. 1 root  root   0  6月    28   16:13   file2
-rw-r--r--. 1 root  root   0  6月    28   16:13   file3
```

执行命令"chown   :user1   /mnt/jsei/file1"，命令中":"前面为空表示所属用户不修改，":"后面为 user1 表示将文件所属组修改为 user1 用户组；再使用命令"ll   /mnt/jsei"，可以看到 file1 文件所属用户组已经改为 user1，而 file2 和 file3 文件所属用户组仍为 root。

[例 3]　将/mnt/jsei 目录及目录下文件的所属用户和所属组都改为 user1，其实现代码与结果如下：

```
[root@localhost ~]# chown   user1:user1   -R   /mnt/jsei    //修改文件所有者和所属组
[root@localhost ~]# ll   /mnt/jsei                          //查看目录下文件
-rw-r--r--. 1  user1  user1  0  6月   28   16:13   file1
-rw-r--r--. 1  user1  user1  0  6月   28   16:13   file2
-rw-r--r--. 1  user1  user1  0  6月   28   16:13   file3
[root@localhost ~]# ll  -d /mnt/jsei                        //查看目录
drwxrw-r--. 2  user1  user1  45  6月   28   16:13   /mnt/jsei
```

使用 chown 命令时，如果要处理指定目录以及目录下的所有文件，则需要加上 -R 选项。执行命令"chown user1:user1 -R /mnt/jsei"，可以将 /mnt/jsei 目录以及目录下文件的所属用户和所属组都修改为 user1；再使用命令"ll -d /mnt/jsei"和"ll /mnt/jsei"，可以看到目录 /mnt/jsei 及目录下文件的所属用户、所属用户组均已经改为 user1。

7.5 修改文件所属组(chgrp)

chgrp 命令用于变更文件或目录的所属用户组。其命令格式如下：

　　chgrp [选项] 用户组 目录名/文件名

chgrp 命令的选项及其含义如表 7-4 所示。

表 7-4 chgrp 命令的选项及其含义

选项名称	含　　义
-f	忽略错误信息
-R	处理指定目录以及其子目录下的所有文件
-v	显示详细的处理信息

❖ 命令示例

[例 1] 将 /mnt/jsei 目录下 file1 文件的所属组修改为 root，其实现代码与结果如下：

```
[root@localhost ~]# chgrp   root   /mnt/jsei/file1              //修改文件所属组
[root@localhost ~]# ll   /mnt/jsei                              //查看目录下文件
-rw-r--r--. 1   user1   root   0   6月   28   16:13   file1
-rw-r--r--. 1   user1   user1  0   6月   28   16:13   file2
-rw-r--r--. 1   user1   user1  0   6月   28   16:13   file3
```

执行命令"chgrp root /mnt/jsei/file1"，可以将 file1 文件所属用户修改为 root；再使用命令"ll /mnt/jsei"，可以看出 file1 文件的所属用户组已经改为 root，而 file2 和 file3 文件的所属用户组仍为 user1。

[例 2] 将 /mnt/jsei 目录及目录下文件的所属组都改为 root，其实现代码与结果如下：

```
[root@localhost ~]# chgrp   root   -R   /mnt/jsei              //修改文件所属组
[root@localhost ~]# ll   /mnt/jsei/                            //查看目录下文件
-rw-r--r--. 1   user1   root   0   6月   28   16:13   file1
-rw-r--r--. 1   user1   root   0   6月   28   16:13   file2
-rw-r--r--. 1   user1   root   0   6月   28   16:13   file3
[root@localhost ~]# ll   -d   /mnt/jsei                        //查看目录
drwxrw-r--. 2   user1   root   45   6月   28   16:13   /mnt/jsei
```

使用 chgrp 命令时，如果要处理指定目录以及目录下的所有文件，则需要加上 -R 选项。执行命令"chgrp root -R /mnt/jsei"，可以将 /mnt/jsei/目录以及目录下文件的所属组都修改为 root；再使用命令"ll -d /mnt/jsei"和"ll /mnt/jsei"，可以看到目录 /mnt/jsei 及目录下文件的所属用户组均已经改为 root。

任务实施

任务 7 的实施过程如表 7-5 所示。

表 7-5   任务 7 的实施过程

操作步骤	操 作 过 程	操作说明
步骤一： 创建员工 目录	[root@localhost ~]# mkdir -p /company/yf/yf01	创建 yf01 目录
	[root@localhost ~]# mkdir -p /company/yf/yf02	创建 yf02 目录
	[root@localhost ~]# mkdir -p /company/fw/fw01	创建 fw01 目录
	[root@localhost ~]# mkdir -p /company/fw/fw02	创建 fw02 目录
	[root@localhost ~]# mkdir -p /company/sc/sc01	创建 sc01 目录
	[root@localhost ~]# mkdir -p /company/sc/sc02	创建 sc02 目录
步骤二： 设置部门 目录权限	[root@localhost ~]# chmod -R 750 /company/yf	设置研发部目录权限
	[root@localhost ~]# chmod -R 750 /company/fw	设置服务部目录权限
	[root@localhost ~]# chmod -R 750 /company/sc	设置市场部目录权限
	[root@localhost ~]# chgrp -R yf /company/yf	设置研发部目录所属组
	[root@localhost ~]# chgrp -R fw /company/fw	设置服务部目录所属组
	[root@localhost ~]# chgrp -R sc /company/se	设置市场部目录所属组
	[root@localhost ~]# su -l yf01	yf01 用户登录
	[yf01@localhost ~]$ cd /company/yf	切换到研发部目录
	[yf01@localhost ~]$ cd /company/fw	无法切换到其他部门目录
	-bash: cd: /company/fw: 权限不够	
步骤三： 设置用户 目录权限	[root@localhost ~]# chown yf01 /company/yf/yf01	yf01 目录归属 yf01 用户
	[root@localhost ~]# chown yf02 /company/yf/yf02	yf02 目录归属 yf02 用户
	[root@localhost ~]# chown fw01 /company/fw/fw01	fw01 目录归属 fw01 用户
	[root@localhost ~]# chown fw02 /company/fw/fw02	fw02 目录归属 fw02 用户
	[root@localhost ~]# chown sc01 /company/sc/sc01	sc01 目录归属 sc01 用户
步骤三： 设置用户 目录权限	[root@localhost ~]# chown sc02 /company/sc/sc02	
	[root@localhost ~]# su -l yf01	sc02 目录归属 sc02 用户
	[yf01@localhost ~]$ cd /company/yf/yf01	yf01 用户登录
	[yf01@localhost yf01]$ touch testfile1	切换到 yf01 目录
	[yf01@localhost yf01]$ su -l yf02	创建测试文件 testfile1
	密码：	yf02 用户登录
	[yf02@localhost ~]$ cd /company/yf/yf02	
	[yf02@localhost yf02]$ touch testfile2	切换到 yf02 目录
	[yf02@localhost yf02]$ rm testfile2	创建测试文件 testfile2
	[yf02@localhost yf02]$ cd /company/yf/yf01	删除 testfile2
	[yf02@localhost yf01]$ rm testfile1	切换到 yf01 目录
	rm: 是否删除有写保护的普通空文件 'testfile1'? y	无法删除其他用户的文件
	rm: 无法删除 'testfile1': 权限不够	

🚲 任务拓展

根据高校要求，现需要对目录和文件实行分级分部门管理，每个部门拥有一个独立的文件夹，部门之间不能访问对方文件夹。另外，每位教师都有所属部门的文件夹，相同部门不同教师之间可以查看对方的文件夹，但不可修改，教师只能修改自己的文件夹。各学院教师和目录分配情况如表 7-6 所示。

表 7-6　各学院教师和目录分配情况

二级学院名称	员工账号	目录名称	备注
物联网学院	wlw01	wlw01	新增
	wlw02	wlw02	新增
电子工程学院	dz01	dz01	新增
	dz02	dz02	新增
	dz03	dz03	新增
通信工程学院	tx01	tx01	新增
	tx02	tx02	新增
幼儿教育学院	yj01	yj01	新增
	yj02	yj02	新增
	yj03	yj03	新增

任务 8　目录和文件特殊权限管理

📋 任务介绍

企业为了便于每位员工设置自己的登录密码，现定于周一上午 8:00 至 10:00 期间开放密码设置权限，同时，企业为了收集员工意见和建议，促进企业健康发展，特指定 /company/suggest 目录，用来保存员工建议文件，但不允许删除他人的文件。另外，企业研发部为了提升软件和硬件开发之间的效率，创建一个共享目录/company/research，现指定 yf_soft 和 yf_hard 两个人负责协调工作，单独建立一个 research 组，共享目录只有两人具有权限，且互相可以修改对方文件，其他人无法访问。

✍ 任务分析

要实现该企业相关人员特殊权限的设置，可以按以下 3 个步骤进行操作：
步骤一，设置普通用户密码权限。
步骤二，设置公共目录权限。
步骤三，设置研发部专用目录权限。

必备知识

完成本任务需要掌握的必备知识见 8.1~8.4 节。

8.1 SUID 权限

SUID 是 Set User ID 的简称，它是一种对二进制程序进行设置的特殊权限，可以让二进制程序的执行者临时拥有所属用户的权限。

SUID 权限的设置可以用文字表示法或数字表示法，其设置格式如表 8-1 所示。

表 8-1 SUID 权限设置格式

文字表示法	数字表示法	命令功能
chmod u+s 文件名	chmod 4xxx 文件名	添加 SUID 权限
chmod u-s 文件名	chmod 0xxx 文件名	取消 SUID 权限

❖ 命令示例

[例 1] 在 Linux 中，所有账号的密码都记录在 /etc/shadow 这个文件中，并且只有 root 可以读该文件。增加普通用户 jsei 可查看 /etc/shadow 文件内容，其实现代码与结果如下：

```
[root@localhost ~]# ll  /bin/cat                                    //查看文件属性
-rwxr-xr-x. 1  root  root  36320  1 月 6  19:42  /bin/cat
[root@localhost ~]# chmod  4755  /bin/cat                           //设置特殊文件
[root@localhost ~]# ll  /bin/cat                                    //查看文件属性
-rwsr-xr-x. 1  root  root  36320  1 月 6  19:42  /bin/cat
[root@localhost ~]# su  -l  jsei                                    //jsei 用户登录
[jsei@localhost ~]$ cat  /etc/shadow
root:$6$IknoD5.VQVDm51Hr$5txRDmykBUwWj296.kJ3BeQIIzyAFGBky3Tr5XnYRiDQsh/
vlIXO6UOd9VrZQD1b07Lrt4yPl3bnmGBpZ0mut/::0:99999:7:::
bin:*:17834:0:99999:7:::
daemon:*:17834:0:99999:7:::
```

在 Linux 系统中，查看文件内容可以使用 cat 命令，cat 命令所在路径是/bin/cat。

对代码的具体解释如下：

(1) 执行命令"ll /bin/cat"，查看文件属性。

(2) 执行命令"chmod 4755 /bin/cat"，可以给 cat 命令设置 SUID 权限。

(3) 执行命令"ll /bin/cat"，可以看到文件属性中所有者权限 x 变为了 s，表示 SUID 权限生效。

(4) 执行命令"su -l jsei"，切换到 jsei 用户登录。

(5) 执行命令"cat /etc/shadow"，可以看到普通用户 jsei 也可以读取 /etc/shadow 文件中的内容。

注意：上述操作非常不安全，应尽快使用命令"chmod u-s /bin/cat"把 cat 的 SUID 权限移除掉。

8.2 SGID 权限

SGID 是 Set Group ID 的简称，它是让执行者临时拥有所属组的权限，即在某个目录下创建的文件自动继承该目录的用户组(只可以对目录进行设置)。

SGID 权限的设置可以用文字表示法或数字表示法，其设置格式如表 8-2 所示。

表 8-2　SGID 权限设置格式

文字表示法	数字表示法	命令功能
chmod　g+s　文件名	chmod　2xxx　文件名	添加 SGID 权限
chmod　g-s　文件名	chmod　0xxx　文件名	取消 SGID 权限

❖ 命令示例

[例 1]　使用 jsei 用户登录，创建 /tmp/test 目录，并要求该目录下创建的文件都具有 jsei 组的属性。其实现代码与结果如下：

```
[root@localhost ~]# su   -l   jsei              //jsei 用户登录
[jsei@localhost ~]$ mkdir   /tmp/test           //创建目录
[jsei@localhost ~]$ ll   -d  /tmp /test          //查看目录属性
drwxrwxr-x. 2  jsei  jsei  6  6 月 29   08:56   /tmp /test
[jsei@localhost ~]$ exit                        //返回 root 用户
[root@localhost ~]# mkdir   /tmp/test/dir1       //创建目录
[root@localhost ~]# ll   -d  /tmp/test/dir1      //查看目录属性
drwxr-xr-x. 2  root  root  6  6 月 29   08:57   /tmp/test/dir1
[root@localhost ~]# chmod   2777   /tmp/test     //设置目录特殊权限
[root@localhost ~]# ll   -d  /tmp/test           //查看目录属性
drwxrwsrwx. 2  jsei  jsei  37  6 月 29   08:56   /tmp/test
[root@localhost ~]# mkdir   /tmp/test/dir2       //创建目录
[root@localhost ~]# ll   -d  /tmp/test/dir2      //查看目录属性
drwxr-sr-x. 2  root  jsei  6  6 月 29   08:58   /tmp/test/dir2
```

对代码的具体解释如下：

(1) 执行命令"su　-l　jsei"，切换至 jsei 用户登录。

(2) 执行命令"mkdir　/tmp /test"，创建 /tmp/test 目录。

(3) 执行命令"ll　-d　/tmp /test"，可以看到 /tmp/test 目录所属用户和所属组都是 jsei。

(4) 执行命令"exit"，退出当前登录用户，切换回 root 用户登录。

(5) 执行命令"mkdir　/tmp/test/dir1"，创建目录 dir1。

(6) 执行命令"ll　-d　/tmp/test/dir1"，可以看到 dir1 目录所属用户和所属组都是 root，不符合要求。

(7) 执行命令"chmod　2777　/tmp/test"，设置目录 /tmp/test 的 SGID 权限。

(8) 执行命令"ll　-d　/tmp/test"，可以看到目录 /tmp/test 所属组用户权限中增加了 s 权限，即 SGID 权限。

(9) 执行命令"mkdir /tmp/test/dir2",创建测试目录 dir2。

(10) 执行命令"ll -d /tmp/test/dir2",可以看到此时创建 dir2 目录所属组是 jsei。

8.3 SBIT 权限

SBIT 是 Sticky BIT 的简称,主要用来防止其他用户修改或删除非本人的目录和文件。SBIT 权限的设置可以用文字表示法或数字表示法,其设置格式如表 8-3 所示。

表 8-3 SBIT 权限设置格式

文字表示法	数字表示法	命令功能
chmod o+t 文件名	chmod 1xxx 文件名	添加 SBIT 权限
chmod o-t 文件名	chmod 0xxx 文件名	取消 SBIT 权限

❖ 命令示例

[例 1] 在日常工作中,有时会建立公共目录提供给用户使用,但为了确保各自文件的独立性,不允许其他用户删除非本人创建的文件,就可以通过设置 SBIT 权限来实现。例如,禁止其他用户删除/tmp 目录下非本人创建的文件,其实现代码与结果如下:

```
[root@localhost ~]# su  -l  user1                      //切换用户
[user1@localhost ~]$ touch  /tmp/file1                 //创建文件
[root@localhost ~]# exit                               //返回 root 用户
[root@localhost ~]# chmod  1777  -R  /tmp              //设置目录特殊权限
[root@localhost root]$ ll /tmp /file1                  //查看目录权限
-rwxrwxrwt. 1  user1   user1   0  6 月 29   10:12   /tmp/file1
[root@localhost ~]# su  -l  jsei                       //切换用户
[jsei@localhost ~]$ rm  /tmp/file1                     //删除文件
rm: 无法删除"/tmp/file1":不允许的操作
```

对代码的具体解释如下:

(1) 执行命令"su -l user1",切换到 user1 用户登录。

(2) 执行命令"touch /tmp/file1",创建 file1 文件。

(3) 执行命令"exit",退出当前登录用户,切换回 root 用户登录。

(4) 执行命令"chmod 1777 -R /tmp",设置目录/tmp 的 SBIT 权限。

(5) 执行命令"ll /tmp/file1",可以看到 file1 文件其他用户权限中增加了 t,即 SBIT 权限。

(6) 执行命令"su -l jsei",切换到 jsei 用户登录。

(7) 执行命令"rm /tmp/file1",尝试删除 file1 文件,由于增加了 SBIT 权限,jsei 用户无法删除 user1 用户创建的文件。同样的,它也无法删除其他用户创建的文件。

8.4 ACL 权限

ACL 的全称是 Access Control List(访问控制列表),它是一个针对文件/目录的访问控制列表,为文件系统提供一个额外的、更灵活的权限管理机制。ACL 允许给任何的用户或用户组设置任何文件/目录的访问权限，但只有 root 用户可以定义 ACL。

例如，默认情况下，一个文件需要设置 3 个权限组：owner、group 和 other，而使用 ACL，可以增加权限给其他用户或组别，可以允许指定的用户 A、B、C 拥有写权限而不再是让整个组拥有写权限。

1. 查看 ACL 权限(getfacl)

getfacl 命令主要用来查看 ACL 权限。其命令格式如下：

　　getfacl　[选项]　文件名

getfacl 命令的选项及其含义如表 8-4 所示。

表 8-4　getfacl 命令的选项及其含义

选项名称	含　义
-a	仅显示文件访问控制列表
-c	不显示注释表头
-d	仅显示默认的访问控制列表
-t	使用制表符分隔的输出格式

❖ 命令示例

[例 1]　简要查看/etc 目录的 ACL 权限，其实现代码与结果如下：

```
[root@localhost ~]# getfacl   /etc                        //简要查看目录的 ACL 权限
getfacl: Removing   leading   '/'   from   absolute   path   names
# file: etc
# owner: root
# group: root
user::rwx
group::r-x
other::r-x
```

在 Linux 系统中，利用 ACL 权限的设置，可以实现针对性的用户权限设置。对于 ACL 权限，可以通过 getfacl 命令进行查看。执行命令"getfacl　/etc"，可以查看/etc 目录的权限。在所得的结果中，第一行表示 ACL 权限获取方式，第二行到第四行分别表示文件名称、所属用户、所属组，下面的内容是当前文件的具体权限。user::rwx 表示所有者有可读可写可执行权限，group::r-x 表示所属组中用户有可读可执行权限，other::r-x 表示所属组外其他用户有可读可执行权限。

[例 2]　查看/etc 目录的 ACL 权限，不显示注释表头，其实现代码与结果如下：

```
[root@localhost ~]# getfacl   -c   /etc                   //查看目录的 ACL 权限，不显示注释表头
getfacl: Removing   leading   '/'   from   absolute   path   names
user::rwx
group::r-x
other::r-x
```

使用 getfacl 命令时，加上-c 选项，用于在查看文件的权限时，不显示注释表头。执行

命令"getfacl -c /etc",从查询结果可看出，没有原来的第二行到第四行的内容了。

[例 3] 使用制表符分隔格式查看/etc 目录的 ACL 权限，其实现代码与结果如下：

```
[root@localhost ~]# getfacl  -t  /etc              //使用制表符格式查看目录的 ACL 权限
getfacl: Removing  leading  '/'  from  absolute  path  names
# file: etc
user    root    rwx
group   root    r-x
other           r-x
```

使用 getfacl 命令时，加上 -t 选项，用于按照制表分隔的方式查看文件或目录的权限。执行命令"getfacl -t /etc"后，结果中/etc 目录的权限显示比较整齐，便于阅读。

2. 设置 ACL 权限(setfacl)

1) 命令作用

setfacl 命令主要用来设置 ACL 权限。其命令格式如下：

    setfacl [选项] 文件名

setfacl 命令的选项及其含义如表 8-5 所示。

表 8-5 setfacl 命令的选项及其含义

选项名称	含 义
-b	删除所有扩展访问控制列表条目
-d	应用到默认访问控制列表的操作
-k	移除默认访问控制列表
-m	更改文件的访问控制列表
-R	递归操作子目录
-x	根据文件中访问控制列表移除条目

❖ 命令示例

[例 4] 新增用户 user2，并设置 user2 用户对 /etc 目录只有可读权限。其实现代码与结果如下：

```
[root@localhost ~]# useradd   user2                              //新增用户
[root@localhost ~]# setfacl  -m  u:user2:r  /etc                 //设置目录 ACL 权限
[root@localhost ~]# getfacl  -c  /etc                            //查看目录 ACL 权限
getfacl: Removing leading '/' from absolute path names
user::rwx
user:user2:r--
group::r-x
mask::rwx
other::r-x
```

使用 setfacl 命令时，加上 -m 选项，用于更改文件的访问控制列表，后面需要加上匹配的 ACL 规则。执行命令"setfacl -m u:user2:r /etc"，其中，"u:user2:r"表示权限设置的方式，之间利用":"隔开，u 表示指定用户权限，user2 表示具体的用户名，r 表示该用户有可读权限，这样就可单独设置 user2 用户对 /etc 目录的权限；使用命令"getfacl -c /etc"后，结果中的"user:user2:r--"这一行表示 user2 用户对该目录只有可读权限。

[例 5] 新增用户 user3，并设置 user3 用户对 /etc 目录及子目录具有读写权限。其实现代码与结果如下：

```
[root@localhost ~]# useradd    user3                              //新增用户
[root@localhost ~]# setfacl  -m  u:user3:rw  -R  /etc            //设置目录 ACL 权限
[root@localhost ~]# getfacl   -c  /etc                           //查看目录 ACL 权限
getfacl: Removing leading '/' from absolute path names
user::rwx
user:user2:r--
user:user3:rw-
group::r-x
mask::rwx
other::r-x
```

使用 setfacl 命令时，加上 -R 选项，用于递归处理目录及子目录内容。执行命令"setfacl -m u:user3:rw -R /etc"，可以设置 user3 用户对 /etc 目录及目录下的内容具有可读可写权限；使用命令"getfacl -c /etc"后，结果中的"user:user3:rw-"这一行表示 user3 用户对该目录有可读可写权限。

[例 6] 新增 group1 用户组，并设置 group1 组中所有用户对 /etc 目录及子目录具有所有权限。其实现代码与结果如下：

```
[root@localhost ~]# groupadd    group1                           //新增用户组
[root@localhost ~]# setfacl  -m  g:group1:rwx  /etc             //设置目录 ACL 权限
[root@localhost ~]# getfacl   -c  /etc                          //查看目录 ACL 权限
getfacl: Removing leading '/' from absolute path names
user::rwx
user:user2:r--
user:user3:rw-
group::r-x
group:group1:rwx
mask::rwx
other::r-x
```

执行命令"setfacl -m g:group1:rwx /etc"，其中，"g:group1:rwx"表示权限设置的方式，g 表示指定用户组权限，group1 表示具体的用户组名，rwx 表示该用户组有可读可写可执行权限，这样就可单独设置 group1 用户组对 /etc 目录的权限；使用命令 "getfacl -c /etc" 后，结果中的 "group:group1:rwx" 这一行表示 group1 用户组对该目录有可读可写可执行权限。

任务实施

任务 8 的实施过程如表 8-6 所示。

表 8-6　任务 8 的实施过程

操作步骤	操 作 过 程	操作说明
步骤一： 设置普通 用户密码 权限	[root@localhost ~]# chmod　u+s　/usr/bin/passwd [root@localhost ~]# ls　-ld　/usr/bin/passwd -rwsr-xr-x. 1 root root 32648 8 月 10　2021　/usr/bin/passwd	设置 SUID 权限 查看目录权限
	[root@localhost ~]# su　yf01 [dwl@localhost root]$ passwd 更改用户 yf01 的密码。 为 yf01 更改 STRESS 密码。 (当前)UNIX 密码： 新的密码： 重新输入新的密码： passwd：所有的身份验证令牌已经成功更新。	切换到 yf01 用户验证 修改密码 输入原密码 输入新密码 重新输入新密码
	[root@localhost ~]# chmod　u-s　/usr/bin/passwd [root@localhost ~]# ls　-ld　/usr/bin/passwd -rwxr-xr-x. 1 root root　32648 8 月 10　2021　/usr/bin/passwd	取消 SUID 权限 查看目录权限
步骤二： 设置公共 目录权限	[root@localhost ~]# mkdir　/company/suggest [root@localhost ~]# chmod　1777　/company/suggest [root@localhost ~]# su　-l　yf01 [yf01@localhost ~]$ cd　/company/suggest [yf01@localhost suggest]$ touch　yf01 [yf01@localhost suggest]$ exit [root@localhost ~]# su　-l　yf02 [yf02@localhost ~]$ cd　/company/suggest [yf02@localhost suggest]$ touch　yf02 [yf02@localhost suggest]$ rm　yf01 Rm：是否删除有写保护的普通空文件 "yf01" ？ y rm: 无法删除 "yf01"：不允许的操作	创建 suggest 目录 设置目录 SBIT 权限 切换到 yf01 用户 切换到 suggest 目录 创建 yf01 文件 退出 yf01 用户 切换到 yf02 用户 切换到 suggest 目录 创建 yf02 文件 删除 yf01 文件

续表

操作步骤	操作过程	操作说明
步骤三：设置研发部专用目录权限	[root@localhost ~]# groupadd research	创建 research 组
	[root@localhost ~]# useradd -G research yf_soft	创建 yf_soft 用户
	[root@localhost ~]# useradd -G research yf_hard	创建 yf_hard 用户
	[root@localhost ~]# mkdir /company/research	创建 research 目录
	[root@localhost ~]# chgrp research /company/research	将目录添加到组
	[root@localhost ~]# chmod 2770 /company/research	设置目录 SGID 权限
	[root@localhost ~]# su -l yf_soft	切换到 yf_soft 用户验证
	[yf_soft@localhost ~]$ cd /company/ research	切换到 research 目录
	[yf_soft@localhost research]$ echo hello> test1	输入内容到 test1 文件
	[yf_soft@localhost research]$ cat test1	显示 test1 文件内容
	hello	
	[yf_soft@localhost research]$ exitt	退出 yf_soft 用户
	[root@localhost ~]# su yf_hard	切换到 yf_hard 用户验证
	[yf_hard@localhost root]$ echo hi >> /company/research/test1	追加内容到 test1 文件
	[yf_hard@localhost root]$ cat /company/research/test1	显示 test1 文件内容
	hello	
	hi	
	[yf_hard@localhost root]$ exit	退出 yf_hard 用户
	[root@localhost ~]# su -l yf01	切换到 yf01 用户验证
	[yf01@localhost root]$ echo bye >> /company/research/test1	追加内容到 test1 文件
	bash: /company/research/test1: 权限不够	

🚴 任务拓展

学校为了便于每位员工查看自己的密码，现定于周一 16：00 至 17：00 期间开放 /etc/shadow 文件的查看权限，其他时间不允许查看。同时，通信工程学院为了收集教师意见和建议，特指定/jsei/tx/comunication 目录，用来保存员工的建议文件，但不允许删除他人的文件。另外，建立一个 guest 组和/jsei/guest 目录，该目录只有 guest 组的用户具有访问权限，其他人无法访问。

思 政 案 例

华为创立于 1987 年，是全球领先的 ICT(信息与通信)基础设施和智能终端提供商，为全球 30 多亿人口提供服务。华为公司如何能在三十多年的时间里成为 ICT 行业的领导者呢？华为 CEO 任正非说过："人才并不是华为的核心竞争力，对人才进行管理的能力才是华为的核心竞争力"。他主张正职要有"决断力"，副职要有"执行力"，后端机关干部要有"理解力"，各个部门权力分工到位，责任明确。华为对员工实行滚动提拔和淘汰机制，实现了人才全球盘点、全球调度的目标。华为的有效管理将华为一路打造成了世界级大企业。

项目四习题

一、选择题

1. 下面列出的文件中，(　　　)是链接文件。

A. -rw-r--r--.　1　root root　433　10 月　　31　2018　　radvd.conf

B. drwxr-xr-x.　3　root root　27　2 月　　13　23:40　ras

C. lrwxrwxrwx.1　root root　10　2 月　　13　23:33　rc0.d -> rc.d/rc0.d

D. -rw-r--r--.　1　root root　1523　4 月　　11　2018　　usb_modeswitch.conf

2. 下列关于 Linux 文件或目录权限的说法错误的是(　　　)。

A. 可执行权限表示允许将该文件作为一个程序执行

B. 文件或目录的访问权限分为只读、只写、可执行三种

C. 只读权限表示只允许读其内容，而禁止对其做任何的更改操作

D. 可读权限表示允许将该文件作为一个程序执行

3. 某文件的权限为 rw-r--r--，用数字表示法表示该文件的权限是(　　　)。

A. 755　　　　　B. 655　　　　　C. 644　　　　　D. 744

4. 设置所有用户都对/mnt/file 文件可读可写的命令是(　　　)。

A. chmod　555　/mnt/file　　　　　B. chmod　655　/mnt/file

C. chmod　a=rw　/mnt/file　　　　　D. chmod　a=777　/mnt/file

5. 下面命令中，可以修改一个文件的所属用户和所属组的是(　　　)。

A. chmod　　　　B. chown　　　　C. chgrp　　　　D. setfacl

二、判断题

1. Linux 系统中的可执行程序运行前必须赋予该文件执行权限。　　　　　　(　　)

2. 用 chown 命令可以更改一个文件的所属用户和所属组。　　　　　　(　　)

3. 用户 jsei 对/testdir 目录有读写执行权限，那么 jsei 可以删除该目录下的只读文件 file1。　　　　　　(　　)

4. 一个普通用户创建一个目录，该目录默认的权限是 rwxr-xr-x。　　　　(　　)

5. 使用 chgrp 命令，可以修改一个文件的所属用户。　　　　　　(　　)

三、简答题

1. 简述文件属性信息每部分的含义。

2. 如何用数字表示法表示文件权限？

3. 简述特殊权限 SUID、SGID。

项目五　磁盘配置与管理

磁盘是存放各类文件的地方，不同类型的文件对磁盘的格式要求是不一样的，不同应用需求的磁盘空间也是不一样的。因此，作为 Linux 系统的管理员如何提高磁盘管理水平显得尤为重要，既要满足用户需求，又要提高磁盘的利用率。本项目将主要介绍磁盘基础管理中的分区、格式化、挂载以及逻辑卷管理器和磁盘阵列等内容。

◇ 知识目标

1. 理解并掌握 Linux 系统中磁盘的相关概念。
2. 熟练掌握 Linux 系统中硬盘容量查看、硬盘添加、硬盘分区、硬盘格式化等操作的方法。
3. 熟练掌握 Linux 系统中文件系统挂载和卸载的方法。
4. 熟练掌握 Linux 系统中物理卷管理、卷组管理以及逻辑卷管理等操作的方法。
5. 熟练掌握 Linux 系统中软件磁盘阵列的创建及管理的方法。

◇ 能力目标

1. 根据企事业单位要求，完成添加磁盘以及硬盘分区。
2. 根据企事业单位要求，完成逻辑卷的创建和管理。
3. 根据企事业单位要求，设计磁盘阵列组建方案，完成磁盘阵列的创建和管理。

◇ 素养目标

1. 培养学生专注精神和创新精神。
2. 培养学生分析问题和解决问题的能力。
3. 培养学生沟通能力及团队协作精神。

任务9　Linux 系统磁盘基础管理

任务介绍

M 公司进行部门调整后，为了方便新增部门文件资料的存放，需要在公司服务器中再添加两块新硬盘，硬盘添加完成后先进行硬盘分区，硬盘分区方案如表 9-1 所示。技术部目前有一个 90 GB 的数据需要存放在目录 /company/js/file 中，研发部暂无需求。

表 9-1　硬盘分区方案

部门名称	硬盘大小	硬　盘　分　区	挂载目录
技术部	800 GB	1 个主分区，容量为 100 GB 扩展分区，容量为 600 GB 3 个逻辑分区，容量均为 100 GB	/company/js/file
研发部	3 TB	4 个分区，容量均为 500 GB	

任务分析

要实现新增部门文件资料的存放和管理，可以分为以下 4 个步骤：

步骤一，在虚拟机中添加两块新硬盘。

步骤二，对新添加的第一块硬盘进行分区操作。

步骤三，分区格式化，再进行挂载。

步骤四，对新添加的第二块硬盘进行分区操作。

必备知识

完成本任务需要掌握的必备知识见 9.1～9.8 节。

9.1　Linux 文件系统简介

在 Linux 系统中有一个重要的概念：一切都是文件。Linux 文件系统中的文件是数据的集合，文件系统不仅包含着文件中的数据，而且还有文件系统的结构，所有 Linux 用户和程序看到的文件、目录、软连接及文件保护信息等都存储在文件中。在 Linux 中普通文件和目录文件保存在块物理设备的磁盘上。每个 Linux 系统支持若干物理盘，每个物理盘可定义一个或者多个文件系统。

Linux 支持多种文件系统，包括 ext、xfs、swap、vfat、nfs 和 ISO9660 等。

1. ext 文件系统

ext 文件系统是 Linux 扩展文件系统，其中 ext2 代表第二代文件扩展系统，ext3 代表第三代文件扩展系统，ext4 代表第四代文件扩展系统。ext3 和 ext4 是 ext2 的升级版，它们采用日志式的管理机制，使文件系统具有更强的快速恢复能力。ext2 被称为索引式文件系统，而 ext3 和 ext4 被称为日志式文件系统。ext 文件系统是 Linux 中支持度最广、最完整的文件系统，但其最显著的缺点是磁盘容量越大，格式化越慢。

2. xfs 文件系统

xfs 文件系统是一种高性能的日志文件系统，其优点是处理大文件，同时提供平滑的数据传输。ext4 文件系统中单个文件最大是 16 TB，而 xfs 文件系统可以支持 EB 级别，xfs 在很多方面确实做得比 ext4 好，因此从 CentOS 7.0 开始选择 xfs 作为默认的文件系统。

3. swap 文件系统

swap 文件系统是 Linux 中作为交换分区使用的。在安装 Linux 的时候，交换分区是必须建立的，并且它所采用的文件系统类型必须是 swap 且没有其他选择。

4. vfat 文件系统

vfat 是扩展文件分配表系统，它是 FAT 文件系统的一个扩展版本，支持多语言字符集和长文件名。

5. nfs 文件系统

nfs 文件系统是网络文件系统，它可以在不同机器、不同操作系统之间通过网络共享文件，而且 nfs 文件系统访问速度快、稳定性高，尤其在嵌入式领域。

6. ISO9660 文件系统

ISO9660 文件系统是光盘所使用的文件系统，Linux 对光盘已有了很好的支持，它不仅可以提供对光盘的读写，还可以实现对光盘的刻录。

9.2　Linux 磁盘简介

1. 磁盘结构

磁盘是现在使用最多、性价比最高的存储介质。随着存储技术的不断发展，磁盘又分为机械硬盘(HDD)和固态硬盘(SSD)。

1) 机械硬盘

机械硬盘由碟片、机械手臂、磁头、主轴马达组成。实际的数据都是写在碟片上的，主轴马达带动碟片转动，然后通过机械手臂上的磁头进行读写操作。

由于碟片是圆的，因此以转圈的方式进行数据读写。如图 9-1 所示，在碟片同心圆上面切出一个一个的小区块，这些小区块整合成一个圆形，让机械手臂上的磁头去存取，这个小区块就是硬盘的最小物理储存单位，称为扇区(sector)。每个扇区的大小一般是 512 B。一个同心圆的扇区组合成的圆就是磁道(track)。单一的碟片容量有限，硬盘内部会有多个碟片，这些碟片上面的同一个磁道就组合成了柱面(cylinder)。

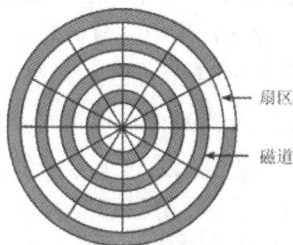

图 9-1　扇区和磁道

2) 固态硬盘

固态硬盘是用固态电子存储芯片阵列而制成的硬盘，区别于机械硬盘，整个固态硬盘结构中无机械装置，由主控芯片、闪存颗粒、固件算法构成。它们的功能如下：

① 主控芯片负责合理调配数据在各个闪存上的负荷，同时承担了整个数据中转、连接闪存芯片和外部 SATA 接口的工作。

② 闪存颗粒用于存储用户的数据，它是 SSD 的存储媒介。

③ 固件是确保 SSD 性能的最重要组件，用于驱动控制器。主控芯片将使用固件算法中的控制程序，执行自动信号处理、耗损平衡、错误校正码(ECC)和坏块管理等任务。

2. 硬盘接口

常见的机械硬盘接口主要有 IDE、SATA、SCSI 等。IDE 出现得比较早，IDE 接口的硬盘性价比高，但是数据传输速度慢，目前市场上几乎没有 IDE 接口的硬盘了；SATA 具备更高的传输速度和更强的纠错能力，市场上大部分机械硬盘接口几乎都是 SATA；SCSI 广泛应用在服务器上，具有应用范围广、多任务、带宽大、CPU 占用率低及可热插拔等优点；NVMe 是一种被用于主机与非易失性内存的子系统通信的寄存器级别的接口，主要为企业、数据中心以及客户端系统中应用 PCIe 接口的固态存储设备设计。

在 Linux 系统中，硬盘设备的文件都在 /dev 目录中，每个设备都被当成一个文件。IDE 接口类型的硬盘设备映射的文件名称前缀为"hd"；SCSI、SATA 接口的硬盘设备映射的文件名称前缀为"sd"(部分虚拟机或者云主机可能为"vd")，后面从"a"开始一直到"z"，用来区分不同的硬盘设备。与前面几种不同，NVMe 接口的硬盘设备映射的文件名称前缀为"nvme0n"，后面用阿拉伯数"0，1，2，3，…"区分不同的硬盘设备。

本书中虚拟机使用的是 SCSI 接口的硬盘，那么第一块硬盘的文件名就是/dev/sda；如果再新添加一块硬盘，则第二块硬盘的文件名就是 /dev/sdb。

3. 硬盘分区类型

分区就是将一个硬盘驱动器分成若干个逻辑驱动器，每一个硬盘分区的索引称为分区表，分区的信息都会写进分区表。分区类型有两种：MBR(Master Boot Record，主引导记录)和 GPT(GUID Partition Table，GUID 分区表)。

1) MBR 分区

MBR 是存在于驱动器开始部分的一个特殊的启动扇区。这个扇区包含了已安装的操作系统的启动加载器和驱动器的逻辑分区信息。MBR 支持最大 2 TB 磁盘，MBR 格式的磁盘分区主要分为主分区(Primary Partion)、扩展分区(Extension Partion)、逻辑分区(Logical Partion)。主分区数量不能大于 4 个，扩展分区最多只能有 1 个；在扩展分区上可以创建多个逻辑分区，逻辑分区数量视磁盘类型而定。如果硬盘接口是 SCSI 接口，则硬盘最多有 16 个分区，其中主分区最多 4 个，逻辑分区最多 12 个。如果硬盘接口是 IDE 接口，则硬盘最多有 64 个分区，其中主分区最多 4 个，逻辑分区最多 60 个。

2) GPT 分区

驱动器上的每个分区都有一个全局唯一的标识符(GUID)。GPT 支持的最大磁盘可达 18 EB，没有主分区和逻辑分区之分，每个硬盘最多可以有 128 个分区，具有更强的兼容性，并且将逐步取代 MBR 分区方式。

GPT 分区与 MBR 分区的区别在于，没有主分区、扩展分区和逻辑分区之分，分区号直接从 1 开始，一直累加到 128。

9.3 磁盘信息查询

在了解了文件系统后，下面介绍如何查询系统中磁盘的相关信息。在 Linux 系统中，df 命令主要用于查询文件系统级别的磁盘占用情况；du 命令主要用于查询文件和目录的磁盘占用情况；lsblk 命令主要用于查看系统中磁盘的使用情况。

1. 查看磁盘空间命令(df)

df 命令用来显示 Linux 系统中文件系统的磁盘空间占用情况，包括文件系统所在磁盘分区的总容量、已使用的容量、剩余容量等。默认情况下，以 KB 为单位显示容量大小；如果没有指定具体文件名，则所有当前被挂载的文件系统的可用空间将被显示。其命令格式如下：

　　df　[选项]

df 命令的选项及其含义如表 9-2 所示。

表 9-2　df 命令的选项及其含义

选项名称	含　义
-a	显示全部文件系统列表
-h	以 KB、MB、GB 等单位显示容量
-T	显示文件系统类型
-l	只显示本地文件系统
-t　<文件系统类型>	只显示选定文件系统的信息
-x　<文件系统类型>	不显示选定文件系统的信息

❖ 命令示例

[例 1]　显示文件系统的磁盘使用情况，其实现代码与结果如下：

```
[root@localhost ~]# df
文件系统                1K-块        已用          可用      已用%   挂载点
devtmpfs               4096         0            4096      0%     /dev
tmpfs                  894792       0            894792    0%     /dev/shm
tmpfs                  357920       12868        345052    4%     /run
/dev/mapper/cs-root    38707200     5366720      33340480  14%    /
/dev/nvme0n1p1         983040       309612       673428    32%    /boot
tmpfs                  178956       96           178860    1%     /run/user/0
```

　　使用 df 命令时，在不加任何选项参数的情况下，用于显示文件系统的磁盘使用情况。显示结果的第 1 列代表文件系统对应的设备文件的路径名；第 2 列给出分区包含的数据块 (1024 B)的数目；第 3、4 列分别表示已用的和可用的数据块数目；第 5 列表示已使用空间的百分比；第 6 列表示文件系统的挂载点。

　　[例 2]　以常见容量单位显示文件系统的磁盘使用情况，其实现代码与结果如下：

```
[root@localhost ~]# df  -h
文件系统                容量      已用      可用     已用%   挂载点
devtmpfs               4.0M     0        4.0M     0%      /dev
tmpfs                  874M     0        874M     0%      /dev/shm
tmpfs                  350M     13M      337M     4%      /run
/dev/mapper/cs-root    37G      5.2G     32G      14%     /
/dev/nvme0n1p1         960M     303M     658M     32%     /boot
tmpfs                  175M     96K      175M     1%      /run/user/0
```

　　使用 df 命令时，加上 -h 选项，用于以 KB、MB、GB 为单位来显示文件系统的磁盘使用情况。执行命令"df -h"后，得到的显示结果可读性高；另外，显示结果的第二列名称也变为了"容量"。

[例 3]   显示文件系统类型，其实现代码与结果如下：

```
[root@localhost ~]# df   -T
文件系统              类型        1K-块        已用        可用      已用%    挂载点
devtmpfs            devtmpfs     4096          0         4096       0%      /dev
tmpfs               tmpfs       894792         0        894792      0%      /dev/shm
tmpfs               tmpfs       357920       12860       345060      4%      /run
/dev/mapper/cs-root  xfs        38707200     5366720     33340480     14%      /
/dev/nvme0n1p1       xfs        983040       309612      673428      32%      /boot
tmpfs               tmpfs       178956        96        178860      1%      /run/user/0
```

使用 df 命令时，加上 -T 选项，用于显示文件系统的磁盘使用情况，同时显示出文件系统的类型。执行命令"df   -T"后，在第二列磁盘类型中 xfs 是日志文件系统，tmpfs 是虚拟内存文件系统，devtmpfs 文件系统用于创建设备节点。

2. 查看磁盘占用空间命令(du)

du 命令可以显示指定的目录或文件所占用的磁盘空间大小。其命令格式如下：

　　du   [选项]   目录/文件名

du 命令的选项及其含义如表 9-3 所示。

表 9-3   du 命令的选项及其含义

选项名称	含　　义
-a	显示目录下每个文件所占磁盘空间大小
-h	以 KB、MB、GB 等单位显示占用磁盘空间大小
-s	显示目录占用磁盘空间大小

❖ 命令示例

[例 4]   显示目录 /etc 及子目录所占空间大小，其实现代码与结果如下：

```
[root@localhost ~]# du   /etc
…
16        /etc/smartmontools
4         /etc/kernel/postinst.d
4         /etc/kernel
0         /etc/cifs-utils
0         /etc/sudoers.d
27072     /etc
```

执行命令"du   /etc"，可以统计目录 /etc 及子目录所占空间大小，但不统计目录下文件所占用磁盘空间的大小。默认单位为 KB，最后一行显示 /etc 目录的总大小为 27 072 KB。

[例 5]   以常见容量单位来显示目录 /etc 及子目录所占空间大小，实现代码与结果如下：

```
[root@localhost ~]# du   -h   /etc
…
16K        /etc/smartmontools
```

4.0K	/etc/kernel/postinst.d
4.0K	/etc/kernel
0	/etc/cifs-utils
0	/etc/sudoers.d
27M	/etc

使用 du 命令时，加上 -h 选项，用于以 KB、MB、GB 为单位来显示所占空间大小。执行命令"du -h /etc"后，得到的显示结果可读性高。

[例 6] 显示 /etc 目录下容量前 5 的目录，实现代码与结果如下：

```
[root@localhost ~]# du -h /etc | sort -rh | head -5
27M      /etc
12M      /etc/udev
4.6M     /etc/selinux/targeted
4.6M     /etc/selinux
3.4M     /etc/selinux/targeted/policy
```

du 命令还可以与其他命令结合使用，实现排序和筛选功能。"du -h /etc |sort -rh | head -5"命令中，sort 命令用于排序，head 命令用于显示头部信息；执行该命令后，显示了 /etc 目录下容量前 5 的目录名称及大小，包括 /etc 目录本身。

3. 查看磁盘状态命令(lsblk)

lsblk 命令的全称是"list block"，用于列出所有可用块设备的信息，而且还能显示它们之间的依赖关系。系统中的块设备包括硬盘、闪存盘、CD-ROM 等。其命令格式如下：

lsblk [选项] 设备文件名

lsblk 命令的选项及其含义如表 9-4 所示。

表 9-4 lsblk 命令的选项及其含义

选项名称	含　义
-a	列出所有块设备(不加 -a，输出相同)
-f	同时列出该磁盘内的文件系统名称，包括分区的 UUID(通用唯一标识符)
-m	同时输出块设备的权限数据
-d	仅列出磁盘本身，并不会列出该磁盘的分区数据
-p	列出所有块设备的完整文件名

❖ 命令示例

[例 7] 显示当前系统中所有的块设备，其实现代码与结果如下：

```
[root@localhost ~]# lsblk
NAME        MAJ:MIN RM   SIZE  RO  TYPE  MOUNTPOINTS
sda           8:0    0    40G   0  disk
├─sda1        8:1    0     1G   0  part  /boot
└─sda2        8:2    0    19G   0  part
  ├─cs-root  253:0   0    17G   0  lvm   /
```

| └─cs-swap | 253:1 | 0 | 2G | 0 | lvm | [SWAP] |
| sr0 | 11:0 | 1 | 9.1G | 0 | rom | /run/media/root/CentOS-Stream-9-BaseOS-x86_64 |

执行命令 "lsblk",可以列出当前系统中所有块设备的信息。显示的块设备的信息分别是:块设备名;主要和次要设备号;设备是否为可移动设备;设备的容量大小;设备是否为只读,值为 0 时表示不是只读的;块设备的类型;设备挂载的挂载点。

[例 8] 显示当前系统中第一块硬盘的状态,并显示其中分区的完整文件名,其实现代码与结果如下:

[root@localhost ~]# lsblk -p /dev/sda						
NAME	MAJ:MIN	RM	SIZE	RO	TYPE	MOUNTPOINTS
/dev/sda	8:0	0	40G	0	disk	
├─/dev/sda1	8:1	0	1G	0	part	/boot
└─/dev/sda2	8:2	0	19G	0	part	
├─/dev/mapper/cs-root	253:0	0	17G	0	lvm	/
└─/dev/mapper/cs-swap	253:1	0	2G	0	lvm	[SWAP]

执行命令 "lsblk   -p   /dev/sda",可以查看第一块硬盘的状态,同时显示每个设备的完整文件名,而不是仅列出最后的名字。

9.4 硬盘添加

使用 VMWare Workstation 软件新建一个名为"任务 9"的虚拟机,系统安装完成后,在"任务 9"虚拟机中再添加两块硬盘,硬盘容量分别为 20GB、2.5TB。在虚拟机中添加硬盘的操作步骤如下:

步骤一,添加硬盘时,虚拟机必须处于关机状态。如果虚拟机已开启,则先选中虚拟机,再选择上方菜单栏中的"关机"选项,如图 9-2 所示,即可关闭该虚拟机。

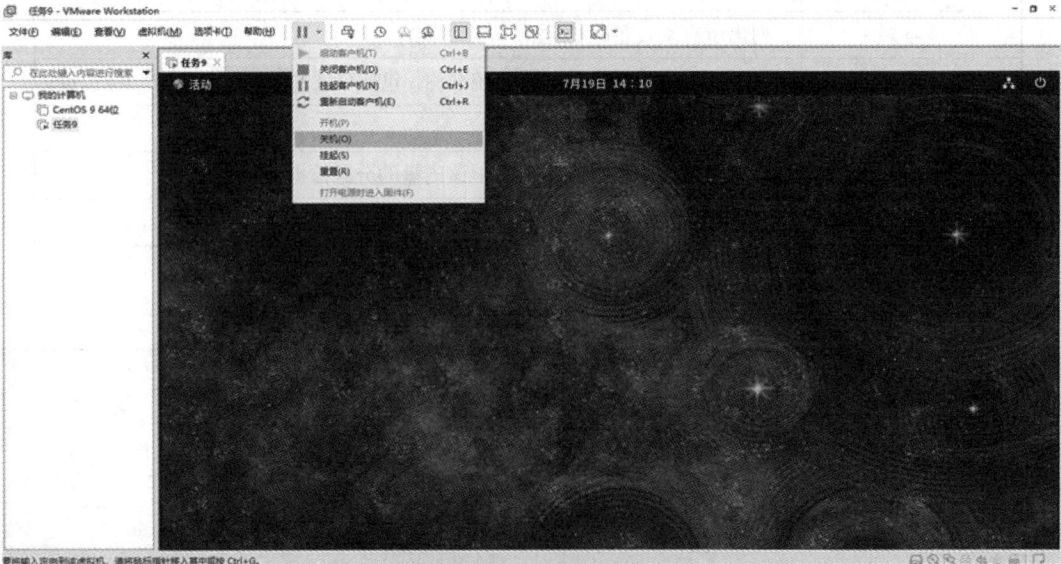

图 9-2 虚拟机关机

步骤二，右击虚拟机名字，选择"设置"选项，打开"虚拟机设置"界面，如图 9-3 所示，单击"添加(A)..."按钮。

图 9-3　虚拟机设置界面

步骤三，在"硬件类型"选择界面，默认添加的硬件类型是硬盘，如图 9-4 所示，再单击"下一步"按钮。

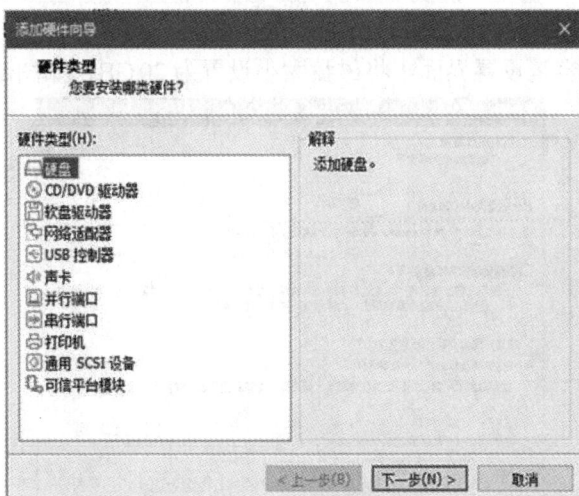

图 9-4　硬件类型选择界面

步骤四，在虚拟磁盘类型设置界面，选择"SCSI"选项，如图 9-5 所示，再单击"下一步"按钮。

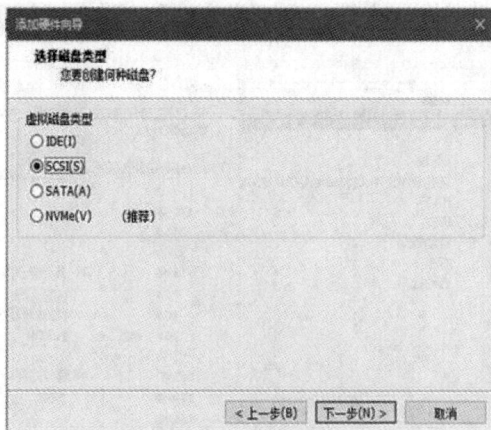

图 9-5　磁盘类型设置界面

步骤五，在磁盘创建方式设置界面，选择默认的"创建新虚拟磁盘"，如图 9-6 所示，再单击"下一步"按钮。

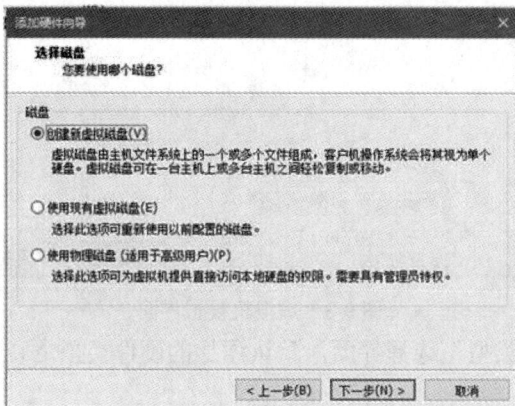

图 9-6　磁盘创建方式设置界面

步骤六，在磁盘容量设置界面，将磁盘大小设置为 20 GB，如图 9-7 所示。

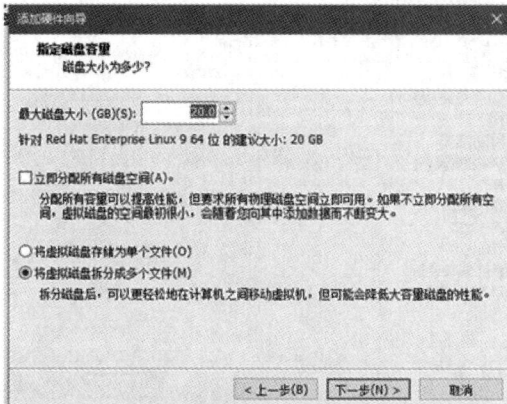

图 9-7　磁盘容量设置界面

步骤七，在磁盘文件名设置界面，可以使用默认的文件名，如图 9-8 所示，再单击"完成"按钮，这样就完成了新增一块 20 GB 硬盘的操作。

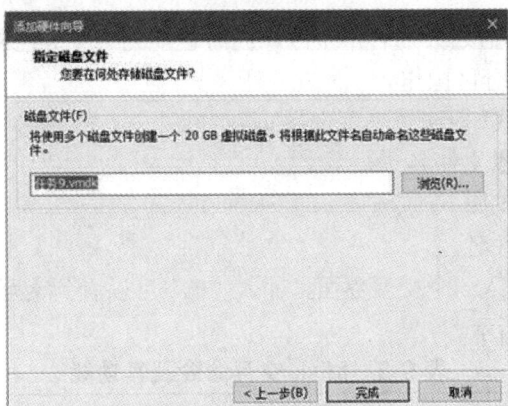

图 9-8 磁盘文件名设置界面

步骤八，按照步骤二至七，再添加一块容量为 2.5 TB 的硬盘，添加完成后，"虚拟机设置"界面如图 9-9 所示。

图 9-9 "虚拟机设置"界面

从图 9-9 中可以看到，此时"任务 9"虚拟机中共有三块硬盘。其中，第一块 40 GB 硬盘已用于安装操作系统，20 GB 硬盘和 2.5 TB 硬盘是新增加的。

9.5 硬盘分区

硬盘分区是将一个硬盘驱动器分成若干个逻辑驱动器，分区是把硬盘连续的区块当作一个独立的磁盘使用。针对 MBR 分区通常使用 fdisk 命令，针对 GPT 分区通常使用 parted

命令，下面具体介绍 fdisk、parted 命令的使用方法。

1. fdisk 命令

fdisk 命令可以将硬盘划分为若干个区，同时也能为每个分区指定文件系统，但 fdisk 命令不支持大于 2 TB 的分区操作。

列出分区的命令格式如下：

    fdisk   -l 硬盘文件名

更改分区的命令格式如下：

    fdisk   硬盘文件名

执行 fdisk 命令会进入一个交互界面，输入"m"可以看到交互命令，其中常用的交互命令及其功能如表 9-5 所示。

表 9-5 fdisk 交互命令及其功能

交互命令	功　　能
d	删除一个分区
l	列出已知的分区类型
m	显示帮助菜单
n	新建一个分区
p	显示分区列表
q	不保存退出
t	改变一个分区的类型
u	改变显示的单位
w	保存并退出

❖ **命令示例**

[例 1]　使用 fdisk 命令对"任务 9"虚拟机中第二块硬盘 /dev/sdb 进行分区操作，创建两个主分区，容量分别为 4 GB、6 GB，再创建一个扩展分区，容量为 8 GB，最后再创建两个逻辑分区，容量分别为 2 GB、4 GB。具体操作步骤如下：

步骤一，创建一个主分区，大小为 4 GB，其实现代码与结果如下：

```
[root@localhost ~]# fdisk   /dev/sdb
命令(输入 m 获取帮助)： n                                    //新建一个分区
分区类型
    p    主分区 (0 primary, 0 extended, 4 free)
    e    扩展分区 (逻辑分区容器)
选择 (默认 p)： p                           //输入"p"或直接按回车键，创建主分区
分区号 (1-4，默认 1)： 1                     //输入"1"或直接按回车键，设置分区号
第一个扇区 (2048-41943039, 默认 2048)：      //直接按回车键，扇区起始值用默认值
最后一个扇区，+/-sectors 或 +size{K,M,G,T,P} (2048-41943039, 默认 41943039)：+4G
创建了一个新分区 1，类型为"Linux"，大小为 4 GiB。
```

执行命令"fdisk   /dev/sdb"，可以进入硬盘 /dev/sdb 的分区操作菜单。输入"n"，表

示新建一个分区；再输入"p"，表示选择创建主分区；再输入"1"(这里默认是1，可以直接按回车键使用默认值)，表示所创建主分区的分区号为1，主分区和扩展分区可选"1-4"，逻辑分区从5开始。起始扇区默认为2048 KB，结束扇区输入"+4G"，表示将这个分区的大小设置为4 GB。

步骤二，创建第二个主分区，大小为6 GB，其实现代码与结果如下：

```
命令(输入 m 获取帮助): n                                        //新建一个分区
分区类型
    p    主分区 (1 primary, 0 extended, 3 free)
    e    扩展分区 (逻辑分区容器)
选择 (默认 p): p                                               //输入"p"或直接按回车键，创建主分区
分区号 (2-4, 默认 2): 2                                         //输入"1"或直接按回车键，设置分区号
第一个扇区 (8390656-41943039, 默认 8390656):                   //直接按回车键，扇区起始值用默认值
最后一个扇区, +/-sectors 或 +size{K,M,G,T,P} (8390656-41943039, 默认 41943039): +6G
创建了一个新分区 2，类型为"Linux"，大小为 6 GiB。
```

输入"n"，表示新建一个分区；再输入"p"，表示选择创建主分区(创建扩展分区输入"e"，创建逻辑分区输入"1")；再输入"2"(这里默认是2，可以直接按回车键使用默认值)，表示所创建主分区的分区号为2，再将这个分区的容量大小设置为6 GB。

步骤三，创建扩展分区，大小为8 GB，其实现代码与结果如下：

```
命令(输入 m 获取帮助): n                                        //新建一个分区
分区类型
    p    主分区 (2 primary, 0 extended, 2 free)
    e    扩展分区 (逻辑分区容器)
选择 (默认 p): e                                               //输入"e"，创建扩展分区
分区号 (3,4, 默认 3):
第一个扇区 (20973568-41943039, 默认 20973568):
最后一个扇区, +/-sectors 或 +size{K,M,G,T,P} (20973568-41943039, 默认 41943039): +8G
创建了一个新分区 3，类型为"Extended"，大小为 8 GiB。
```

输入"n"，表示新建一个分区；再输入"e"，表示选择创建扩展分区；再输入"3"，表示所创建分区的分区号为3，再将这个分区的容量大小设置为8 GB。

步骤四，创建两个逻辑分区，大小分别为2 GB、4 GB，其实现代码与结果如下：

```
命令(输入 m 获取帮助): n                                        //新建一个分区
分区类型
    p    主分区 (2 primary, 1 extended, 1 free)
    l    逻辑分区 (从 5 开始编号)
选择 (默认 p): l                                               //输入"1"，创建逻辑分区
添加逻辑分区 5
第一个扇区 (20975616-37750783, 默认 20975616):
```

最后一个扇区，+/-sectors 或 +size{K,M,G,T,P} (20975616-37750783，默认 37750783): +2G
创建了一个新分区 5，类型为 "Linux"，大小为 2 GiB。

命令(输入 m 获取帮助): n　　　　　　　　　　　　　　　　//新建一个分区
分区类型
　　p　　主分区(2 primary, 1 extended, 1 free)
　　l　　逻辑分区(从 5 开始编号)
选择(默认 p): l　　　　　　　　　　　　　　　　　　　//输入 "l"，创建逻辑分区
添加逻辑分区 6
第一个扇区(25171968-37750783，默认 25171968):
最后一个扇区，+/-sectors 或 +size{K,M,G,T,P} (25171968-37750783，默认 37750783): +4G
创建了一个新分区 6，类型为 "Linux"，大小为 4 GiB。

命令(输入 m 获取帮助): p　　　　　　　　　　　　　　　//打印分区表
…

设备	启动	起点	末尾	扇区	大小	Id	类型
/dev/sdb1		2048	8390655	8388608	4G	83	Linux
/dev/sdb2		8390656	20973567	12582912	6G	83	Linux
/dev/sdb3		20973568	37750783	16777216	8G	5	扩展
/dev/sdb5		20975616	25169919	4194304	2G	83	Linux
/dev/sdb6		25171968	33560575	8388608	4G	83	Linux

命令(输入 m 获取帮助): w　　　　　　　　　　　　　　　//保存并退出
分区表已调整。
将调用 ioctl()来重新读分区表。
正在同步磁盘。

　　在 Linux 系统中，逻辑分区是创建在扩展分区中的。输入 "n"，表示创建一个新分区；再输入 "l"，表示选择创建逻辑分区，再设置逻辑分区的容量大小，一共创建了 2 个逻辑分区，分区号分别为 5、6，大小分别为 2 GB、4 GB；此时输入 "p"，可以显示当前硬盘的分区表，可以看到新建的 5 个分区的信息；最后输入 "w"，将分区信息写入磁盘分区表并退出 fdisk 命令。

2. parted 命令

　　parted 命令用于容量大于 2 TB 的硬盘分区，对于超过 2 TB 的硬盘，不能使用 fdisk 命令。列出分区的命令格式如下：
　　　　parted　　-l　　硬盘文件名
更改分区的命令格式如下：
　　　　parted　　硬盘文件名
　　执行 "parted" 命令，会进入一个交互界面；输入 "help"，可以看到交互命令，其中，常用的交互命令及其功能如表 9-6 所示。

表 9-6　parted 交互命令及其功能

交互命令	功　能
mklabel	设置分区表的格式
mkpart	创建一个分区
name　NUMBER　NAME	给分区命名
print	打印分区表
quit	退出 parted 命令
rm　NUMBER	删除一个分区
unit　UNIT	修改显示单位

❖ 命令示例

[例 2]　使用 parted 命令对"任务 9"虚拟机中第 3 块硬盘 /dev/sdc 进行分区操作，创建 2 个分区，容量均为 100 GB。具体操作步骤如下：

步骤一，设置分区表的格式，其实现代码与结果如下：

```
[root@localhost ~]# parted   /dev/sdc
(parted) mklabel
新的磁盘标签类型？  gpt                 //大于 2 TB 的磁盘，应该使用 GPT 方式的分区表
```

输入"mklabel"命令，可以设置分区表的格式，因为硬盘 /dev/sdc 的容量大于 2 TB，所以使用 GPT 格式的分区表。

步骤二，创建两个 100 GB 的分区，文件系统类型为 xfs，其实现代码与结果如下：

```
(parted) mkpart                          //新建一个分区
分区名称？  [ ]? part1
文件系统类型？  [ext2]? xfs
起始点？  1
结束点？  100G
(parted) mkpart                          //新建一个分区
分区名称？  [ ]? part2
文件系统类型？  [ext2]? xfs
起始点？  101G
结束点？  201G
```

输入"mkpart"命令，可以创建分区，需要依次输入分区名称、文件系统类型以及分区的起止位置。

步骤三，显示分区信息，其实现代码与结果如下：

```
(parted) print
...
编号    起始点     结束点     大小     文件系统    名称     标志
1      1049KB    100GB     100GB              part1
2      101GB     201GB     100GB              part2
```

输入"print"，可以打印出分区表，在输出结果中可以看到硬盘 /dev/sdc 中的分区信息，part1 和 part2 两个分区已经创建成功。

另外，如果分区 2 设置错误，则需要删除分区 2，其实现代码与结果如下：

```
(parted) rm   2
(parted) print
…

编号     起始点      结束点      大小      文件系统      名称    标志
1       1049KB     100GB      100GB                   part1
```

输入"rm　2"，可以删除分区 2，此时再输入"print"命令，可以看到分区表中只剩下分区 1 的信息。

9.6　硬盘格式化

硬盘格式化的命令为 mkfs。该命令用于对硬盘分区进行格式化，硬盘格式化其实就是创建文件系统。mkfs 命令有两种命令格式：

　　　mkfs　-t　文件系统类型　设备名

和

　　　mkfs.文件系统类型　设备名

❖ 命令示例

[例 1]　将硬盘/dev/sdb 第一个分区格式化为 xfs 格式，其实现代码与结果如下：

```
[root@localhost ~]# mkfs  -t   xfs   /dev/sdb1
…
log        = internal log        bsize = 4096     blocks = 16384, version = 2
           =                     sectsz = 512     sunit = 0 blks, lazy-count = 1
realtime = none                  extsz = 4096     blocks = 0, rtextents = 0
```

执行命令"mkfs　-t　xfs　/dev/sdb1"，可以将 /dev/sdb1 格式化为 xfs 格式。

[例 2]　将硬盘 /dev/sdb 第二个分区格式化为 xfs 格式，其实现代码与结果如下：

```
[root@localhost ~]# mkfs.xfs   /dev/sdb2
…
log        = internal log           bsize = 4096     blocks = 16384, version = 2
=                    sectsz = 512     sunit = 0 blks, lazy-count = 1
realtime = none                      extsz = 4096     blocks = 0, rtextents = 0
```

执行命令"mkfs.xfs　/dev/sdb2"，可以将 /dev/sdb2 格式化为 xfs 格式。

按照上述方法，将 /dev/sdb 中的其他几个分区都格式化为 xfs 格式。需要注意的是，扩展分区不能进行格式化，所以 /dev/sdb3 分区是不能被格式化的。

9.7　文件系统挂载

在 Linux 系统中，对各种存储设备中的资源访问(如读取、保存文件等)都是通过目录结构进行的，因此磁盘或者分区创建好文件系统后，需要挂载到一个目录下才能像使用目录一样使用磁盘或者分区中的资源，该目录被称为挂载点。

作为"挂载点"的目录需要具备以下 3 个条件：① 挂载点目录必须存在；② 挂载点目录不能被其他进程使用；③ 挂载点目录下原有文件将被隐藏。

由于挂载操作会使得原有目录中的文件被隐藏，因此根目录以及系统原有目录都不能作为挂载点；若它们作为挂载点，则会造成系统异常甚至崩溃，挂载点最好是新建的空目录。

在 Linux 系统中，文件系统挂载分为手动挂载和自动挂载。其中，手动挂载是使用 mount 命令实现挂载，当系统重新启动后，手动挂载的信息会失效；自动挂载是将挂载信息写入 /etc/fstab 文件中，系统开机时会主动读取/etc/fstab 文件中的内容，根据文件内容实现自动挂载。下面具体介绍手动挂载和自动挂载的使用方法。

1. 手动挂载

手动挂载的命令为 mount。

mount 命令用于挂载 Linux 系统外的文件。磁盘或者分区经过格式化后，必须要挂载才能正常使用。其命令格式如下：

　　　mount　[选项]　设备文件名　挂载点

mount 命令的选项及其含义如表 9-7 所示。

表 9-7　mount 命令的选项及其含义

选项名称	含　义
-a	自动挂载所有支持自动挂载的设备
-t 文件系统	指定要挂载的设备的文件系统类型，通常不必指定
-L 卷标名	挂载指定卷标的分区
-o　auto/noauto	是否允许此文件系统支持自动挂载，默认是 auto
-o　dev/nodev	是否支持在此文件系统上使用设备文件
-o　exec/noexec	是否允许在此文件系统中执行可执行文件，默认是 exec
-o　suid/nosuid	是否支持在此文件系统上使用特殊权限，默认是可以使用特殊权限
-oremount	重新挂载已经挂载的文件系统，一般用于指定修改特殊权限
-o　rw/ro	文件挂载时，是否具有读写权限，默认是 rw
-o　user/nouser	是否允许普通用户挂载

❖ 命令示例

[例 1]　将硬盘/dev/sdb 中第一个分区挂载至/mnt/sdb1，其实现代码与结果如下：

```
[root@localhost ~]# mkdir   /mnt/sdb1                    //创建目录
[root@localhost ~]# mount   /dev/sdb1   /mnt/sdb1        //挂载目录
[root@localhost ~]# df   /dev/sdb1                       //查看目录挂载点
文件系统          1K-块      已用      可用      已用%    挂载点
/dev/sdb1        4128768    61848    4066920    2%      /mnt/sdb1
```

执行命令"mount　/dev/sdb1　/mnt/sdb1",可以将硬盘 /dev/sdb 中第一个分区挂载至 /mnt/sdb1;执行命令"df　/dev/sdb1",能查询该分区挂载的目录,此时在 /mnt/ sdb1 目录中存放数据,等同于使用 /dev/sdb1 分区。

[例 2]　将系统中的光盘挂载至 /mnt/cdrom,其实现代码与结果如下:

```
[root@localhost ~]# mkdir   /mnt/cdrom                      //创建目录
[root@localhost ~]# mount   /dev/sr0   /mnt/cdrom/          //挂载光盘
[root@localhost ~]# df   /dev/sr0                           //查看目录挂载点
文件系统          1K-块       已用      可用    已用%    挂载点
/dev/sr0        9506604    9506604      0     100%    /mnt/cdom
[root@localhost ~]# ll   /mnt/cdrom                         //查看目录内容
dr-xr-xr-x. 1 root root   2048    6 月  12 21:51 AppStream
dr-xr-xr-x. 1 root root   2048    6 月  12 21:51 BaseOS
…
```

执行命令"mount　/dev/sr0　/mnt/cdrom/",可以将系统中的光盘挂载至 /mnt/cdrom;执行命令"df　/dev/sr0",能查询该分区挂载的目录;执行命令"ll　/mnt/cdrom",可以看到 /mnt/cdrom 中的内容,这就是光盘中的内容。

2. 自动挂载

1) 自动挂载信息文件

自动挂载是将挂载信息写在 /etc/fstab 文件中,系统开机时会主动读取 /etc/fstab 文件中的内容,根据文件里面的配置实现自动挂载。

/etc/fstab 文件内容如下:

```
[root@localhost ~]# cat   /etc/fstab                                //查看目录内容
…
/dev/mapper/cs-root                              /      xfs      defaults     0   0
UUID=0ea4c6b6-4490-46be-bbad-18a3ae87d6da   /boot  xfs      defaults     0   0
/dev/mapper/cs-swap                            none   swap     defaults     0   0
```

文件中,以 # 开头是这个文件的相关信息,无需太多关注。最下面的三行是当前系统中的自动挂载信息,挂载信息的基本格式如下:

　　　　[磁盘设备文件名或 UUID]　[挂载点]　[文件系统] [文件系统参数] [dump]　[fsck]

第一列是硬盘设备文件名或者 UUID,可以使用命令 blkid 查看硬盘设备的 UUID。

注意:在真实的服务器中,一旦硬盘的插槽发生变化,设备文件名就会改变,而 UUID 是每个设备的唯一标识符,因此使用 UUID 挂载就不用担心这样的问题。

第二列是设备的挂载点,就是要挂载到哪个目录下,挂载点必须是已经存在的目录。

第三列是文件系统格式,包括 ext4、xfs、nfs、vfat 等。

第四列是文件系统参数,一般设置为 defaults。常用的文件系统参数及其含义如表 9-8 所示。

表 9-8 常用的文件系统参数及其含义

文件系统参数	含 义
async/sync	设置是否为同步方式运行，默认为 async
auto/noauto	是否被主动挂载，默认为 auto
rw/ro	是否以只读或者读写模式挂载
exec/noexec	限制此文件系统内是否能够进行"执行"的操作
user/nouser	是否允许用户使用 mount 命令挂载
suid/nosuid	是否允许 SUID 的存在
usrquota	启动文件系统支持磁盘配额模式
grpquota	启动文件系统对群组磁盘配额模式的支持
defaults	同时具有 rw、suid、dev、exec、auto、nouser、async 参数的设置

第五列表示使用 dump 命令何时备份，通常这个参数的值设置为 0 或者 1。参数为 0 时表示不做 dump 备份，参数为 1 时表示每天进行 dump 备份，此参数通常设置为 0。

第六列表示是否检验扇区，系统开机的过程中，是否使用 fsck 检验系统是否完整。参数为 0 时表示不需要检验，参数为 1 时表示需要检验，此参数通常设置为 0。

2) 自动挂载示例

[例 3] 将硬盘 /dev/sdb 的第五个分区挂载到 /mnt/sdb5，其实现代码与结果如下：

```
[root@localhost ~]# mkdir   /mnt/sdb5                                    //创建目录
[root@localhost ~]# echo   "/dev/sdb5 /mnt/sdb5 xfs defaults 0 0" >> /etc/fstab   //文件写入
[root@localhost ~]# mount   -a                                          //重新加载
[root@localhost ~]# df   /dev/sdb5                                      //查看目录挂载点
文件系统          1K-块      已用      可用      已用%    挂载点
/dev/sdb5      2031616    47216    1984400    3%     /mnt/sdb5
```

执行命令"echo   "/dev/sdb5/mnt/sdb5   xfs   defaults   0   0" >> /etc/fstab"，可以将挂载信息写入/etc/fstab 文件中；执行命令"mount   -a"，加载文件/etc/fstab 的内容，实现自动挂载；执行命令"df   /dev/sdb5"，可以查看该分区挂载到了哪个目录。

9.8 文件系统卸载

文件系统卸载的命令是 umount。该命令用于卸载已安装的文件系统、目录或文件。其命令格式如下：

　　umount   设备文件名或挂载目录

❖ 命令示例

[例 1] 卸载光盘文件，其实现代码与结果如下：

```
[root@localhost ~]# umount   /dev/sr0                                    //卸载光盘
```

或者

```
[root@localhost ~]# umount   /mnt/cdrom                                  //卸载挂载点目录
```

卸载文件系统时，umount 命令后面既可以是设备文件名，也可以是挂载点目录，但是只能二选一。

[例 2]　卸载 /mnt/sdb5 时，出现以下报错：

```
[root@localhost sdb5]# umount   /mnt/sdb5
umount: /mnt/sdb5：目标忙
```

执行命令"umount　/mnt/sdb5"，系统提示"/mnt/ sdb5：目标忙"，这是因为当前打开的目录是挂载点中的目录，所以不能完成卸载。因此，用户必须先退出挂载点目录，才能完成卸载操作，其实现代码与结果如下：

```
[root@localhost sdb5]# cd
[root@localhost ~]# umount   /mnt/sdb5
[root@localhost ~]# df
文件系统                1K-块        已用        可用        已用%   挂载点
…
/dev/sdb1              4128768      61848      4066920      2%      /mnt/sdb1
```

使用命令"cd"切换至用户的家目录，再执行卸载命令"umount　/mnt/sdb5"，可以完成卸载。卸载硬件设备成功与否，除了执行"umount"命令不报错，还可以使用"df"命令查看目标设备是否还挂载在系统中。

任务实施

任务 9 的实施过程如表 9-9 所示。

表 9-9　任务 9 的实施过程

操作步骤	操作过程	操作说明
步骤一： 在虚拟机中添加两块新硬盘	在虚拟机中添加两块硬盘，容量分别为 800 GB、3 TB，添加过程参考 9.4 节，最终虚拟机设置界面如下图所示 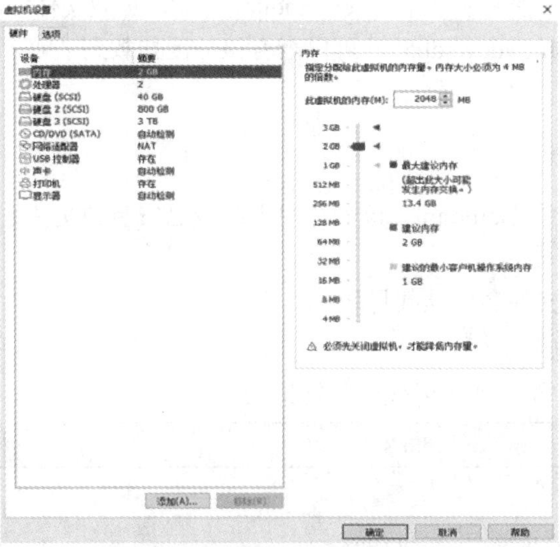 	需要注意的是，在虚拟机中添加硬件设备时，虚拟机必须处于关机状态

操作步骤	操作过程	操作说明
步骤二： 对新添加的第一块硬盘进行分区操作	[root@localhost ~]# fdisk　/dev/sdb	对/dev/sdb进行分区操作
	命令(输入 m 获取帮助): n 分区类型 　p　　主分区　(0 primary, 0 extended, 4 free) 　e　　扩展分区　(逻辑分区容器) 选择 (默认 p): p 分区号 (1-4，默认 1): 1 第一个扇区 (2048-1677721599，默认 2048): 最后一个扇区, +/-sectors 或 +size{K,M,G,T,P} (2048-1677721599，默认 1677721599): +100G 创建了一个新分区 1，类型为"Linux"，大小为 100 GiB。	创建第一个主分区，容量为 100 GB
	命令(输入 m 获取帮助): n 分区类型 　p　　主分区　(1 primary, 0 extended, 3 free) 　e　　扩展分区　(逻辑分区容器) 选择 (默认 p): e 分区号 (2-4，默认 2): 2 第一个扇区 (209717248-1677721599，默认 209717248): 最后一个扇区, +/-sectors 或 +size{K,M,G,T,P} (209717248-1677721599，默认 1677721599): +600G 创建了一个新分区 2，类型为"Extended"，大小为 600 GiB。	创建扩展分区，容量为 600 GB
	命令(输入 m 获取帮助): n 分区类型 　p　　主分区　(1 primary, 1 extended, 2 free) 　l　　逻辑分区　(从 5 开始编号) 选择 (默认 p): l 添加逻辑分区 5 第一个扇区 (209719296-1468008447，默认 209719296): 最后一个扇区, +/-sectors 或 +size{K,M,G,T,P} (209719296-1468008447，默认 1468008447): +100G 创建了一个新分区 5，类型为"Linux"，大小为 100 GiB。	创建逻辑分区 5，容量为 100 GB
	命令(输入 m 获取帮助): n 分区类型 　p　　主分区　(1 primary, 1 extended, 2 free) 　l　　逻辑分区　(从 5 开始编号) 选择 (默认 p): l 添加逻辑分区 6 第一个扇区 (419436544-1468008447，默认 419436544): 最后一个扇区, +/-sectors 或 +size{K,M,G,T,P} (419436544-1468008447，默认 1468008447): +100G 创建了一个新分区 6，类型为"Linux"，大小为 100 GiB。	创建逻辑分区 6，容量为 100 GB

续表二

操作步骤	操 作 过 程	操作说明

步骤二：
对新添加的第一块硬盘进行分区操作
	命令(输入 m 获取帮助)：n
	分区类型
	    p 主分区 (1 primary, 1 extended, 2 free)
	    l 逻辑分区 (从 5 开始编号)
	选择 (默认 p)：l
	添加逻辑分区 7
	第一个扇区 (629153792-1468008447，默认 629153792)：
	最 后 一 个 扇 区， +/-sectors 或 +size{K,M,G,T,P}
	(629153792-1468008447，默认 1468008447)：+100G
	创建了一个新分区 7，类型为 "Linux"，大小为 100 GiB。
		创建逻辑分区 7，容量为 100 GB

	命令(输入 m 获取帮助)：w 分区表已调整。 将调用 ioctl( )来重新读分区表。 正在同步磁盘。	将分区结果写入硬盘中，保存，然后退出
步骤三： 分区格式化，再进行挂载	[root@localhost ~]# mkfs.xfs /dev/sdb1 [root@localhost ~]# mkdir -p /company/js/file [root@localhost ~]# mount /dev/sdb1 /company/js/file	格式化/dev/sdb1 创建挂载目录 挂载分区
步骤四： 对新添加的第二块硬盘进行分区操作	[root@localhost ~]# parted /dev/sdc	对/dev/sdc 进行分区操作
	(parted) mklabel 新的磁盘标签类型？ gpt	创建 GPT 分区表
	(parted) mkpart 分区名称？ [ ]? part1 文件系统类型？ [ext2]? xfs 起始点？1 结束点？500G	创建第一个分区，容量为 500 GB
	(parted) mkpart 分区名称？ []? part2 文件系统类型？ [ext2]? Xfs 起始点？501G 结束点？1001G	创建第二个分区，容量为 500 GB
	(parted) mkpart 分区名称？ [ ]? part3 文件系统类型？ [ext2]? xfs 起始点？1002G 结束点？1502G	创建第三个分区，容量为 500 GB

续表三

操作步骤	操作过程	操作说明
步骤四： 对新添加的第二块硬盘进行分区操作	(parted) mkpart 分区名称？　　[ ]? part4 文件系统类型？　　[ext2]? ext4 起始点？ 1503G 结束点？ 2003G	创建第四个分区，容量为500GB
	(parted) print 编号　起始点　结束点　大小　文件系统　名称　标志 1　1049KB　500GB　500GB　　　　part1 2　501GB　1001GB　500GB　　　　part2 3　1002GB　1502GB　500GB　　　　part3 4　1503GB　2003GB　500GB　　　　part4	显示分区信息，查看创建结果

🚴 任务拓展

某高校新增了幼儿教育学院，为了方便新增部门文件资料的存放，系统管理员需要在学校服务器中再添加一块 500 GB 硬盘，具体硬盘分区情况如表 9-10 所示。

表 9-10　磁盘分配情况

二级学院名称	新增磁盘大小	磁盘分区
幼儿教育学院	500 GB	1 个主分区，容量为 40 GB 4 个逻辑分区，容量均为 100 GB

任务 10　Linux 系统磁盘高级应用

📝 任务介绍

M 公司进行部门调整后，为了方便新增部门文件资料的存放，已经在公司服务器中添加了两块新硬盘，两个部门根据自身情况分别提出了不同的要求：技术部要求资料存放目录为 /company/js/data，需要存放 220 GB 的资料，并且要求能够随时扩容到 300GB；研发部要求资料存放目录为 /company/yf/data，而且要求保证存放在硬盘中的内容不能丢失，一旦硬盘出现故障，能够自动恢复。为了满足两个部门的需求，系统管理员制定了实施方案，如表 10-1 所示。

表 10-1　磁盘管理实施方案

部门需求	实施方案
技术部	将 /dev/sdb5、/dev/sdb6、/dev/sdb7 组建成卷组，在卷组上创建逻辑卷
研发部	再新增一块硬盘，与 /dev/sdc 组建软件磁盘阵列

任务分析

作为系统管理员应该在 /dev/sdb 硬盘中创建逻辑卷，来满足技术部的要求；另外再新增一块 3 TB 硬盘，使用 /dev/sdc 和 /dev/sdd，组建 RAID 1，来满足研发部的要求。具体可以分为以下 3 个步骤：

步骤一，在硬盘 /dev/sdb 中创建逻辑卷。

步骤二，新增一块硬盘。

步骤三，将 /dev/sdc 和 /dev/sdd 组建成软件磁盘阵列。

必备知识

完成本任务需要掌握的必备知识见 10.1～10.6 节。

10.1 LVM 简介

LVM(Logical Volume Manager，逻辑卷管理)可以对磁盘分区进行管理。因为传统的分区一旦分区后就无法在线扩充空间，当分区空间不足时，一般的解决方案是再创建一个更大的分区将原分区卸载，然后将数据拷贝到新分区，但是在实际生产中往往不允许服务器停机或者允许停机的时间很短，LVM 能很好地解决在线扩充空间的问题，而且不会对数据造成影响，LVM 还能通过快照在备份的过程中保证日志文件和表空间文件在同一时间点的一致性。

下面来了解一下 LVM 中几个重要的概念：

(1) **物理卷(Physical Volume，PV)**。物理卷就是指磁盘分区或从逻辑上和磁盘分区具有同样功能的设备，是 LVM 的基本存储逻辑块。

(2) **卷组(Volume Group，VG)**。一个卷组就是一个存储池，卷组建立在物理卷之上，一个卷组中至少包括一个物理卷，在卷组创建之后可以动态地扩展或缩小空间。

(3) **逻辑卷(Logical Volume，LV)**。一个逻辑卷是卷组的一部分，由逻辑区段组成。逻辑卷可用文件系统格式化，并挂载到任意目录。

(4) **物理区段(Physical Extent，PE)**。一个物理区段是一小段均匀的磁盘空间，物理卷可以分解为许多的物理区段。物理区段是物理卷中可用于分配的最小的存储单元，物理区段的大小可根据实际情况在建立物理卷的时候指定。同一卷组中所有的物理区段大小都一致。

(5) **逻辑区段(Logical Extent，LE)**。每个物理区段都关联着一个逻辑区段，这些逻辑区段可以组成一个逻辑卷。

为了介绍 LVM 的相关操作，使用 VMWare Workstation 软件新建一个虚拟机名为"任务 10-1"，并完成操作系统的安装。参考任务 9 的内容，在"任务 10-1"虚拟机中新添加一块 20 GB 的硬盘，并进行分区，各分区容量大小如下：

主分区 3 个：/dev/sdb1 容量为 2 GB，/dev/sdb2 容量为 4 GB，/dev/sdb3 容量为 6 GB。

扩展分区：/dev/sdb4 容量为 8 GB。

逻辑分区 4 个：/dev/sdb5 容量为 300 MB，/dev/sdb6 容量为 500 MB，/dev/sdb7 容量为 800 MB，/dev/sdb8 容量为 1600 MB。

10.2　物理卷管理

下面介绍物理卷管理命令，物理卷管理命令包括 pvcreate、pvscan、pvdisplay 和 pvremove。

1. 创建物理卷命令(pvcreate)

pvcreate 命令用于将物理硬盘分区初始化为物理卷。其命令格式如下：

    pvcreate　设备文件名

❖ 命令示例

[例 1]　将系统第二块硬盘 /dev/sdb 中的分区创建为物理卷，其实现代码与结果如下：

```
[root@localhost ~]# pvcreate   /dev/sdb1
  Physical volume "/dev/sdb1" successfully created.
[root@localhost ~]# pvcreate   /dev/sdb2
  Physical volume "/dev/sdb2" successfully created.
[root@localhost ~]# pvcreate   /dev/sdb{3,5,6,7,8}
  Physical volume "/dev/sdb3" successfully created.
  Physical volume "/dev/sdb5" successfully created.
  Physical volume "/dev/sdb6" successfully created.
  Physical volume "/dev/sdb7" successfully created.
  Physical volume "/dev/sdb8" successfully created.
```

使用 pvcreate 命令时，直接加上分区的设备文件名，可以将一个硬盘分区转化为物理卷，也可以将分区号写在大括号中，同时将多个分区转化为物理卷。

注意：扩展分区不能转化为物理卷。

2. 显示物理卷列表命令 (pvscan)

pvscan 命令用于扫描系统中的所有硬盘，列出找到的物理卷列表。其命令格式如下：

    pvscan　[选项]　物理卷名

pvscan 命令的选项及其含义如表 10-2 所示。

表 10-2　pvscan 命令的选项及其含义

选项名称	含　义
-e	仅显示属于卷组的物理卷
-n	仅显示不属于任何卷组的物理卷
-s	短格式输出
-u	显示 UUID

❖ 命令示例

[例 2]　显示系统中所有的物理卷，其实现代码与结果如下：

```
[root@localhost ~]# pvscan
    PV /dev/sda2    VG    cs              lvm2 [<19.00 GiB / 0      free]
    PV /dev/sdb6                          lvm2 [500.00 MiB]
    PV /dev/sdb3                          lvm2 [6.00 GiB]
    PV /dev/sdb8                          lvm2 [1.56 GiB]
    PV /dev/sdb7                          lvm2 [800.00 MiB]
    PV /dev/sdb1                          lvm2 [2.00 GiB]
    PV /dev/sdb2                          lvm2 [4.00 GiB]
    PV /dev/sdb5                          lvm2 [300.00 MiB]
    Total: 8 [34.12 GiB] / in use: 1 [<19.00 GiB] / in no VG: 7 [15.12 GiB]
```

执行命令"pvscan",可以显示当前系统中的物理卷列表,其中,物理卷/dev/sda2 是在第一块硬盘中,属于卷组 cs;其余七个物理卷都在第二块硬盘中,均不属于任何卷组,都是可被使用的物理卷。

[例 3]　短格式输出当前系统中所有硬盘的物理卷,其实现代码与结果如下:

```
[root@localhost ~]# pvscan   -s
    /dev/sda2
    /dev/sdb6
    /dev/sdb2
    /dev/sdb3
    /dev/sdb1
    /dev/sdb5
    /dev/sdb7
    /dev/sdb8
    Total: 8 [34.12 GiB] / in use: 1 [<19.00 GiB] / in no VG: 7 [15.12 GiB]
```

执行命令"pvscan -s",可以短格式输出系统中所有硬盘的物理卷信息,这里只显示出物理卷的名称,最后一行是系统中八个物理卷的容量大小以及使用情况的信息。

3. 显示物理卷属性命令(pvdisplay)

pvdisplay 命令用于显示物理卷的属性,包括物理卷名称、所属的卷组、物理卷大小、PE 大小、总 PE 数、可用 PE 数、已分配的 PE 数和 UUID。其命令格式如下:

　　pvdisplay　[选项]　物理卷名

pvdisplay 命令的选项及其含义如表 10-3 所示。

表 10-3　pvdisplay 命令的选项及其含义

选项名称	含　义
-s	短格式输出
-m	显示 PE 到 LV 和 LE 的映射

❖ 命令示例

[例 4]　显示当前系统中物理卷 /dev/sdb1 的基本信息,其实现代码与结果如下:

```
[root@localhost ~]# pvdisplay   /dev/sdb1
    "/dev/sdb1" is a new physical volume of "2.00GiB"
    --- NEW Physical volume ---
    PV Name              /dev/sdb1                                      //物理卷名称
    VG Name                                                            //所属卷组名称
    PV Size              2.00GiB                                       //物理卷容量
    Allocatable          NO                                            //是否已被分配
    PE Size              0                                             // PE 的大小
    Total PE             0                                             // PE 的总数量
    Free PE              0                                             //未被 LV 使用的 PE
    Allocated PE         0                                             //已分配的 PE 数量
    PV UUID              AfHfUv-3kTY-eo5d-KDs6-edXb-vnfO-bsT5dP         // PV 的 UUID
```

执行命令"pvdisplay /dev/sdb1",可以显示物理卷/dev/sdb1 的基本信息,包括物理卷名称、所属的卷组、物理卷容量和 PE 使用情况等。

[例 5] 显示当前系统中所有的物理卷的容量,其实现代码与结果如下:

```
[root@localhost ~]# pvdisplay   -s
    Device "/dev/sda2" has a capacity of   0
    Device "/dev/sdb6" has a capacity of 500.00 MiB
    Device "/dev/sdb2" has a capacity of 4.00 GiB
    Device "/dev/sdb3" has a capacity of 6.00 GiB
    Device "/dev/sdb1" has a capacity of 2.00 GiB
    Device "/dev/sdb5" has a capacity of 300.00 MiB
    Device "/dev/sdb7" has a capacity of 800.00 MiB
    Device "/dev/sdb8" has a capacity of 1.56 GiB
```

执行命令"pvdisplay -s",可以短格式输出当前系统中所有的物理卷基本信息,输出结果中只能看到物理卷名称及其容量。

4. 删除物理卷命令(pvremove)

pvremove 命令用于删除一个存在的物理卷。其命令格式如下:

　　pvremove   物理卷名

❖ 命令示例

[例 6] 删除物理卷 /dev/sdb8,其实现代码与结果如下:

```
[root@localhost ~]# pvremove   /dev/sdb8
    Labels on physical volume "/dev/sdb8" successfully wiped.
[root@localhost ~]# pvscan
    PV /dev/sda2   VG centos            lvm2 [<19.00 GiB / 0      free]
    PV /dev/sdb6                        lvm2 [500.00 MiB]
    PV /dev/sdb3                        lvm2 [6.00 GiB]
```

PV /dev/sdb7	lvm2 [800.00 MiB]
PV /dev/sdb1	lvm2 [2.00 GiB]
PV /dev/sdb2	lvm2 [4.00 GiB]
PV /dev/sdb5	lvm2 [300.00 MiB]
Total: 7 [<32.56 GiB] / in use: 1 [<19.00 GiB] / in no VG: 6 [13.56 GiB]	

执行命令"pvremove /dev/sdb8",可以删除物理卷/dev/sdb8,再执行命令"pvscan",可以看到物理卷列表中,已经没有物理卷/dev/sdb8 的信息。

10.3 卷组管理

下面介绍卷组管理命令,卷组管理命令包括 vgcreate、vgscan、vgs、vgdisplay、vgreduce、vgextend 和 vgremove。

1. 创建卷组命令(vgcreate)

vgcreate 命令用于创建 LVM 卷组。卷组可以将多个物理卷组织成一个整体,屏蔽了底层物理卷细节。其命令格式如下:

vgcreate [选项] 卷组名 物理卷名

vgcreate 命令的选项及其含义如表 10-4 所示。

表 10-4 vgcreate 命令的选项及其含义

选项名称	含 义
-l	卷组上允许创建的最大逻辑卷数
-p	卷组中允许添加的最大物理卷数
-s	卷组上的物理卷的 PE 大小

❖ 命令示例

[例 1] 将单个物理卷组成卷组 vg1,其实现代码与结果如下:

```
[root@localhost ~]# vgcreate vg1 /dev/sdb1
    Volume group "vg1" successfully created
```

执行命令"vgcreate vg1 /dev/sdb1",可以将物理卷 /dev/sdb1 组成一个卷组,卷组名为 vg1。

[例 2] 将多个物理卷组成卷组 vg2,其实现代码与结果如下:

```
[root@localhost ~]# vgcreate vg2 /dev/sdb2 /dev/sdb3
    Volume group "vg2" successfully created
```

执行命令"vgcreate vg2 /dev/sdb2 /dev/sdb3",可以将 /dev/sdb2 和 /dev/sdb3 两个物理卷组成一个卷组,卷组名为 vg2。

[例 3] 创建卷组 vg3,指定卷组的 PE 大小为 16MB,其实现代码与结果如下:

```
[root@localhost ~]# vgcreate -s 16M vg3 /dev/sdb{5,6,7}
    Volume group "vg3" successfully created
```

执行命令"vgcreate -s 16M vg3 /dev/sdb{5,6,7}",可以将 /dev/sdb5、/dev/sdb6、

/dev/sdb7 三个物理卷组成一个卷组，卷组名为 vg3，同时指定卷组 vg3 中 PE 大小为 16MB。若不指定，则默认的 PE 大小为 4MB。

2. 显示卷组列表命令(vgscan)

vgscan 命令用于查找系统中存在的 LVM 卷组，并显示找到的卷组列表。其命令格式如下：

```
vgscan
```

❖ 命令示例

[例 4] 显示当前系统中所有卷组列表，其实现代码与结果如下：

```
[root@localhost ~]# vgscan
    Reading volume groups from cache.
    Found volume group "vg3" using metadata type lvm2
    Found volume group "vg1" using metadata type lvm2
    Found volume group "vg2" using metadata type lvm2
    Found volume group "centos" using metadata type lvm2
```

执行命令"vgscan"，可以显示当前系统中所有卷组列表，输出结果中只能看到卷组名称及元数据类型。

3. 显示卷组报表命令(vgs)

vgs 命令用于格式化输出卷组信息报表，使用 vgs 命令仅能看到卷组的简要信息。其命令格式如下：

```
vgs 卷组名
```

❖ 命令示例

[例 5] 显示当前系统中所有卷组信息报表，其实现代码与结果如下：

```
[root@localhost ~]# vgs
    VG      #PV  #LV  #SN  Attr     VSize     VFree
    centos   1    2    0   wz--n-  < 19.00g      0
    vg1      1    0    0   wz--n-  < 2.00g    < 2.00g
    vg2      2    0    0   wz--n-    9.99g      9.99g
    vg3      3    0    0   wz--n-    1.53g      1.53g
```

使用命令"vgs"，可以输出当前系统中所有卷组信息报表，第一列是卷组名称，第二列是卷组中物理卷的个数，第三列是卷组上已创建逻辑卷的个数，第四列是序列号，第五列是文件属性，第六列是卷组的容量大小，第七列是卷组中空闲容量大小。

[例 6] 输出指定卷组信息，显示卷组 vg3 的信息，其实现代码与结果如下：

```
[root@localhost ~]# vgs  vg3
    VG     #PV  #LV  #SN  Attr     VSize    VFree
    vg3     3    0    0   wz--n-   1.53g    1.53g
```

使用命令"vgs vg3"，可以输出卷组 vg3 的信息。使用 vgs 命令仅能看到物理卷的一些简要信息，如果要得到更加详细的信息则需要使用 vgdisplay 命令。

4. 显示卷组属性命令(vgdisplay)

vgdisplay 命令用于显示 LVM 卷组的属性信息，如果不指定卷组名，则分别显示所有卷组的属性。其命令格式如下：

　　vgdisplay　[选项]　卷组名

vgdisplay 命令的选项及其含义如表 10-5 所示。

表 10-5　vgdisplay 命令的选项及其含义

选项名称	含　义
-A	仅显示活动卷组的属性
-s	短格式输出

❖ 命令示例

[例 7]　显示当前系统中卷组 vg1 的基本信息，其实现代码与结果如下：

```
[root@localhost ~]# vgdisplay   vg1
  --- Volume group ---
  VG Name                 vg1
  System ID
  Format                  lvm2
  Metadata Areas          1
  Metadata Sequence No    1
  VG Access               read/write
  VG Status               resizable
  MAX LV                  0
  Cur   LV                0
  Open   LV               0
  Max PV                  0
  Cur PV                  1
  Act PV                  1
  VG Size                 < 2.00 GiB
  PE Size                 4.00 MiB
  Total PE                511
  Alloc PE / Size         0 / 0
  Free   PE / Size        511 / < 2.00 GiB
  VG UUID                 WKGieb-S6xP-j54z-VM6n-kTPN-ZNzr-FikmpH
```

执行命令"vgdisplay　vg1"，可以显示卷组 vg1 的基本信息，包括卷组名称、卷组容量大小、PE 大小、总 PE 数、可用 PE 数、已分配的 PE 数和 UUID 等。

[例 8]　短格式输出当前系统中所有卷组的信息，其实现代码与结果如下：

```
[root@localhost ~]# vgdisplay   -s
  "vg3" 1.53 GiB         [0          used / 1.53 GiB free]
```

"vg2" 9.99 GiB	[0	used / 9.99 GiB free]
"vg1" <2.00 GiB	[0	used / < 2.00 GiB free]
"centos" <19.00 GiB	[< 19.00 GiB	used / 0　　free]

执行命令"vgdisplay　-s"，可以短格式输出当前系统中所有卷组的信息，但仅仅显示卷组名称、容量大小以及容量使用情况。

5. 减少卷组容量命令(vgreduce)

vgreduce 命令用于从卷组中删除物理卷，通过删除 LVM 卷组中的物理卷来减少卷组容量，但不能删除 LVM 卷组中剩余的最后一个物理卷。其命令格式如下：

　　vgreduce　卷组名　物理卷名

❖ 命令示例

[例 9]　从卷组 vg3 中删除一个物理卷 /dev/sdb7 来减少卷组 vg3 的容量，其实现代码与结果如下：

```
[root@localhost ~]# vgs
  VG      #PV  #LV  #SN  Attr     VSize      VFree
  centos   1    2    0   wz--n-   < 19.00g     0
  vg1      1    0    0   wz--n-   < 2.00g     < 2.00g
  vg2      2    0    0   wz--n-     9.99g       9.99g
  vg3      3    0    0   wz--n-     1.53g       1.53g
[root@localhost ~]# vgreduce  vg3  /dev/sdb7
  Removed "/dev/sdb7" from volume group "vg3"
[root@localhost ~]# vgs
  VG      #PV  #LV  #SN  Attr     VSize      VFree
  centos   1    2    0   wz--n-   < 19.00g     0
  vg1      1    0    0   wz--n-   < 2.00g     < 2.00g
  vg2      2    0    0   wz--n-     9.99g       9.99g
  vg3      2    0    0   wz--n-   784.00m     784.00m
```

执行命令"vgreduce　vg3　/dev/sdb7"，可以从卷组 vg3 中删除物理卷 /dev/sdb7；再执行命令"vgs"，可以看到卷组 vg3 中 PV 的数量由原来的 3 个减少为 2 个，同时可以看到卷组 vg3 的容量也从 1.53 GB 减少至 784 MB。

6. 增加卷组容量命令(vgextend)

vgextend 命令用于增加卷组容量，通过向卷组中添加物理卷来增加卷组的容量。其命令格式如下：

　　vgextend　卷组名　物理卷名

❖ 命令示例

[例 10]　将物理卷 /dev/sdb7 添加到卷组 vg3 中，其实现代码与结果如下：

```
[root@localhost ~]# vgextend  vg3  /dev/sdb7
  Volume group "vg3" successfully extended
```

```
[root@localhost ~]# vgs
    VG      #PV   #LV   #SN   Attr      VSize      VFree
    centos   1     2     0    wz--n-   < 19.00g     0
    vg1      1     0     0    wz--n-   < 2.00g    < 2.00g
    vg2      2     0     0    wz--n-     9.99g      9.99g
    vg3      3     0     0    wz--n-     1.53g      1.53g
```

执行命令"vgextend　vg3　/dev/sdb7",可以向卷组 vg3 中添加物理卷 /dev/sdb7;再执行命令"vgs",可以看到卷组 vg3 中 PV 的数量由原来的 2 个增加为 3 个,同时卷组 vg3 的容量也从 784 MB 增加至 1.53 GB。

7. 删除卷组命令(vgremove)

vgremove 命令用于删除一个存在的卷组。其命令格式如下:

　　vgremove　卷组名

❖ 命令示例

[例 11]　将分区 /dev/sdb8 创建为物理卷,将物理卷 /dev/sdb8 转化为卷组 vg4,再删除卷组 vg4。其实现代码与结果如下:

```
[root@localhost ~]# pvcreate   /dev/sdb8
    Physical volume "/dev/sdb8" successfully created.
[root@localhost ~]# vgcreate   vg4   /dev/sdb8
    Volume group "vg4" successfully created
[root@localhost ~]# vgs
    VG      #PV   #LV   #SN   Attr      VSize      VFree
    centos   1     2     0    wz--n-   < 19.00g     0
    vg1      1     0     0    wz--n-   < 2.00g    < 2.00g
    vg2      2     0     0    wz--n-     9.99g      9.99g
    vg3      3     0     0    wz--n-     1.53g      1.53g
    vg4      1     0     0    wz--n-   < 1.56g    < 1.56g
[root@localhost ~]# vgremove   vg4
    Volume group "vg4" successfully removed
[root@localhost ~]# vgs
    VG      #PV   #LV   #SN   Attr      VSize      VFree
    centos   1     2     0    wz--n-   < 19.00g     0
    vg1      1     0     0    wz--n-   < 2.00g    < 2.00g
    vg2      2     0     0    wz--n-     9.99g      9.99g
    vg3      3     0     0    wz--n-     1.53g      1.53g
```

执行命令"pvcreate　/dev/sdb8",可以将磁盘分区 /dev/sdb8 创建为物理卷;再执行命令"vgcreate　vg4　/dev/sdb8",可以将物理卷 /dev/sdb8 组成卷组 vg4,此时用"vgs"命令查看系统中卷组列表,可以看到 vg4 的卷组信息;再执行命令"vgremove　vg4",可以删除卷组 vg4,最后使用"vgs"查看系统中卷组列表,可以看到 vg4 的卷组信息已经被清除了。

10.4 逻辑卷管理

下面介绍逻辑卷管理命令，逻辑卷管理命令包括 lvcreate、lvscan、lvdisplay、lvreduce、lvextend 和 lvremove。

1. 创建逻辑卷命令(lvcreate)

lvcreate 命令用于创建 LVM 的逻辑卷，逻辑卷是创建在卷组之上的。其命令格式如下：

    lvcreate   [选项]   卷组名

lvcreate 命令的选项及其含义如表 10-6 所示。

表 10-6　lvcreate 命令的选项及其含义

选项名称	含　　义
-L	指定逻辑卷的容量
-l	通过设定 LE 数量来指定逻辑卷的容量
-n	指定逻辑卷名
-s	创建快照

❖ 命令示例

[例 1] 在卷组 vg1 上创建两个逻辑卷，容量分别为 300 MB 和 400 MB。其实现代码与结果如下：

```
[root@localhost ~]# lvcreate  -L  300M  vg1
    Logical volume "lvol0" created.
[root@localhost ~]# lvcreate  -l  100  vg1
    Logical volume "lvol1" created.
```

执行命令"lvcreate -L 300M vg1"，可以在卷组 vg1 上创建一个容量为 300 MB 的逻辑卷。命令中没有指定逻辑卷名称，系统会默认给定一个名称，第一个逻辑卷名为 lvol0，第二个逻辑卷名为 lvol1，以此类推。

执行命令"lvcreate -l 100 vg1"，可以在卷组 vg1 上创建一个容量为 PE 大小 100 倍的逻辑卷，卷组 vg1 上 PE 大小为 4 MB，也就是创建了一个容量为 400 MB 的逻辑卷。

[例 2] 在卷组 vg2 上创建两个逻辑卷，逻辑卷名为 lv1 和 lv2，容量分别为 500 MB 和 800 MB。其实现代码与结果如下：

```
[root@localhost ~]# lvcreate  -n  lv1  -L  500M  vg2
    Logical volume "lv1" created.
[root@localhost ~]# lvcreate  -n  lv2  -l  200  vg2
    Logical volume "lv2" created.
```

执行命令"lvcreate -n lv1 -L 500M vg2"，可以在卷组 vg2 上创建一个名称为 lv1 且容量为 500 MB 的逻辑卷。

执行命令"lvcreate -n lv2 -l 200 vg2",可以在卷组 vg2 上创建一个名称为 lv2 且容量为 800 MB 的逻辑卷。

2. 显示逻辑卷列表命令(lvscan)

lvscan 命令用于扫描系统中存在的所有的逻辑卷,并显示找到的逻辑卷列表。其命令格式如下:

  lvscan

❖ 命令示例

[例 3] 显示当前系统中所有逻辑卷,其实现代码与结果如下:

```
[root@localhost ~]# lvscan
    ACTIVE            '/dev/vg1/lvol0' [300.00 MiB] inherit
    ACTIVE            '/dev/vg1/lvol1' [400.00 MiB] inherit
    ACTIVE            '/dev/vg2/lv1' [500.00 MiB] inherit
    ACTIVE            '/dev/vg2/lv2' [800.00 MiB] inherit
    ACTIVE            '/dev/centos/swap' [2.00 GiB] inherit
    ACTIVE            '/dev/centos/root' [<17.00 GiB] inherit
```

执行命令"lvscan",可以显示当前系统中所有逻辑卷和逻辑卷对应的设备文件名。前四个是刚创建的逻辑卷,最后两个是安装系统使用默认分区设置时,自动创建的逻辑卷。

3. 显示逻辑卷属性命令(lvdisplay)

lvdisplay 命令用于显示逻辑卷的属性信息,包括逻辑卷空间大小、读写状态和快照信息等属性。如果不指定逻辑卷,则分别显示所有逻辑卷的属性。其命令格式如下:

  lvdisplay 逻辑卷设备文件名

❖ 命令示例

[例 4] 显示当前系统中逻辑卷 lv1 的信息,其实现代码与结果如下:

```
[root@localhost ~]# lvdisplay    /dev/vg2/lv1
  --- Logical volume ---
  LV Path                /dev/vg2/lv1
  LV Name                lv1
  VG Name                vg2
  LV UUID                HRBx1c-iLkY-0J6y-Vh8f-g9gw-brI5-g1MbA1
  LV Write Access         read/write
  …
```

执行命令"lvdisplay /dev/vg2/lv1",可以显示系统中逻辑卷 lv1 的信息。这里需要注意的是,在系统中使用逻辑卷时,需要使用逻辑卷对应的设备文件名,逻辑卷 lv1 是建立在卷组 vg2 上的,因此其设备文件名为/dev/vg2/lv1。

4. 缩小逻辑卷空间命令(lvreduce)

lvreduce 命令用于减少逻辑卷占用的空间大小。因为减少逻辑卷的空间大小有可能会删除逻辑卷上已有的数据,所以在操作前必须进行确认。其命令格式如下:

lvreduce　　[选项] 逻辑卷设备文件名

lvreduce 命令的选项及其含义如表 10-7 所示。

表 10-7　lvreduce 命令的选项及其含义

选项名称	含　　义
-L	减少逻辑卷的容量大小
-l	减少逻辑卷的容量大小(LE 数量)

❖ 命令示例

[例 5]　将逻辑卷 lv1 的空间大小减少 400 MB(使用 -L 选项)，其实现代码与结果如下：

```
[root@localhost ~]# lvreduce  -L  -400M  /dev/vg2/lv1
Size of logical volume vg2/lv1 changed from 500.00 MiB (125 extents) to 100.00 MiB (25 extents).
Logical volume vg1/lvol0 successfully resized.
```

执行命令"lvreduce -L -400M /dev/vg2/lv1"，可以将逻辑卷 lv1 的空间大小减少 400 MB，执行结果中可以看到 lv1 的容量从 500 MB 变为了 100 MB。

[例 6]　将逻辑卷 lv2 的空间大小减少 400 MB(使用 -l 选项)，其实现代码与结果如下：

```
[root@localhost ~]# lvreduce  -l  -100  /dev/vg2/lv2
Size of logical volume vg2/lv2 changed from 800.00 MiB (200 extents) to 400.00 MiB (100 extents).
Logical volume vg2/lv2 successfully resized.
```

执行命令"lvreduce -l -100 /dev/vg2/lv2"，可以将逻辑卷 lv2 的空间大小减少 100 个 PE 大小(卷组 vg2 中 PE 大小为 4 MB)，执行结果中可以看到 lv2 的容量从 800 MB 变为了 400 MB。

5. 扩容逻辑卷空间命令(lvextend)

lvextend 命令用于在线扩展逻辑卷的空间大小，而不中断应用程序对逻辑卷的访问。

lvextend　　[选项] 逻辑卷设备文件名

lvextend 命令的选项及其含义如表 10-8 所示。

表 10-8　lvextend 命令的选项及其含义

选项名称	含　　义
-L	扩容逻辑卷的容量大小
-l	扩容逻辑卷的容量大小(LE 数量)

❖ 命令示例

[例 7]　将逻辑卷 lv1 的空间大小扩容 200 MB(使用 -L 选项)，其实现代码与结果如下：

```
[root@localhost ~]# lvextend  -L  +200M  /dev/vg2/lv1
Size of logical volume vg2/lv1 changed from 100.00 MiB (25 extents) to 300.00 MiB (75 extents).
Logical volume vg2/lv1 successfully resized.
```

执行命令"lvextend -L +200M /dev/vg2/lv1"，可以将逻辑卷 lv1 的空间扩容 200 MB，执行结果中可以看到 lv1 的容量从 100 MB 变为了 300 MB。

[例 8]　将逻辑卷 lv2 的空间大小扩容 200 MB(使用 -l 选项)，其实现代码与结果如下：

```
[root@localhost ~]# lvextend   -l   +50   /dev/vg2/lv2
    Size of logical volume vg2/lv2 changed from 400.00 MiB (100 extents) to 600.00 MiB (150 extents).
    Logical volume vg2/lv2 successfully resized.
```

执行命令"lvextend   -l   +50   /dev/vg2/lv2"，可以将逻辑卷 lv2 的空间大小扩容 50 个 PE 大小，执行结果中可以看到 lv2 的容量从 400 MB 变为了 600 MB。

6. 删除逻辑卷命令(lvremove)

lvremove 命令用于删除指定逻辑卷。如果逻辑卷已经使用 mount 命令加载，则不能使用 lvremove 命令删除，必须使用 umount 命令卸载后，逻辑卷方可被删除。其命令格式如下：

　　lvremove　逻辑卷设备文件名

❖ 命令示例

[例 9]　删除逻辑卷 lv2，其实现代码与结果如下：

```
[root@localhost ~]# lvremove   /dev/vg2/lv2
Do you really want to remove active logical volume vg2/lv2? [y/n]: y
    Logical volume "lv2" successfully removed
[root@localhost ~]# lvscan
    ACTIVE                    '/dev/vg1/lvol0' [300.00 MiB] inherit
    ACTIVE                    '/dev/vg1/lvol1' [400.00 MiB] inherit
    ACTIVE                    '/dev/vg2/lv1' [300.00 MiB] inherit
    ACTIVE                    '/dev/centos/swap' [2.00 GiB] inherit
    ACTIVE                    '/dev/centos/root' [< 17.00 GiB] inherit
```

执行命令"lvremove   /dev/vg2/lv2"，系统会有是否删除逻辑卷的提示，输入"y"确认，才可以将逻辑卷 lv2 删除；再执行命令"lvscan"，可以看到逻辑卷列表中已经没有逻辑卷 lv2。

10.5　RAID 简介

RAID (Redundant Arrays of Inexpensive Disks，独立冗余磁盘阵列，简称磁盘阵列)于 1988 年由美国加州大学伯克利分校的 D. A. Patterson 教授首次提出。RAID 的基本思想是将多个容量较小、相对廉价的磁盘进行有机组合，从而以较低的成本获得与大容量磁盘相当的容量、性能和可靠性。

1. RAID 的功能

RAID 主要利用数据条带、镜像和数据校验技术来获取高性能、可靠性、容错能力和扩展性，具体功能如下：

(1) 由多个硬盘组成大容量的存储空间，从而扩大存储能力。

(2) 对磁盘上的数据进行条带化，实现对数据成块存取，减少了磁盘的机械寻道时间，提高了数据存取速度。

(3) 通过镜像或者存储奇偶校验信息的方式，实现了对数据的冗余保护，能够有效地防止数据丢失。

2. RAID 的级别

标准 RAID 有七个级别，分别为：RAID 0、RAID 1、RAID 2、RAID 3、RAID 4、RAID 5、RAID 6。标准 RAID 还可以进行组合，从而满足对性能、安全性、可靠性要求更高的存储应用需求，例如，RAID 10、RAID 50 等。下面介绍几种常见的 RAID 级别。

(1) **RAID 0**。RAID 0 是最早出现的 RAID 模式，它将两个以上的磁盘并联起来，成为一个大容量的磁盘，其工作原理如图 10-1 所示。在存放数据时，将数据分散存储在多个磁盘中，因为读写时都可以并行处理，所以 RAID 0 的速度是最快的。但是 RAID 0 既没有冗余功能，也不具备容错能力，如果其中一个磁盘损坏，则所有数据都会丢失。

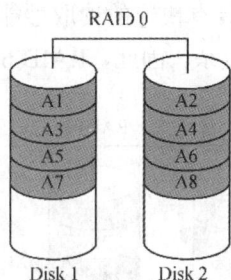

图 10-1　RAID 0 的工作原理

(2) **RAID 1**。RAID 1 又称为磁盘镜像，使用两组以上磁盘相互作为镜像，它将数据完全一致地分别写到工作磁盘和镜像磁盘，磁盘空间利用率为 50%，其工作原理如图 10-2 所示。RAID 1 在写入数据时，响应时间会有所影响，但是读数据的时候没有影响。RAID 1 提供了最佳的数据保护，一旦工作磁盘发生故障，系统自动从镜像磁盘读取数据，不会影响用户工作，RAID 1 的数据安全性在所有的 RAID 级别中是最好的。

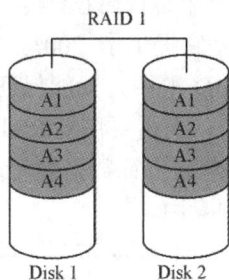

图 10-2　RAID 1 的工作原理

(3) **RAID 5**。RAID 5 采用分布式奇偶校验方式，它将校验数据分布在阵列中的所有磁盘上，其工作原理如图 10-3 所示。RAID 5 的磁盘上同时存储数据和校验数据，数据块和对应的校验信息保存在不同的磁盘上，当一个数据盘损坏时，系统可以根据同一条带的其他数据块和对应的校验数据来重建损坏的数据。RAID 5 兼顾存储性能、数据安全和存储成本等各方面优势，可以理解为 RAID 0 和 RAID 1 的折中方案，基本上可满足大部分的存储应用需求，数据中心大多采用它作为应用数据的保护方案。

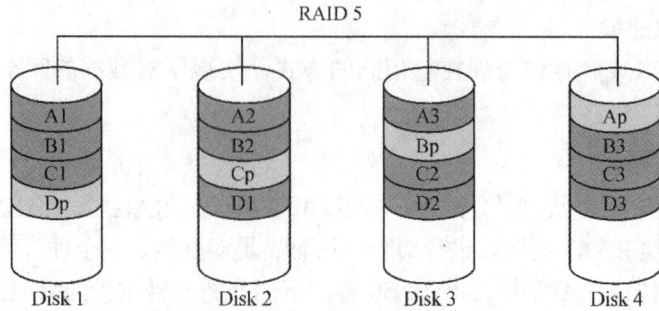

图 10-3　RAID 5 的工作原理

(4) **RAID 6**。RAID 6 引入了双重校验的概念，实现方式是采用两个独立的校验算法，假设称为 P 和 Q，校验数据可以分别存储在两个不同的校验盘上，或者分散存储在所有成员磁盘中。当两个磁盘同时失效时，即可通过求解二元方程来重建两个磁盘上的数据，其工作原理如图 10-4 所示。RAID 6 具有快速的读取性能和更高的容错能力。但是，它的成本比较高，系统设计和实施都比较复杂。因此，RAID 6 很少得到实际应用，主要用于对数据安全等级要求非常高的场合。

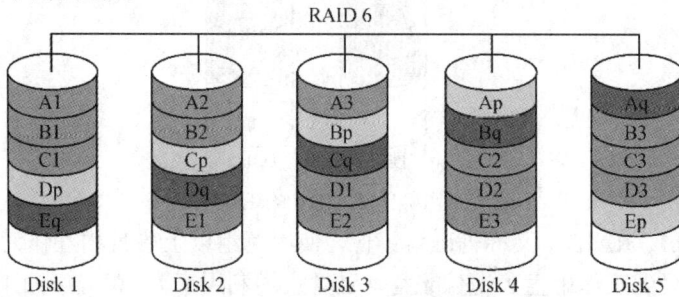

图 10-4　RAID 6 的工作原理

(5) **RAID 10**。RAID 10 又称为镜像阵列条带，它是一个 RAID 1 与 RAID 0 的组合体，继承了 RAID 0 的快速性能和 RAID 1 的安全性能，既像 RAID 0 一样，数据跨磁盘抽取，又像 RAID 1 一样，每个磁盘都有一个镜像磁盘，其工作原理如图 10-5 所示。虽然 RAID 10 方案造成了 50%的磁盘浪费，但是它提供了 200%的速度和单磁盘损坏的数据安全性，并且当同时损坏的磁盘不在同一 RAID 1 中，就能保证数据安全性。假如磁盘中的某一块盘坏了，整个逻辑磁盘仍能正常工作。当需要恢复 RAID 10 中损坏的磁盘时，只需要更换新的硬盘，按照 RAID 10 的工作原理来进行数据恢复，恢复数据过程中系统仍能正常工作，原先的数据会同步恢复到更换的硬盘中。

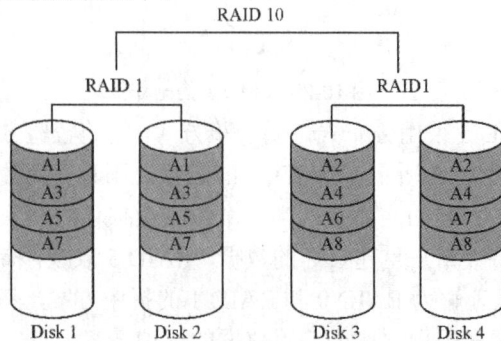

图 10-5　RAID 10 的工作原理

上述 5 种 RAID 方案的性能对比如表 10-9 所示，其中 m 表示硬盘的数量。

表 10-9　RAID 方案的性能对比

RAID 级别	最少硬盘数	可用容量	安全性	特　点
0	2	m	低	容量大和速度快，但是任何 1 块硬盘损坏，数据将全部异常
1	2	m/2	高	安全性高，只要阵列中有 1 块硬盘可用，数据就不受影响
5	3	m-1	中	在控制成本的前提下，追求硬盘的最大容量、速度及安全性，允许有一块硬盘出现异常，且数据不受影响
6	4	m-2	高	RAID 6 技术是在 RAID 5 基础上，为了进一步加强数据保护而设计的，增加了第二个独立的奇偶校验信息块。两个独立的奇偶系统使用不同的算法，数据的可靠性非常高
10	4	m/2	高	综合 RAID 1 和 RAID0 的优点，追求硬盘的速度和安全性，允许有一半硬盘出现异常(不可发生在同一阵列中)，且数据不受影响

3. RAID 的分类

RAID 根据实现方式可以分为硬件 RAID 和软件 RAID。所谓硬件 RAID 是通过磁盘阵列卡来实现磁盘阵列功能,磁盘阵列卡上配置专门的 RAID 控制处理芯片和 I/O 处理芯片,不占用 CPU 资源,但其成本较高。软件 RAID 主要是通过软件来模拟磁盘阵列的功能，没有独立的 RAID 控制处理芯片和 I/O 处理芯片，实现起来更加简便，但会占用 CPU 资源。

下面介绍在 Linux 系统中实现软件 RAID 的配置和管理的方法。

10.6　软件 RAID 设置

1. 软件 RAID 配置管理命令

mdadm 命令可以创建磁盘阵列，也可以管理磁盘阵列。RAID 设备名的标准格式为 /dev/md$x$，x 一般从 0 开始。

mdadm 命令的格式如下：

　　mdadm　[模式选项]　<RAID 设备名>　[子选项]　[参数]

下面详细介绍 mdadm 命令的使用方法。

注："(　)"中是命令的缩写。

(1) 加上--create(-C)选项，用于创建 RAID，常用子选项如下：

① --level(-l)：指定要创建的 RAID 的级别。

② --raid-devices(-n)：指定 RAID 中活跃设备的数目。

③ --spare-device(-x)：指定 RAID 中备份设备的数目。

④ --chunk(-c)：指定块大小，以 KB 为单位，默认为 64 KB。

⑤ --auto(-a)：创建设备文件，使用时需要加上参数 yes、no 等，默认为 yes。

⑥ --force(-f)：允许使用一块硬盘创建 RAID。

(2) 加上 --manage 选项，用于管理 RAID 中的设备。因为 mdadm 命令默认在管理模式下进行，所以管理 RAID 中的设备时，直接加上子选项就可以了，其常用子选项如下：

① --add(-a)：给 RAID 添加设备。

② --fail(-f)：指定 RAID 中某设备状态为错误。

③ --remove(-r)：从 RAID 中移除设备，只能移除状态为错误和备份的设备。

(3) 加上 --assemble(-A)选项，用于重组 RAID，配合 -s 使用，可以调用配置文件 /etc/mdadm.conf 中的配置信息，重组一个已停止的 RAID 阵列。

(4) 加上 --detail(-D)选项，用于显示 RAID 的详细信息。

(5) 加上 --stop(-S)选项，用于停止 RIAD。

(6) 加上 --grow(-G)选项，用于增加磁盘设备，为阵列扩容。

2. 软件 RAID 配置管理命令示例

为了介绍软件 RAID 配置，使用 VMWare Workstation 软件新建一个虚拟机，名为"任务 10-2"，并完成操作系统的安装。参考 9.4 节，在"任务 10-2"虚拟机中新添加六块 20 GB 的硬盘。六块新硬盘分别为 /dev/sdb、/dev/sdc、/dev/sdd、/dev/sde、/dev/sdf、/dev/sdg。具体操作步骤如下：

步骤一，使用五块新硬盘创建 RAID 5 的磁盘阵列，其中一块硬盘作为热备份磁盘，其实现代码与结果如下：

```
[root@localhost ~]# mdadm -C /dev/md0 -l 5 -n 4 -x 1 /dev/sd[b-f]      //创建 RAID
[root@localhost ~]# mdadm  -D  /dev/md0                    //显示 RAID 的信息
/dev/md0:                                               //RAID 的设备文件名
    Version : 1.2
    Creation Time : Thu Jul 20 13:12:55 2023             //创建 RAID 的时间
    Raid Level : raid5                                   //RAID 级别
    Array Size : 62862336 (59.95 GiB 64.37 GB)           //RAID 的可用容量
    Used Dev Size : 20954112 (19.98 GiB 21.46 GB)        //每个块设备的容量
    Raid Devices : 4                                     //组成 RAID 的磁盘数量
    Total Devices : 5                                    //包括备用的磁盘数量
    Persistence : Superblock is persistent
    Update Time : Thu Jul 20 13:14:40 2023
    State : clean                                        //目前磁盘阵列的使用状态
    Active Devices : 4                                   //处于激活的设备数量
    Working Devices : 5                                  //使用 RAID 阵列的设备数量
    Failed Devices : 0                                   //损坏的设备数
    Spare Devices : 1                                    //热备份磁盘的数量
    Layout : left-symmetric
    Chunk Size : 512K                                    //chunk 的小数据块容量
```

```
Consistency Policy : resync
Name : localhost.localdomain:0   (local to host localhost.localdomain)
UUID : a01d6feb:4ccba7b3:8ec319e9:65c5fa66
Events : 18

   Number   Major   Minor   RaidDevice State
      0        8       16        0       active sync   /dev/sdb
      1        8       32        1       active sync   /dev/sdc
      2        8       48        2       active sync   /dev/sdd
      5        8       64        3       active sync   /dev/sde
      4        8       80        -       spare         /dev/sdf
```

执行命令"mdadm -C /dev/md0 -l 5 -n 4 -x 1 /dev/sd[b-f]",可以使用 /dev/sd[b-f]五块硬盘,创建一个名为/dev/md0,级别为 RAID 5 的磁盘阵列,其中活跃的硬盘数量为 4 块,备份硬盘 1 块;执行命令"mdadm -D /dev/md0",可以查看这个 RAID 的详细信息。

步骤二,将 RAID 进行格式化,其实现代码与结果如下:

```
[root@localhost ~]# mkfs.xfs   /dev/md0                    //格式化
meta-data=/dev/md0           isize=512     agcount=16, agsize=982144 blks
         =                   sectsz=512    attr=2, projid32bit=1
         =                   crc=1         finobt=0, sparse=0
data     =                   bsize=4096    blocks=15714304, imaxpct=25
         =                   sunit=128     swidth=384 blks
naming   =version 2          bsize=4096    ascii-ci=0 ftype=1
log      =internal log       bsize=4096    blocks=7680, version=2
         =                   sectsz=512    sunit=8 blks, lazy-count=1
realtime =none               extsz=4096    blocks=0, rtextents=0
```

执行命令"mkfs.xfs   /dev/md0",为 RAID 建立类型为 xfs 的文件系统。

步骤三,将 RAID 挂载,其实现代码与结果如下:

```
[root@localhost ~]# mkdir   /mnt/md0                       //创建目录
[root@localhost ~]# mount   /dev/md0   /mnt/md0            //挂载目录
[root@localhost ~]# df   -h
```

文件系统	容量	已用	可用	已用%	挂载点
devtmpfs	4.0M	0	4.0M	0%	/dev
tmpfs	874M	0	874M	0%	/dev/shm
tmpfs	350M	7.2M	343M	3%	/run
/dev/mapper/cs-root	17G	5.0G	12G	30%	/
/dev/sda1	960M	303M	658M	32%	/boot
tmpfs	175M	96K	175M	1%	/run/user/0
/dev/md0	60G	461M	60G	1%	/mnt/md0

首先需要创建一个挂载目录,再执行命令"mount　/dev/md0　/mnt/md0",将这个 RAID 挂载到 /mnt/md0 目录,这样就能够正常使用了。如果想让创建好的 RAID 磁盘阵列一直提供服务,不受机器重启影响,则可以将挂载信息添加到 /etc/fstab 文件中。

步骤四,通过模拟硬盘故障,检验 RAID 5 阵列的错误恢复功能。使用 mdadm 命令将硬盘 /dev/sde 设置为错误状态,看看备份分区是否能自动代替错误分区,其实现代码与结果如下:

```
[root@localhost ~]# mdadm  /dev/md0  -f  /dev/sde          //将/dev/sde 设置为错误状态
mdadm: set /dev/sde faulty in /dev/md0
[root@localhost ~]# mdadm  -D  /dev/md0
…

   Number    Major    Minor    RaidDevice    State
      0        8        16         0         active sync       /dev/sdb
      1        8        32         1         active sync       /dev/sdc
      2        8        48         2         active sync       /dev/sdd
      4        8        80         3         active sync       /dev/sdf
      5        8        64         -         faulty            /dev/sde
```

执行命令"mdadm　/dev/md0　-f　/dev/sde",可以将 RAID 中 /dev/sde 硬盘状态设为错误。这里需要等待几分钟,再执行命令"mdadm　-D　/dev/md0",可以看到/dev/sde 的状态变为错误状态"faulty",而原来备份盘/dev/sdf 的状态已经变为激活状态"active sync",此时这个 RAID 仍能正常工作。

步骤五,移除损坏的磁盘,添加一个新磁盘作为热备份磁盘,其实现代码与结果如下:

```
[root@localhost ~]# mdadm  /dev/md0  -r  /dev/sde
mdadm: hot  removed  /dev/sde  from  /dev/md0
[root@localhost ~]# mdadm  /dev/md0  -a  /dev/sdg
mdadm: added  /dev/sdg
[root@localhost ~]# mdadm  -D  /dev/md0
…

   Number    Major    Minor    RaidDevice    State
      0        8        16         0         active sync       /dev/sdb
      1        8        32         1         active sync       /dev/sdc
      2        8        48         2         active sync       /dev/sdd
      4        8        80         3         active sync       /dev/sdf
      5        8        96         -         spare             /dev/sdg
```

执行命令"mdadm　/dev/md0　-r　/dev/sde",可以将/dev/sde 这块硬盘从 RAID 中移除,再执行命令"mdadm　/dev/md0　-a　/dev/sdg",将 /dev/sdg 这块硬盘加入到 RAID 中,此时查看 RAID 的信息,可以看到新加入的这块硬盘自动变为了备份硬盘。

步骤六，停止 RAID，其实现代码与结果如下：

```
[root@localhost ~]# umount  /dev/md0                        //卸载 RAID
[root@localhost ~]# mdadm   -S  /dev/md0                    //停止 RAID
mdadm: stopped  /dev/md0
[root@localhost ~]# mdadm   -D  /dev/md0
mdadm: cannot open /dev/md0: No such file or directory
```

如果想停止一个 RAID，那么必须先卸载 RAID，卸载完成后，再执行命令"mdadm　-S /dev/md0"，可以停止这个 RAID。再查询这个 RAID 时，可以看到提示信息，系统中没有这个设备。

任务实施

任务 10 的实施过程如表 10-10 所示。

表 10-10　任务 10 的实施过程

操作步骤	操作过程	操作说明
步骤一： 在硬盘/dev/sdb 中创建逻辑卷	[root@localhost ~]# fdisk /dev/sdb 命令(输入 m 获取帮助)：t 分区号 (1, 2, 5-7，默认 7)：5 Hex 代码或别名(输入 L 列出所有代码)：8e 已将分区"Linux"的类型更改为"Linux LVM" 命令(输入 m 获取帮助)：t 分区号 (1, 2, 5-7，默认 7)：6 Hex 代码或别名(输入 L 列出所有代码)：8e 已将分区"Linux"的类型更改为"Linux LVM"	将 /dev/sdb 中三个逻辑区 的分区类型改 为 LVM
	命令(输入 m 获取帮助)：t 分区号(1, 2, 5-7，默认 7)：7 Hex 代码或别名(输入 L 列出所有代码)：8e 已将分区"Linux"的类型更改为"Linux LVM"	
	命令(输入 m 获取帮助)：w [root@localhost ~]# pvcreate /dev/sdb{5, 6, 7} [root@localhost ~]# vgcreate vg1 /dev/sdb{5, 6, 7} [root@localhost ~]# lvcreate -n lvjs -L 220G vg1 [root@localhost ~]# mkfs.xfs /dev/vg1/lvjs [root@localhost ~]# mkdir -p /company/js/data [root@localhost ~]# mount /dev/vg1/lvjs /company/js/data [root@localhost ~]# df -h /company/js/data 文件系统　　　　　　容量　已用　可用　已用% 挂载点 /dev/mapper/vg1-lvjs　220G 1.6G 219G　1%　/company/js/data	创建物理卷 创建卷组 创建逻辑卷

续表

操作步骤	操作过程	操作说明
步骤二: 新增一块 硬盘	在虚拟机中添加一块容量为 3 TB 的硬盘,添加过程参考 9.4 节,最终虚拟机设置界面如下图所示  	新增一块容量为3TB的硬盘

步骤三:
将 /dev/sdc 和 /dev/sdd 组建成软件磁盘阵列
	`[root@localhost ~]# mdadm -C /dev/md0 -l 1 -n 1 -x 1 /dev/sd{c,d} -f`
	`[root@localhost ~]# mkfs.xfs /dev/md0`
	`meta-data=/dev/md0 isize=512 agcount=4, agsize=201318336blks`
	`= sectsz=512 attr=2, projid32bit=1`
	`= crc=1 finobt=0, sparse=0`
	`data = bsize=4096 blocks=805273344, imaxpct=5`
	`= sunit=0 swidth=0 blks`
	`naming =version 2 bsize=4096 ascii-ci=0 ftype=1`
	`log =internal log bsize=4096 blocks=393199, version=2`
	`= sectsz=512 sunit=0 blks, lazy-count=1`
	`realtime =none extsz=4096 blocks=0, rtextents=0`
	`[root@localhost ~]# mkdir -p /company/yf/data`
	`[root@localhost ~]# mount /dev/md0 /company/yf/data`
	`[root@localhost ~]# df -h /company/yf/data/`
	文件系统　　　　容量　已用　可用　已用%　挂载点
	`/dev/md0 3.0T 22G 3.0T 1% /company/yf/data`	

🚴 任务拓展

某高校系统管理员为了满足新增学院存储文件的需要,在学校服务器中添加一块新硬盘,并完成硬盘分区,新增硬盘分区情况如表 10-11 所示。目前新增学院要求文件存放在 /jsei/yj/WD 目录,使用逻辑卷管理器管理以便灵活存储,要求存储空间最少为 260 GB,并能够随时扩容到 400 GB。

表 10-11　新增磁盘分区情况

新增磁盘大小	磁 盘 分 区
500 GB	1 个主分区，容量为 40 GB 扩展分区，容量为 450 GB 4 个逻辑分区，容量均为 100 GB

思 政 案 例

　　文明的传承与延续是信息存储的需求基石，存储需求的爆发增长，促进了存储介质的创新和发展。中国数据的规模逐年增长，即将成为全球最大数据圈。随着国内存储基地的成立，国产闪存芯片逐渐崛起，并且随着长江存储的发展，国产闪存芯片已经领先于国外巨头，长江存储成为全球第一家量产 232 层 3D NAND 闪存芯片的厂商。

项 目 五 习 题

一、选择题

1. 在 Linux 中，/dev/sdb5 表示(　　)。

A. 第 1 块 IDE 硬盘上的第 5 个逻辑分区

B. 第 2 块 IDE 硬盘上的第 1 个逻辑分区

C. 第 1 块 SCSI 硬盘上的第 5 个逻辑分区

D. 第 2 块 SCSI 硬盘上的第 1 个逻辑分区

2. 显示目录或文件占用磁盘空间容量的命令是(　　)。

A. df　　　　　　B. du　　　　　　C. fdisk　　　　　　D. parted

3. CentOS Stream 9 中的默认根分区系统类型是(　　)。

A. xfs　　　　　　B. ext4　　　　　　C. FAT32　　　　　　D. NTFS

4. 在一个分区上建立文件系统，使用的命令是(　　)。

A. fdisk　　　　　　B. parted　　　　　　C. mkfs　　　　　　D. format

5. 下列 RAID 组中需要的最小硬盘数为 3 个的是(　　)。

A. RAID 0　　　　　　B. RAID 1　　　　　　C. RAID 5　　　　　　D. RAID 10

6. 重新加载/etc/fstab 文件中的所有条目，执行的命令是(　　)。

A. mount -a　　B. mount -b　　C. mount -c　　D. mount -d

二、判断题

1. 在 Linux 系统中，主分区最多只能创建 3 个。　　　　　　　　　　　　(　　)

2. 使用 vgcreate 命令，可以将系统中一个或多个物理卷创建为卷组。　　(　　)

3. 逻辑卷是建立在卷组之上的，因此逻辑卷的容量不能大于所在卷组的容量。 (　　)

4. 使用 pvcreate 命令，可以将磁盘中任意一个分区创建为物理卷。 (　　)

5. 在创建 Linux 分区时，一定要创建根分区。 (　　)

6. 当一个目录作为一个挂载点被使用后，该目录上的原文件会被永久删除。 (　　)

三、简答题

1. 简述创建逻辑卷的流程。

2. 逻辑卷进行扩容和缩小时，需要注意什么？

3. 简述 RAID 技术能够解决的问题。

4. 简述 RAID 0 和 RAID 5 的区别。

项目六　网络配置与管理

Linux 主机要与网络中其他主机进行通信，需要先进行正确的网络配置。本项目将主要介绍使用系统菜单、nmcli 命令和 nmtui 图形化界面工具进行网络配置的方法，同时还将介绍 Linux 系统中 firewalld 防火墙策略的配置以及软件包管理。

◇　知识目标

1. 理解和掌握网络配置的方法及网络管理类命令。
2. 熟练掌握 firewalld 防火墙策略的配置。

◇　能力目标

1. 根据企事业单位要求，完成网卡 IP 地址的基本配置。
2. 根据企事业单位要求，完成 firewalld 防火墙策略的配置。

◇　素养目标

1. 培养学生网络安全意识。
2. 培养学生法律意识。
3. 培养学生分析问题和解决问题的能力。

任务 11　网络基本配置

任务介绍

企业员工应该知道利用互联网来提高工作效率，而网络基本配置是实现上网的前提，将 M 公司的 Linux 服务器的 IP 地址获取方式设置为动态方式，即采用 DHCP 协议。

任务分析

要实现服务器的网络基本配置，可以按以下两个步骤进行操作：
步骤一，网络基本配置。
步骤二，网络测试。

必备知识

完成本任务需要掌握的必备知识见 11.1～11.5 节。

11.1　使用系统菜单配置网络

使用系统菜单配置网络的操作步骤如下:

(1) 依次单击"活动"→"显示应用程序"→"设置"→"网络",可以打开网络配置界面,如图 11-1 所示。

(2) 单击 ⚙ 按钮,进入有线连接配置界面,选择"IPv4"选项卡,如图 11-2 所示,将 IPv4 获取方式改为"手动",设置 IP 地址。

图 11-1　网络配置界面　　　　　　　　　图 11-2　有线连接配置界面

(3) 设置完成后,单击"应用"按钮,返回图 11-1 所示的界面。再单击 ⚙ 左侧的网络开关按钮,先关闭再打开,重启网络后配置才能生效。

(4) 单击 ⚙ 按钮,再次进入有线连接配置界面,如图 11-3 所示,可以看到 IP 地址已设置为 192.168.200.10。

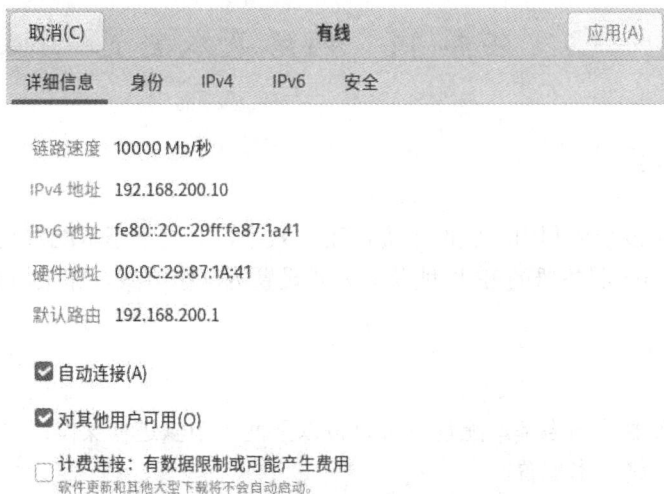

图 11-3　有线连接详细信息

11.2 使用 nmcli 命令配置网络

CentOS Stream 9 中已经废弃 network.service，必须通过 NetworkManager.service 配置网络，nmcli 是一个用于控制 NetworkManager 和报告网络状态的命令行工具。一个网络接口可以有多个连接配置，但只有一个连接配置生效。

1. 常用命令

(1) 查看 IP 的命令格式如下：

    nmcli

(2) 显示所有连接状态的命令格式如下：

    nmcli connection show

(3) 查看某网络详细信息的命令格式如下：

    nmcli device show 网卡名

(4) 重新加载配置文件的命令格式如下：

    nmcli connection reload

(5) 设置 IP 地址的命令格式如下：

    nmcli connection modify 网卡名 ipv4.addresses IP 地址

(6) 设置网关的命令格式如下：

    nmcli connection modify 网卡名 ipv4.gateway 网关地址

(7) 设置 DNS(计算机域名)的命令格式如下：

    nmcli connection modify 网卡名 ipv4.dns DNS 地址

(8) 激活网卡的命令格式如下：

    nmcli connection up 网卡名

2. 配置示例

查看当前网络状态，设置 ens160 网卡的 IP 地址为 192.168.200.20，网关为 192.168.200.254。具体操作步骤如下：

(1) 查看当前网络状态，其实现代码与结果如下：

```
[root@localhost ~]# nmcli
ens160: 已连接 到 ens160
        "VMware VMXNET3"
        ethernet (vmxnet3), 00:0C:29:87:1A:41, 硬件, mtu 1500
        ip4 默认
        inet4 192.168.200.10/24
        route4 192.168.200.0/24 metric 100
        route4 default via 192.168.200.1 metric 100
    …
```

执行"nmcli"命令，可以看到当前 ens160 网卡的 IP 地址为 192.168.200.10，网关为 192.168.200.1。

(2) 修改网络 IP、网关，其实现代码与结果如下：

```
[root@localhost ~]# nmcli connection modify ens160 ipv4.addresses 192.168.200.20/24
ipv4.gateway 192.168.200.254
```

(3) 重新激活网络，查看网络状态，其实现代码与结果如下：

```
[root@localhost ~]# nmcli connection up ens160
连接已成功激活(D-Bus 活动路径：/org/freedesktop/NetworkManager/ActiveConnection/10)
[root@localhost ~]# nmcli
ens160：已连接 到 ens160
        "VMware VMXNET3"
        ethernet (vmxnet3), 00:0C:29:87:1A:41，硬件, mtu 1500
        ip4 默认
        inet4 192.168.200.20/24
        route4 192.168.200.0/24 metric 100
        route4 default via 192.168.200.254 metric 100
…
```

重新激活网络后，再执行"nmcli"命令，可以看到当前 ens160 网卡的 IP 地址为 192.168.200.20，网关为 192.168.200.254。

11.3 使用 nmtui 图形化界面配置网络

nmtui 与 nmcli 均是通过 NetworkManager 实现网络配置的。nmcli 是使用命令行配置网络，nmtui 是使用图形化界面配置网络。接下来，使用 nmtui 图形化界面配置 ens160 网卡的 IP 地址为 192.168.200.30，网关为 192.168.200.1。其具体操作步骤如下：

注意：在 nmtui 图形化界面中，需要使用键盘上的方向键和回车键进行操作。

(1) 执行"nmtui"命令，如下所示：

```
[root@localhost ~]# nmtui
```

(2) 执行 nmtui 命令后，进入网络管理器界面，如图 11-4 所示，选择"编辑连接"，选中需要配置的网卡名称"ens160"，并单击"编辑"按钮，如图 11-5 所示。

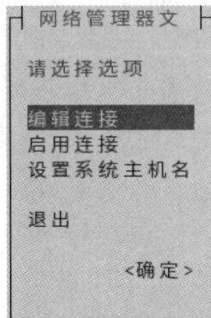

图 11-4 网络管理器界面

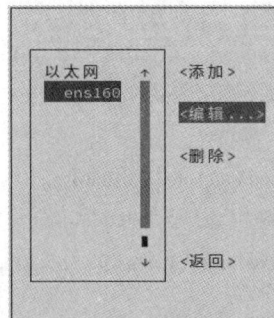

图 11-5 网卡选择界面

(3) 进入"编辑连接"界面，如图 11-6，填写 IP 地址、网关等信息，然后将右侧的导航条拖动至最下面，单击"确定"按钮，如图 11-7 所示，保存相关配置，并返回图 11-4 所示的网络管理器界面。

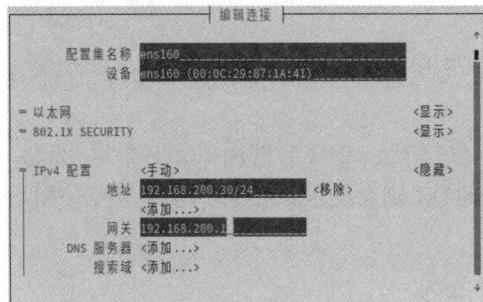

图 11-6 "编辑连接"界面　　　　　　　图 11-7 单击"确定"按钮

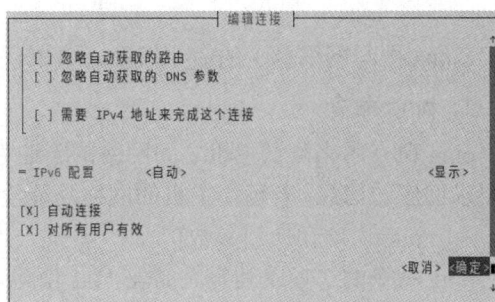

(4) 重新激活网络。

在网络管理器界面中，选择"启用连接"，将网卡 ens160 先停用再激活，相当于重启网络，如图 11-8 所示。

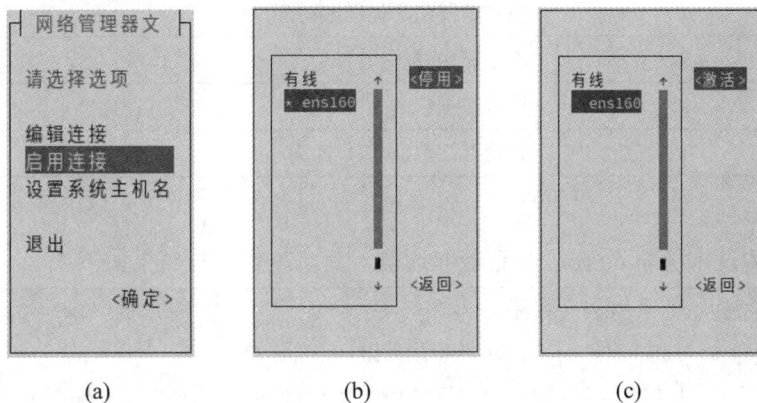

(a)　　　　　　　(b)　　　　　　　(c)

图 11-8 重新激活 ens160

(5) 查看网络状态。

执行"nmcli"命令，可以看到当前 ens160 网卡的 IP 地址为 192.168.200.30，网关为 192.168.200.1，如下：

```
[root@localhost ~]# nmcli
ens160：已连接 到 ens160
        "VMware VMXNET3"
        ethernet (vmxnet3), 00:0C:29:87:1A:41, 硬件, mtu 1500
        ip4 默认
        inet4 192.168.200.30/24
        route4 192.168.200.0/24 metric 100
        route4 default via 192.168.200.1 metric 100
        inet6 fe80::20c:29ff:fe87:1a41/64
        route6 fe80::/64 metric 1024
  ...
```

11.4 网络管理命令

Linux 中与网络相关的命令很多，本书仅介绍几个常见的网络管理命令。

1. ping 命令

ping 命令用来测试主机之间网络的连通性。执行 ping 指令会使用 ICMP 传输协议，发出要求回应的信息，若远端主机的网络功能没有问题，则会回应该信息。其命令格式如下：

    ping   [选项]   [参数]

ping 命令的选项及其含义如表 11-1 所示。

表 11-1   ping 命令的选项及其含义

选项名称	含　义
-c	要求回应的次数
-f	极限检测
-i	指定收发信息的间隔时间
-R	记录路由过程
-s	设置数据包的大小
-t	设置存活数值 TTL 的大小

❖ 命令示例

[例 1]　测试本机与 qq.com 是否能够通信，其实现代码与结果如下：

```
[root@localhost ~]# ping   qq.com                              //测试与网站的连通性
PING qq.com (183.3.226.35) 56(84) 比特的数据。
64 比特，来自 183.3.226.35 (183.3.226.35): icmp_seq=1 ttl=128 时间=34.9 毫秒
64 比特，来自 183.3.226.35 (183.3.226.35): icmp_seq=2 ttl=128 时间=35.0 毫秒
…
```

执行命令“ping   qq.com”，可以测试本机与 qq.com 是否通信。从结果中可以看到，本机与 qq.com 之间是可以正常通信的。不加选项时，ping 命令会一直执行下去，需要使用快捷键“Ctrl+C”终止命令。

[例 2]　测试本机与 www.baidu.com 是否能够通信，设置每隔一秒 ping 一次，一共 ping 三次。其实现代码与结果如下：

```
[root@localhost ~]# ping   -c  3  -i  1  www.baidu.com         //加入参数测试
PING www.a.shifen.com (112.80.248.76) 56(84) 比特的数据。
64 比特，来自 112.80.248.76 (112.80.248.76): icmp_seq=1 ttl=128 时间=6.70 毫秒
64 比特，来自 112.80.248.76 (112.80.248.76): icmp_seq=2 ttl=128 时间=8.51 毫秒
64 比特，来自 112.80.248.76 (112.80.248.76): icmp_seq=3 ttl=128 时间=7.75 毫秒
--- www.a.shifen.com ping 统计 ---
已发送 3 个包，已接收 3 个包，0% packet loss, time 2003ms
rtt min/avg/max/mdev = 6.697/7.653/8.509/0.743 ms
```

ping 命令在测试过程中可以增加一些选项，来实现测试控制。加上 -c 选项，用于设置测试的次数；加上 -i 选项，用于设置测试的时间间隔，单位为秒。执行命令"ping -c 3 -i 1 www.baidu.com"，可以测试本机与 www.baidu.com 是否能够通信，每隔一秒执行一次，一共执行三次测试，然后自动结束 ping 命令。

2. ifconfig 命令

ifconfig 命令用于显示或设置网络设备。其命令格式如下：

ifconfig [选项] [参数]

ifconfig 命令的选项及其含义如表 11-2 所示。

表 11-2 ifconfig 命令的选项及其含义

选项名称	含 义
IP 地址	指定网络设备的 IP 地址
网络设备	指定网络设备的名称
down	关闭指定的网络设备
up	启动指定的网络设备
io_addr <I/O 地址>	设置网络设备的 I/O 地址
media <网络媒介类型>	设置网络设备的媒介类型
netmask <子网掩码>	设置网络设备的子网掩码

❖ 命令示例

[例 3] 查看当前系统中的网络设备信息，其实现代码与结果如下：

```
[root@localhost ~]# ifconfig                                        //查询网络设备信息
ens160: flags=4163<UP,BROADCAST,RUNNING,MULTICAST>    mtu 1500
        inet 192.168.200.30    netmask 255.255.255.0    broadcast 192.168.200.255
        inet6 fe80::20c:29ff:fe87:1a41    prefixlen 64    scopeid 0x20<link>
        ether 00:0c:29:87:1a:41    txqueuelen 1000    (Ethernet)
lo: flags=73<UP,LOOPBACK,RUNNING>    mtu 65536
        inet 127.0.0.1    netmask 255.0.0.0
        inet6 ::1    prefixlen 128    scopeid 0x10<host>
        loop    txqueuelen 1000    (Local Loopback)
...
```

不加任何参数直接执行"ifconfig"命令，可以查看到当前系统中所有处于激活状态的网络设备信息。其中，ens160 是 CentOS Stream9 系统中默认的第一张网卡名称；lo 是 loopback 的缩写，表示主机的环回地址，Linux 系统默认会有一个名为 lo 的环回网络接口，对应的 IP 地址为 127.0.0.1。

[例 4] 将 ens160 网卡的 IP 地址设置为 192.168.200.202，其实现代码与结果如下：

```
[root@localhost ~]# ifconfig    ens160    192.168.200.202
[root@localhost ~]# ifconfig
```

```
ens160: flags=4163<UP,BROADCAST,RUNNING,MULTICAST>   mtu 1500
       inet 192.168.200.202   netmask 255.255.255.0   broadcast 192.168.200.255
       inet6 fe80::20c:29ff:fe87:1a41   prefixlen 64   scopeid 0x20<link>
       ether 00:0c:29:87:1a:41   txqueuelen 1000   (Ethernet)
    …
```

执行"ifconfig"命令,可以配置网卡的 IP 地址,并且立即生效。但是,当网卡重新激活后,该配置参数就失效了。

3. wget 命令

wget 命令用来从指定的 URL 下载文件。其命令格式如下:

　　wget 　[选项] 　[参数]

wget 命令的选项及其含义如表 11-3 所示。

表 11-3 　wget 命令的选项及其含义

选项名称	含　义
-A	指定要下载文件的后缀名
-b	后台下载
-i	从指定文件获取要下载的 URL 地址
-c	继续执行上次终端的任务
-r	递归下载方式
-O	把文档写到文件中
-nc	下载文件不覆盖原有文件

❖ 命令示例

[例 5] 　下载百度首页内容并保存到默认文件中,其实现代码与结果如下:

```
[root@localhost ~]# wget   http://www.baidu.com                         //下载网页内容
--2023-07-30 18:25:34--  http://www.baidu.com/
正在解析主机 www.baidu.com (www.baidu.com)... 112.80.248.75, 112.80.248.76
正在连接 www.baidu.com (www.baidu.com)|112.80.248.75|:80... 已连接。
已发出 HTTP 请求,正在等待回应... 200 OK
长度:2381 (2.3K) [text/html]
正在保存至: "index.html"

index.html        100%[===================>]  2.33K  --.-KB/s  用时 0 s

2023-07-30 18:25:34 (323 MB/s) - 已保存 "index.html" [2381/2381])
```

执行命令"wget 　http://www.baidu.com",用于下载百度主页的内容,默认保存在 index.html 文件中。

[例 6] 　下载百度首页内容并保存到 baidu.zip 文件中,其实现代码与结果如下:

```
[root@localhost ~]# wget  -O  baidu.zip  http://www.baidu.com
--2023-07-30 18:26:30--  http://www.baidu.com/
```

正在解析主机 www.baidu.com (www.baidu.com)... 112.80.248.75, 112.80.248.76

正在连接 www.baidu.com (www.baidu.com)|112.80.248.75|:80... 已连接。

已发出 HTTP 请求，正在等待回应... 200 OK

长度：2381 (2.3 K) [text/html]

正在保存至: "baidu.zip"

baidu.zip　　　　　100%[===================>]　2.33K　--.-KB/s　用时 0 s

2023-07-30 18:26:31 (441 MB/s) - 已保存 "baidu.zip" [2381/2381])

使用 wget 命令，加上 -O 选项，用于把文件下载到指定文件中。执行命令"wget　-O baidu.zip　http://www.baidu.com"，可以将百度首页内容保存到 baidu.zip 文件中。

11.5　软件包管理

软件包是指具有特定的功能、用来完成特定任务的一个程序或一组程序。软件包通常由一个配置文件和若干个组件构成。软件包管理是 Linux 操作系统管理的重要组成部分，软件包管理工具可以在系统中安装、升级、删除软件状态信息，不同的 Linux 发行版本提供的软件包管理工具有所不同。

1. 常用软件包管理工具

1) RPM

RPM 是 RedHat Package Manager(红帽软件包管理器)的缩写。RPM 工具所管理的软件包通常以 .rpm 作为扩展名，RHEL、CentOS、Fedora 等相关发行版本通常使用 RPM 软件包管理工具。

2) dpkg

dpkg 是 Debian Packager 的缩写，Debain、Ubuntu 等相关发行版本都使用 dpkg 工具，dpkg 工具所管理的软件包通常以 .deb 作为扩展名。

3) YUM

YUM 是 Yellow dog Updater Modified 的缩写，它是一个管理 RPM 软件包的前端工具，其基于 RPM 软件包进行管理，能够从指定服务器自动下载 RPM 软件包并进行安装，可以自动处理依赖关系，并一次安装所有需要的软件包。YUM 软件包管理器提供查询、安装、删除某一个或某一组软件包的命令，简单易懂。

4) DNF

从 CentOS 8 开始，CentOS 相关发行版本的软件包管理器是 DNF(Dandified Yum)，系统提供的 yum 命令仅为 dnf 命令的软链接。DNF 是基于 RPM 软件包的 Linux 发行版本的软件包管理器。下面介绍 DNF 软件包管理器的常用命令。

(1) 查看软件包的命令格式如下：

　　dnf　info　软件包名称

(2) 安装软件包的命令格式如下：

　　dnf　install　软件包名称

(3) 升级软件包的命令格式如下：

  dnf　update　软件包名称

(4) 搜索软件包的命令格式如下：

  dnf　search　软件包名称

(5) 删除软件包的命令格式如下：

  dnf　remove　软件包名称

(6) 列出所有仓库的命令格式如下：

  dnf　repolist　all

(7) 列出所有软件包的命令格式如下：

  dnf　list

(8) 清除缓存的命令格式如下：

  dnf　clean　all

2. 本地软件源配置

Centos Stream 9 将软件源分为两个仓库：BaseOS 和 AppStream。其中，BaseOS 仓库以传统 RPM 软件包的形式提供底层核心内容，是基础软件安装库；AppStream 仓库则包括额外的用户空间应用程序、运行时的语言和数据库。

配置本地软件源，便于安装其他软件，其步骤如下：

步骤一，挂载 ISO 镜像文件，其实现代码与结果如下：

```
[root@localhost ~]# mkdir   /mnt/cdrom
[root@localhost ~]# mount   /dev/cdrom   /mnt/cdrom
```

步骤二，将原有的软件源备份，并创建本地软件源配置文件，其实现代码与结果如下：

```
[root@localhost ~]# mv   /etc/yum.repos.d/*   /opt/
[root@localhost ~]# vim   /etc/yum.repos.d/local.repo
[BaseOS]
name=BaseOS
baseurl=file:///mnt/cdrom/BaseOS
gpgcheck=0
enabled=1
[AppStream]
name=AppStream
baseurl=file:///mnt/cdrom/AppStream
gpgcheck=0
enabled=1
```

步骤三，测试软件源，其实现代码与结果如下：

[root@localhost ~]# dnf repolist all		
仓库 id	仓库名称	状态
AppStream	AppStream	启用
BaseOS	BaseOS	启用

执行命令"dnf　repolist　all",可以列出当前系统中的所有仓库,并可以看到仓库的状态。

任务实施

任务 11 的实施过程如表 11-4 所示。

表 11-4　任务 11 的实施过程

操作步骤	操 作 过 程	操作说明
步骤一: 网络基本配置	[root@localhost ~]# nmcli　connection　edit　ens160 nmcli> goto ipv4 nmcli ipv4> remove addresses nmcli ipv4> remove gateway nmcli ipv4> remove dns nmcli> save nmcli> quit	修改网卡设置 删除地址配置 删除网关配置 删除 DNS 配置
	[root@localhost ~]# nmcli connection modify ens160 ipv4.method auto [root@localhost ~]# nmcli connection up ens160	设置动态 IP
步骤二: 网络测试	[root@localhost ~]# nmcli ens160:已连接到 ens160 　　　　"VMware VMXNET3" 　　　　ethernet (vmxnet3), 00:0C:29:EB:AF:CC, 硬件, mtu 1500 　　　　ip4 默认 　　　　inet4 192.168.200.132/24 　　　　route4 192.168.200.0/24 metric 100 　　　　route4 default via 192.168.200.2 metric 100 　　　　inet6 fe80::20c:29ff:feeb:afcc/64 　　　　route6 fe80::/64 metric 1024	
	[root@localhost ~]# ping　www.baidu.com PING www.a.shifen.com (112.80.248.76) 56(84) 比特的数据。 64 比特,来自 112.80.248.76 (112.80.248.76): icmp_seq=1 ttl=128 时间=14.5 毫秒 64 比特,来自 112.80.248.76 (112.80.248.76): icmp_seq=2 ttl=128 时间=14.6 毫秒 …	检查网络连通情况

任务拓展

将某高校服务器中 IP 地址获取方式设置为动态方式,采用 DHCP 协议。配置完成后,进行相关网络测试,确保能上网。

任务 12　防火墙配置

任务介绍

防火墙是公网与内网之间的保护屏障,在保护数据的安全性方面有着十分重要的作用。M 公司为了公司数据的安全,需要在公司的服务器中开启防火墙,仅允许 SSH 和 HTTPS 服务,并启用 SELinux 模式。

任务分析

要实现服务器的数据安全配置,可以按以下两个步骤进行操作:

步骤一,防火墙配置。

步骤二,SELinux 设置。

必备知识

完成本任务需要掌握的必备知识见 12.1～12.2 节。

12.1　防火墙服务简介

在操作系统中,防火墙是内网和外网之间的保护屏障,分为软件防火墙和硬件防火墙。在 Linux 系统中,有多种定义防火墙策略的防火墙管理工具,如 iptables、firewall-cmd、firewall-config 和 TCP-Wrapper 等。CentOS 7 以前的版本默认使用 iptables 进行管理防火墙规则,从 CentOS 7 系统开始,默认使用 firewalld 作为防火墙配置管理工具。

1. 终端管理工具

firewall-cmd 是 firewalld 防火墙配置管理工具的命令行界面,firewall-cmd 有很多命令选项,其常用选项及含义如表 12-1 所示。

表 12-1　firewall-cmd 常用选项及其含义

选项名称	含 义	选项名称	含 义
--state	查看防火墙状态	--add-service=服务名	开放某服务
--list-all	查看防火墙规则	--remove-service=服务名	移除某服务
--list-port	查看开放的端口	--add-masquerade	允许端口转发
--add-port=XX/tcp	开放 XX 端口	--add-forward-port	端口转发设置
--remove-port=XX/tcp	关闭 XX 端口	--reload	更新防火墙规则
--list-services	查看开放的服务		

注意：使用 firewalld 配置的防火墙策略默认为(Runtime)运行时模式，在系统重启后失效。如果想让配置的策略长期生效，就在使用 firewalld-cmd 命令时，添加--permanent 选项。

2. 防火墙配置示例

将本机 80 端口转发至 8080 端口，其实现代码与结果如下：

```
[root@localhost ~]# firewall-cmd    --add-port=80/tcp   --permanent          //开放 80 端口
[root@localhost ~]# firewall-cmd    --add-port=8080/tcp   --permanent        //开放 8080 端口
[root@localhost ~]# firewall-cmd    --reload                                 //更新防火墙规则
[root@localhost ~]# firewall-cmd    --add-masquerade                         //允许端口转发
[root@localhost ~]# firewall-cmd    --add-forward-port=port=80:proto=tcp:toport=8080
[root@localhost ~]# firewall-cmd    --list-all
public
    target: default
    icmp-block-inversion: no
    interfaces: ens160
    sources:
    services: cockpit dhcpv6-client ssh
    ports: 80/tcp 8080/tcp
    protocols:
    forward: yes
    masquerade: yes
    forward-ports: port=80:proto=tcp:toport=8080:toaddr=
    source-ports:
    icmp-blocks:
    rich rules:
```

首先开放本机的 80 和 8080 端口，并更新防火墙规则；再执行命令"firewall-cmd --add-masquerade"，允许进行端口转发，再设置端口转发规则；最后执行命令"firewall-cmd --list-all"，可以查看到当前的防火墙规则中，端口转发已经生效。端口转发可以在指定地址访问指定的端口时，将流量转发至指定地址的指定端口。如果不指定转发的目的IP的话，就默认为本机。

12.2 SELinux **简介**

SELinux 是 Security-Enhanced Linux 的缩写，是由美国国家安全局(NSA)针对计算机基础结构安全开发的一个全新的 Linux 安全策略机制。SELinux 作为内核型的加强性防火墙，它是通过对系统中的文件和资源添加标签，来提高安全性。传统的 Linux 系统中，默认的是对文件或目录的所有者、所属组和其他人的读、写和执行权限进行控制，这种控制方式称为自主访问控制方式；而在 SELinux 中，采用的是强制访问控制系统，通过在 SELinux

中设定的策略规则,可以判断进程是否可以访问文件或目录。

1. SELinux 的工作模式

SELinux 的工作模式一共有以下 3 种:

① enforcing (强制模式)。只要是违反策略的行动都会被禁止,并作为内核信息被记录。

② permissive (允许模式)。违反策略的行动不会被禁止,但是会提示警告信息。

③ disabled (禁用模式)。设置成 disabled 后,表示禁用 SELinux,访问一些网络应用时就不会出问题了。

2. 查看 SELinux 的工作模式

getenforce 命令用于查询当前 SELinux 的工作模式。其实现代码与结果如下:

```
[root@localhost ~]# getenforce                          //查看 SELinux 的工作模式
Enforcing
```

直接输入命令"getenforce",可以看到当前 SELinux 的工作模式为 enforcing。

3. 临时设置 SELinux 的工作模式

setenforce 命令主要用来临时设置 SELinux 的工作模式。0 表示允许模式(permissive),1 表示强制模式(enforcing)。设置 SELinux 的工作模式并查看,其实现代码与结果如下:

```
[root@localhost ~]# setenforce   0
[root@localhost ~]# getenforce
Permissive
[root@localhost ~]# setenforce   1
[root@localhost ~]# getenforce
Enforcing
```

4. 永久设置 SELinux 的工作模式

永久设置 SELinux 的工作模式可通过修改其文件/etc/sysconfig/selinux 来实现。例如,设置禁用 SELinux,其实现代码与结果如下:

```
[root@localhost ~]# vim   /etc/sysconfig/selinux          //打开 SELinux 配置文件
SELINUX=disabled                                         //设置 SELinux 的工作模式
…
[root@localhost ~]# getenforce                           //查看 SELinux 的工作模式
disabled
```

使用 Vim 编辑器打开 SELinux 配置文件,将其修改为"SELINUX = disabled",这里 disabled 表示禁用 SELinux。重启系统后生效,再使用"getenforce"命令,可以看到 SELinux 的工作模式已经修改为 disabled。

任务实施

任务 12 的实施过程如表 12-2 所示。

表 12-2 任务 12 的实施过程

操作步骤	操作过程	操作说明

步骤一：
防火墙配置
	[root@localhost ~]# firewall-cmd --get-default-zone
	public
	[root@localhost ~]# firewall-cmd --list-all
	public (active)
	  target: default
	  icmp-block-inversion: no
	  interfaces: ens160
	  sources:
	  services: **cockpit dhcpv6-client ssh**
		设置默认区域

	[root@localhost ~]# firewall-cmd --zone=public
	--add-service=https --permanent
	[root@localhost ~]# firewall-cmd --reload
	[root@localhost ~]# firewall-cmd --list-all
	public (active)
	  target: default
	  icmp-block-inversion: no
	  interfaces: ens160
	  sources:
	  services: **cockpit dhcpv6-client https ssh**
		设置 HTTPS 服务

步骤二： SELinux 设置	[root@localhost ~]# setenforce 1 [root@localhost ~]# vim /etc/sysconfig/selinux SELINUX=enforing …	启用强制安全策略模式

🚴 任务拓展

某高校为了学生数据的安全，要求在学校的服务器中开启防火墙，仅允许 SSH 服务，并启用强制 SELinux 模式。

思 政 案 例

"没有网络安全就没有国家安全，没有信息化就没有现代化。"习近平总书记的这一重要论断，将网络安全上升到了国家安全的层面。《中华人民共和国网络安全法》是为了保障网络安全，维护网络空间主权和国家安全、社会公共利益，保护公民、法人和其他组织的合法权益，促进经济社会信息化健康发展，制定的法律，对中国网络空间法治化建设具有重要意义。

项 目 六 习 题

一、选择题

1. IPv4 的地址为( )位。

A. 32
B. 64
C. 128
D. 256

2. 下列命令中，可以显示当前系统中网络设备的命令是( )。

A. ping
B. wget
C. ifconfig
D. yum

3. 在 Linux 系统中，软件源配置文件的后缀名是( )。

A. .repo
B. .rpm
C. .deb
D. .doc

4. 下列命令中，可以列出系统中所有软件包的命令是( )。

A. dnf info
B. dnf search
C. dnf repolist all
D. dnf list

5. 重启 firewalld 服务的命令是( )。

A. systemctl stop firewalld
B. systemctl disable firewalld
C. systemctl restart firewalld
D. systemctl enable firewalld

6. 设置 firewalld 服务开机启动的命令是( )。

A. yum install firewalld
B. dnf install firewalld
C. systemctl restart firewalld
D. systemctl enable firewalld

二、判断题

1. ping 命令用来测试主机之间网络的连通性。 ( )
2. wget 命令用来查询网络路径。 ( )
3. ifconfig 命令用于显示或设置网络设备。 ( )
4. 使用 "nmcli" 和 "nmcli show" 命令都可以显示所有连接。 ( )
5. 一个网络接口可以有多个连接配置，但只有一个连接配置生效。 ( )
6. Linux 系统中，为了便于服务的使用，建议将 SELinux 禁用。 ( )

三、简答题

1. 简述防火墙区域(zone)。
2. 简述 SELinux 三种工作模式。

项目七　服务器配置与管理

Linux 是一个开源的操作系统，拥有丰富的网络服务程序，其中比较重要的网络服务包括文件共享、DHCP 服务、DNS 服务、Web 服务、FTP 服务、数据库服务等。这些服务程序用于管理网络通信和存储，为用户提供基于网络的各种服务。

◇ 知识目标

1. 了解 Linux 操作系统中网络服务的基本特性。
2. 掌握常用网络服务的功能及常见网络服务器的配置方法。

◇ 能力目标

1. 根据企事业单位要求，完成网络服务器的设计与安装。
2. 根据企事业单位要求，完成网络服务器的配置与管理。

◇ 素养目标

1. 培养学生的家国情怀和科学精神。
2. 培养学生分析问题和解决问题的能力。
3. 培养学生专注精神和创新精神。

任务 13　Samba 服务器配置与管理

任务介绍

M 公司因工作需要，将销售部的资料存放在 Samba 服务器的/company/xs 目录中，方便销售部人员浏览，并且该目录只允许销售部员工访问，Samba 服务端和客户端的节点规划如表 13-1 所示。

表 13-1　节 点 规 划

节　点	IP 地址
Samba 服务端(Linux 系统)	192.168.200.100
Linux 客户端	192.168.200.110
Window 客户端	192.168.200.120

任务分析

要实现该企业 Samba 服务器的配置，可以分为以下 5 个步骤：

步骤一，Samba 服务的安装。

步骤二，建立共享目录。

步骤三，添加用户和用户组。

步骤四，修改主配置文件。

步骤五，客户端验证。

必备知识

完成本任务需要掌握的必备知识见 13.1～13.4 节。

13.1　Samba 服务概述

Samba 最初于 1991 年由澳大利亚 Andrew Tridgwell 研发，是一种基于 GPL(General Public License，通用公共许可证)发行的自由软件，主要用来在不同的操作系统之间提供文件和打印机共享服务。Samba 是 SMB(Server Message Block，服务信息块)协议的一种实现方法。

1. SMB/CIFS 协议

Samba 之所以能够工作，是因为它模仿的是 Windows 内核的文件和打印共享协议，该协议称之为 SMB，是一种在局域网上共享文件和打印机的一种通信协议，它为局域网内的不同操作系统的计算机之间提供文件及打印机等资源的共享服务。SMB 在 Windows 出现之前就已经存在了，该协议可以追溯到 20 世纪的 80 年代，它是由英特尔、微软、IBM、施乐以及 3com 等公司联合提出的。

1996 年，在加入了许多新功能之后，SMB 更名为 CIFS(Common Internet File System，通用网络文件系统)，CIFS 是公共的或开放的 SMB 协议版本，并由 Microsoft 使用。

2. Samba 的主要功能

Samba 主要具有以下 4 项功能。

(1) **文件和打印机共享**。文件和打印机共享是 Samba 的主要功能，通过 SMB 进程实现资源共享，将文件和打印机发布到网络中，供用户访问。

(2) **身份验证和权限设置**。smbd 服务支持 user mode(用户模式)和 domain mode(域控制器模式)等身份验证和权限设置模式，通过加密方式可以保护共享的文件和打印机。

(3) **名称解析**。Samba 通过 nmbd 服务可以搭建 NBNS(NetBIOS Name Service，NetBIOS 的命名服务)服务器，提供名称解析，将计算机的 NetBIOS 名称解析为 IP 地址。

(4) **浏览服务**。局域网中，Samba 服务器可以成为本地主浏览服务器，保存可用资源列表，当使用客户端访问 Windows 网上邻居时，会提供浏览列表，显示共享目录、打印机等资源。

3. Samba 服务的工作原理

Samba 服务功能强大，这与其通信基于 SMB 协议有关。SMB 不仅提供目录和打印机共享，还支持认证、权限设置。在早期，SMB 运行于 NBT(NetBIOS over TCP/IP)协议上，使用 UDP(User Datagram Protocol，用户数据报协议)的 137、138 端口及 TCP(Transmission Control Protocol，传输控制协议)的 139 端口，后来 SMB 经过开发，可以直接运行于 TCP/IP (因特网互联协议)上，没有额外的 NBT 层，使用 TCP 的 445 端口。

当客户端访问服务器时，信息通过 SMB 协议进行传输，其工作过程分为以下 4 个步骤：

步骤一，协议协商。

客户端在访问 Samba 服务器时，会发送 negprot 指令数据包，告知目标计算机其支持的 SMB 类型。Samba 服务器将根据客户端的情况，选择最优的 SMB 类型，并作出回应。协议协商过程如图 13-1 所示。

图 13-1　协议协商示意图

步骤二，建立连接。

当 SMB 类型确认后，客户端会发送 session setup 指令数据包，并提交账号和密码，请求与 Samba 服务器建立连接，如果客户端通过身份验证，那么 Samba 服务器会对 session setup 报文作出回应，并为用户分配唯一的 UID，在客户端与其通信时使用。建立连接过程如图 13-2 所示。

图 13-2　建立连接示意图

步骤三，访问共享资源。

客户端访问 Samba 共享资源时，会发送 tree connect 指令数据包，通知服务器需要访问的共享资源名，如果设置允许，那么 Samba 服务器会为每个客户端与共享资源的连接分配 TID，客户端即可访问需要的共享资源。访问共享资源过程如图 13-3 所示。

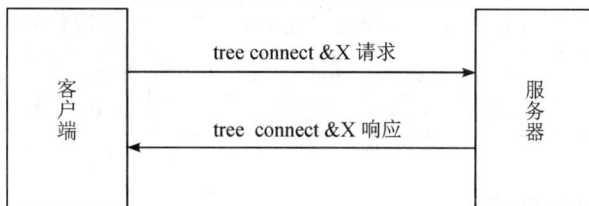

图 13-3　访问共享资源示意图

步骤四，断开连接。

共享使用完毕后，客户端会向服务器发送报文关闭共享，与服务器断开连接。断开连接过程如图 13-4 所示。

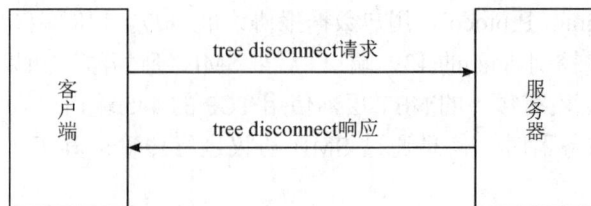

图 13-4 断开连接示意图

4. Samba 的守护进程

Samba 服务有两个主要的守护进程，分别为 smbd 和 nmbd，它们的功能如下：

(1) smbd 用来管理 Samba 服务器上的共享目录、打印机等，主要是针对网络上的共享资源进行管理的服务。当要访问服务器时，要查找共享文件，这时就要 smbd 这个进程来管理数据传输(通过 IP 进行访问)，其监听 TCP139 端口和 445 端口。

(2) nmbd 用于进行 NetBIOS 名称解析(通过主机名进行访问)，并提供浏览服务显示网络上的共享资源列表，其监听 UDP137 端口和 138 端口。

注意：现在一般都是使用 smbd 来访问 Samba 服务，nmbd 服务可以不用启动。

13.2 Samba 服务的安装与启动

Samba 服务的安装与启动步骤如下：

(1) 配置本地软件源(见 11.5 节相关内容)。

(2) 使用 dnf 命令安装 Samba 服务，其实现代码与结果如下：

```
[root@localhost ~]# dnf  clean  all                              //清除缓存
[root@localhost ~]# dnf  install  samba  -y
```

(3) 设置防火墙放行 Samba 服务，并设置 SELinux 模式，其实现代码与结果如下：

```
[root@localhost ~]# firewall-cmd  --permanent  --add-service=samba   //放行 Samba 服务
[root@localhost ~]# firewall-cmd  --reload                       //重新加载防火墙
[root@localhost ~]# systemctl  enable  firewalld                //设置防火墙开机启动
[root@localhost ~]# setenforce  0                               //设置 SELinux 模式
```

使用 "firewall-cmd --permanent --add-service = samba" 命令，放行 Samba 服务；执行命令 "setenforce 0"，将 SELinux 模式设置为 permissive。

(4) 设置 Samba 服务开机启动，并重启 Samba 服务，其实现代码与结果如下：

```
[root@localhost ~]# systemctl  enable  smb        //设置 Samba 服务开机启动
[root@localhost ~]# systemctl  restart  smb       //重启 Samba 服务
```

13.3 Samba 的配置文件

Samba 的配置文件存放在/etc/samba 目录中，其中 smb.conf 是 Samba 服务的主配置文件，lmhosts 文件用来设定 Samba 服务的域名，smb.conf.example 文件则为使用者提供一个例子配置文件。接下来重点介绍 smb.conf 文件。

1. smb.conf 文件概念

Samba 服务的主配置文件名为 smb.conf，文件中记录着大量的规则和共享信息，是 Samba 服务非常重要的核心配置文件，完成 Samba 服务器搭建的大部分主要配置都在该文件中。

2. 配置参数

smb.conf 文件的配置参数如下：

```
[global]                                //全局配置
        workgroup = SAMBA               //设定 Samba Server 所要加入的工作组或者域
        security = user                 //设置用户访问 Samba Server 的验证方式
        passdb backend = tdbsam         //指定数据库文件引擎
        printing = cups                 //使用 CUPS 服务进行打印，打印相关配置
        printcap name = cups
        load printers = yes
        cups options = raw
[homes]                                 //用户宿主目录配置
        comment = Home Directories      //共享描述
        valid users = %S, %D%w%S        //允许访问该共享的用户
        browseable = No                 //共享是否可被查看
        read only = No                  //是否只读
        inherit acls = Yes              //支持 ACL 权限
[printers]                              //打印相关配置
        comment = All Printers          //打印共享描述
        path = /var/tmp                 //打印路径
        printable = Yes                 //是否可打印
        create mask = 0600              //创建时文件权限
        browseable = No                 //是否可以被浏览
[print$]                                //打印机共享参数
        comment = Printer Drivers
        path = /var/lib/samba/drivers
        write list = @printadmin root
        force group = @printadmin
        create mask = 0664
        directory mask = 0775
```

3. Samba 用户认证模式

在[global]全局配置中，security 字段用来设置用户访问 Samba 服务器的验证方式，一共有以下 5 种验证方式。

(1) share。用户访问 Samba Server 不需要提供用户名和口令，安全性能较低。(此方式在目前版本中已被废弃)

(2) user。Samba Server 共享目录只能被授权的用户访问，由 Samba Server 负责检查账号和密码的正确性。账号和密码要在本 Samba Server 中建立。

(3) server。此方式依靠其他 Windows NT/2000 或 Samba Server 来验证用户的账号和密码，是一种代理验证。此种安全模式下，系统管理员可以把所有的 Windows 用户和口令集中到一个 NT 系统上，使用 Windows NT 进行 Samba 认证，远程服务器可以自动认证全部用户和口令，如果认证失败，那么 Samba 将使用用户级安全模式作为替代的方式。

(4) domain。域安全级别，使用主域控制器(PDC)来完成认证。

(5) ADS。将身份验证交由域控制器负责。

4. Share Definitions 共享服务定义

当发布共享资源时，需要对 Share Definitions 进行配置。Share Definitions 字段非常丰富，设置灵活。下面介绍最常用的几个字段。

(1) **设置共享名**。共享资源发布后，必须为每个共享目录或打印机设置不同的共享名，给网络用户访问时使用，并且共享名可以与原目录不同。

共享名的设置格式如下：

　[共享名]

(2) **共享资源描述**。网络中存在各种共享资源，为了方便用户识别，可以为其添加备注信息，以方便用户查看时知道共享资源的内容。

共享资源描述的格式如下：

　　comment = 备注信息

(3) **共享路径**。共享资源的原始完整路径，可以使用 path 字段进行发布，务必正确指定。

指定共享路径的格式如下：

　　path = 绝对地址路径

(4) **设置匿名访问**。设置是否允许对共享资源进行匿名访问，可以使用 public 字段进行设置。

设置匿名访问的格式如下：

　public = yes　　　　//允许匿名访问

　public = no　　　　//禁止匿名访问

(5) **设置访问用户**。共享资源存在重要的数据时，可以筛选访问用户，使用 valid users 字段进行设置。

设置访问用户的格式如下：

　valid users = 用户名

　valid users = @组名

(6) **设置目录只读。**如果想限制用户在共享目录中的读写操作，可以使用 readonly 字段来实现。

设置目录读写的格式如下：

readonly = yes   //只读

readonly = no   //读写

(7) **设置目录可写。**如果共享目录允许用户写操作，可以使用 writable 或 write list 字段来实现。

设置目录读写的格式如下：

writable = yes   //读写

writable = no   //只读

write list = 用户名

write list = @组名

(8) **访问控制。**Samba 的访问控制可通过 hosts allow(配置允许访问的客户端)或 hosts deny(配置拒绝访问的客户端)参数来实现。

设置访问控制的格式如下：

hosts allow = 192.168.200.10   //只允许 IP 地址为 192.168.200.10 的客户端访问

hosts allow = 192.168.200.   //允许 192.168.200/24 所有客户端访问

hosts deny = 192.168.200.10   //不允许 IP 地址为 192.168.200.10 的客户端访问

hosts deny = 192.168.200.   //不允许 192.168.200/24 所有客户端访问

13.4　Samba 服务器配置与客户端访问 Samba 共享

1. Samba 服务器配置

在 Centos Stream9 系统中，Samba 服务默认使用的是用户口令认证模式(user)。Samba 服务器的节点规划如表 13-2 所示，完成服务器 IP 地址设置及主机名设置。

表 13-2　Samba 服务器节点规划

节　点	IP 地址	主机名
Samba 服务端(Linux 系统)	192.168.200.10	smb-server

设置 Samba 服务器，共享目录 /share，共享名设置为 public，具体步骤如下：

步骤一，创建共享目录和文件。

创建共享目录为 /share，并在共享目录下创建测试文件 /share/testfile，并设置共享目录的权限。其实现代码与结果如下：

```
[root@smb-server ~]# mkdir   /share
[root@smb-server ~]# touch   /share/testfile
[root@smb-server ~]# echo   This is testfile > /share/testfile
[root@smb-server ~]# chmod   777   -R   /share
```

步骤二，修改主配置文件。

在 Samba 服务配置文件 smb.conf 中，增加一段代码，其实现代码与结果如下：

```
[root@smb-server ~]# vim    /etc/samba/smb.conf
[public]                                              //共享名
        comment = public                             //共享资源描述
        path = /share                                //共享资源的绝对路径
        browseable = yes                             //允许浏览
        public = yes                                 //允许匿名访问
        read only = no                               //设置目录读写
```

步骤三，创建 Samba 用户。

Samba 用户必须是系统存在的用户，首先创建一个用户 user1，其实现代码与结果如下：

```
[root@smb-server ~]# useradd    user1
[root@smb-server ~]# passwd    user1
[root@smb-server ~]# smbpasswd  -a   user1
New SMB password:
Retype new SMB password:
Added user user1.
```

步骤四，重新加载 Samba 服务。

修改了 Samba 相关配置后，必须要重新加载 Samba 服务，其实现代码与结果如下：

```
[root@smb-server ~]# systemctl    restart    smb
```

2. 客户端访问 Samba 共享

Samba 服务器配置完成后，使用客户端就可以访问其共享的资源。客户端节点规划如表 13-3 所示。

表 13-3　客户端节点规划

节　点	IP 地址	主机名
Linux 客户端	192.168.200.20	smb-client
Windows 客户端	192.168.200.30	

1) Linux 客户端访问 Samba 共享

通过 Linux 客户端访问 Samba 共享资源的方法如下：

(1) 在 Samba 客户端中安装软件包。

完成配置本地软件源(见 11.5 节相关内容)。在 Samba 客户端中安装 samba-client 和 cifs-utils 软件包，实现代码与结果如下：

```
[root@smb-client ~]# dnf    clean    all
[root@smb-client ~]# dnf    install    samba-client  cifs-utils   -y
```

(2) 通过 smbclient 命令访问 Samba 共享资源。

Samba 提供了一个类似 FTP 客户程序的 Samba 客户程序 smbclient(客户端需要安装 samba-client 软件包)，用以访问 Windows 共享或 Linux 提供的 Samba 共享。

smbclient 命令的常用格式如下：

smbclient　-L 目标 IP 地址或主机名　-U　登录用户名%密码

smbclient　-L 目标 IP 地址或主机名

注意：匿名访问时，直接按回车键即可。

当访问 Windows 共享时，-U 参数后的用户名指所访问的 Windows 计算机中的用户账号；当访问 Linux 提供的 Samba 共享时，-U 参数后的用户名指所访问的 Linux 计算机中的 Samba 用户账户。

[例 1]　使用 smbclient 命令，查看 Samba 服务器的共享目录列表，其实现代码与结果如下：

```
[root@smb-client ~]# smbclient  -L  192.168.200.10  -U  user1%000000
        Sharename        Type        Comment
        ---------        ----        -------
        print$           Disk        Printer Drivers
        public           Disk        public
        IPC$             IPC         IPC Service (Samba 4.17.5)
        user1            Disk        Home Directories
```

执行命令"smbclient -L 192.168.200.10 -U user1%000000"，可以查看目标主机的共享目录列表。

[例 2]　使用 smbclient 命令，浏览 Samba 服务器的共享资源，其实现代码与结果如下：

```
[root@smb-client ~]# smbclient  //192.168.200.10/public  -U  user1%000000
Try "help" to get a list of possible commands.
smb: \> ls
  .                          D        0    Wed Jul 26 13:27:35 2023
  ..                         D        0    Wed Jul 26 13:27:27 2023
  testfile                   N       17    Wed Jul 26 13:29:21 2023
```

执行命令"smbclient //192.168.200.10/public -U user1%000000"，可以进入交互命令界面。

(3) 通过 mount 命令访问 Samaba 共享资源。

在 Linux 下使用共享资源的另一种方法是使用远程挂载将共享挂载到本地，类似于在 Windows 环境下映射网络驱动器。通过远程挂载方法访问共享使用的是 mount 命令(客户端需要安装 cifs-utils 软件包)。其命令的格式如下：

mount　-t　cifs　//目标 IP 地址或主机名/共享目录名称 挂载点 -o　username=用户名

[例 3]　将 Samba 服务器的共享目录挂载到客户端的/mnt/JSEI 目录中，其实现代码与结果如下：

```
[root@smb-client ~]# mkdir   /mnt/JSEI
[root@smb-client ~]# mount  -t  cifs  //192.168.200.10/public   /mnt/JSEI   -o username=user1
Password for user1@//192.168.200.10/public:  ******
[root@smb-client ~]# df   -h
文件系统                容量     已用    可用    已用%   挂载点
```

devtmpfs	4.0M	0	4.0M	0%	/dev
tmpfs	874M	0	874M	0%	/dev/shm
tmpfs	350M	7.2M	343M	3%	/run
/dev/mapper/cs-root	17G	4.5G	13G	27%	/
/dev/sda1	960M	303M	658M	32%	/boot
tmpfs	175M	104K	175M	1%	/run/user/0
/dev/sr0	9.1G	9.1G	0	100%	/mnt/cdrom
//192.168.200.10/public	17G	5.1G	12G	30%	/mnt/JSEI

在 Linux 客户端创建挂载目录，执行"mount"命令进行挂载，最后可使用"df　-h"命令查看是否挂载成功。

2) Windows 客户端访问 Samba 共享

通过 Windows 客户端访问 Samba 共享的步骤如下：

(1) 按"Win+R"键，输入 Samba 服务器的 IP 地址，如图 13-5 所示。

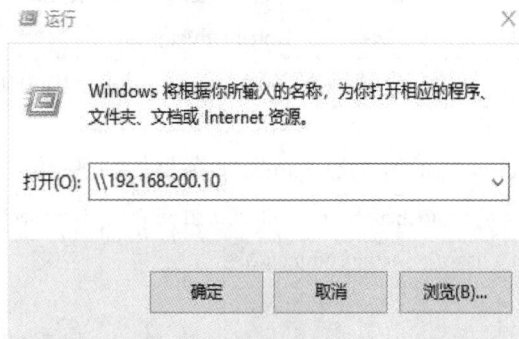

图 13-5　运行对话框

(2) 单击"确定"按钮后，打开"Windows 安全中心"对话框，输入 Samba 用户名及其密码，如图 13-6 所示。再次单击"确定"按钮登录后，可以看到共享目录 public，如图 13-7 所示。然后双击进入共享目录，可查看共享目录中的内容。

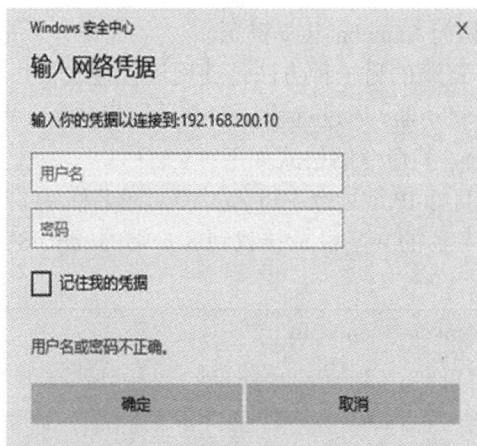

图 13-6　"Windows 安全中心"对话框

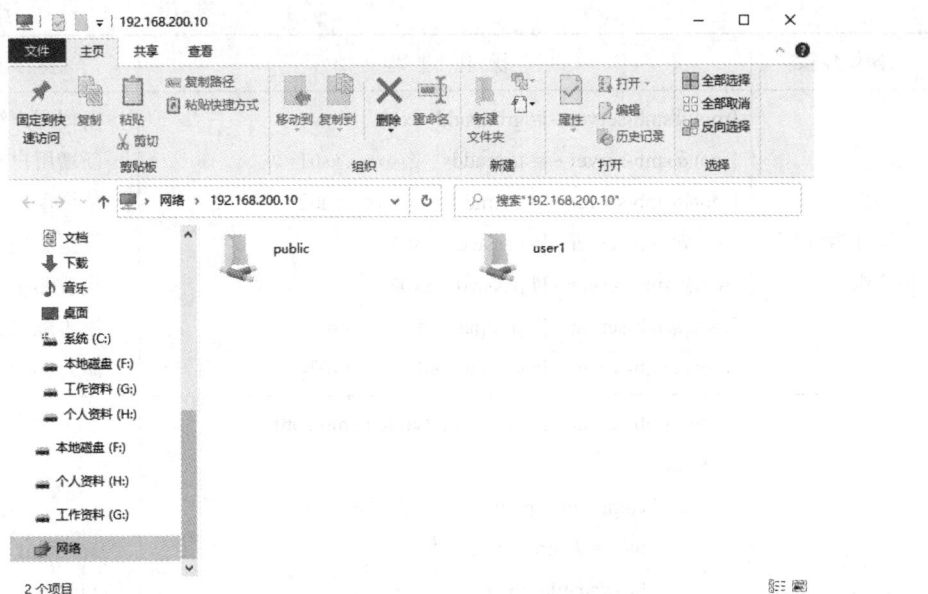

图 13-7　Samba 共享目录界面

任务实施

任务 13 的实施过程如表 13-4 所示。

表 13-4　任务 13 的实施过程

操作步骤	操 作 过 程	操作说明
步骤一： Samba 服务的 安装	[root@localhost ~]# hostnamectl set-hostname smb-server [root@smb-server ~]# mkdir /mnt/cdrom [root@smb-server ~]# mount /dev/cdrom /mnt/cdrom [root@smb-server ~]# mv /etc/yum.repos.d/* /opt/ [root@smb-server ~]# vim /etc/yum.repos.d/local.repo [root@smb-server ~]# dnf clean all	修改主机名 创建挂载目录 将光盘文件挂载 备份原有软件源 制作本地软件源
	[root@smb-server ~]# dnf install samba -y [root@smb-server ~]# firewall-cmd --add-service=samba [root@smb-server ~]# firewall-cmd --reload	安装 Samba 服务 放行 Samba 服务
	[root@smb-server ~]# setenforce 0 [root@smb-server ~]# systemctl restart smb	设置 SELinux 模式 重启 Samba 服务
步骤二： 建立共享目录	[root@smb-server ~]# mkdir -p /company/xs [root@smb-server ~]# touch /company/xs/testfile [root@smb-server ~]# chmod 777 -R /company/xs	创建目录 创建文件 设置共享目录权限

续表

操作步骤	操 作 过 程	操作说明
步骤三： 添加用户和用户组	[root@smb-server ~]# groupadd　xs [root@smb-server ~]# useradd　-g　xs　xs01 [root@smb-server ~]# useradd　-g　xs　xs02 [root@smb-server ~]# passwd　xs01 [root@smb-server ~]# passwd　xs02 [root@smb-server ~]# smbpasswd　-a　xs01 [root@smb-server ~]# smbpasswd　-a　xs02	新增用户组 xs 新增用户 xs01 新增用户 xs02 设置 xs01 密码 设置 xs02 密码 添加 Samba 账号 xs01 添加 Samba 账号 xs02
步骤四： 修改主配置文件	[root@smb-server ~]# vim　/etc/samba/smb.conf [public] 　　　　comment = public 　　　　path = /company/xs 　　　　browseable = yes 　　　　public = yes 　　　　read only = no 　　　　valid users = @xs	smb.conf 文件中增加 public 字段
	[root@smb-server ~]# systemctl　restart　smb	重启 Samba 服务
步骤五： 客户端验证	(1) window 客户端 　　按"Win+R"键，输入 Samba 服务器的 IP 地址，再输入 Samba 用户名及其密码 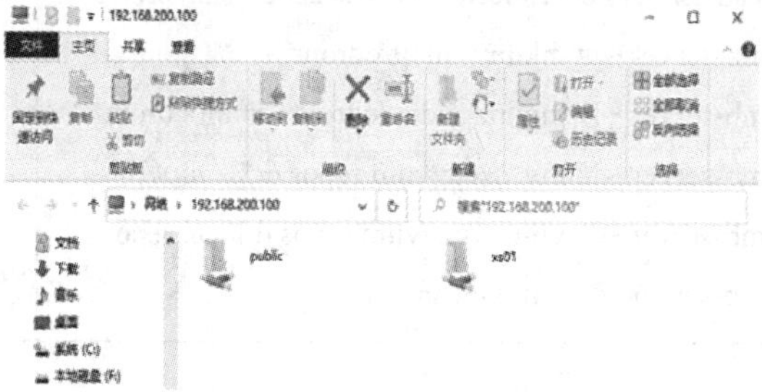 	服务器 IP： 192.168.200.100 　　Samba 用户名：xs01 或 xs02 　　登录后可以看到如图所示的共享目录 public
	(2) Linux 客户端 　[root@smb-client ~]# smbclient　-L 192.168.200.100/public -U　xs01%000000 　　　　Sharename　　Type　　　Comment 　　　　---------　　----　　　------- 　　　　print$　　　　Disk　　　Printer Drivers 　　　　public　　　　Disk　　　public 　　　　IPC$　　　　IPC　　　IPC Service (Samba 4.17.5) 　　　　xs01　　　　Disk　　　Home Directories	Linux 客户端要完成 IP 地址和主机名设置以及 samba-client 和 cifs-utils 的安装

🚴 任务拓展

某学校为了更好地管理各部门数据，促进各部门间的信息共享，需要建立一个小型的数据中心服务器，数据中心服务器安装 Linux 操作系统(IP 地址为 192.168.200.50)，并在服务器上部署 Samba 服务，具体要求如下：

(1) 修改工作组为 WORKGROUP。

(2) 共享名为 sharedata，共享目录为/data/sharedata。

(3) 允许 192.168.200.0 网络的主机访问共享目录。

(4) jsei 用户对共享目录有读、写、执行权限。

任务 14　NFS 服务器配置与管理

📋 任务介绍

M 公司因工作需要，将部分资料存放在 NFS 服务器的/company/public 和/company/works 目录中。其中，/company/works 目录仅允许 192.168.200.110 客户端访问，并有读写权限；/company/public 目录允许 192.168.200.0/24 中所有客户端访问，该目录只有读权限。NFS 服务器和客户端节点规划如表 14-1 所示。

表 14-1　节　点　规　划

节　点	IP 地址	主机名
NFS 服务端	192.168.200.100	nfs-server
Linux 客户端 1	192.168.200.110	nfs-client1
Linux 客户端 2	192.168.200.120	nfs-client2
…	…	…

✍ 任务分析

要实现该企业 NFS 服务器的配置，可以分为以下 4 个步骤：

步骤一，NFS 服务的安装。

步骤二，建立共享目录。

步骤三，修改配置文件。

步骤四，客户端验证。

必备知识

完成本任务需要掌握的必备知识见 14.1～14.4 节。

14.1 NFS 服务概述

1. NFS 的概念

NFS(Network File System)即网络文件系统,是一种用于分散式文件系统的协议,由 SUN 公司开发,于 1984 年向外公布。NFS 支持在不同的文件系统之间共享文件,用户不必担心计算机的型号以及使用的操作系统的不同。如果想使用远程计算机上的文件,只要用 mount 命令将远程的目录挂载在本地文件系统下,就可以如同使用本地文件一样使用这个资源。与 Samba 相比较,NFS 的数据吞吐能力更强。

2. NFS 的版本

目前 NFS 有 3 个版本,分别为 NFSv2、NFSv3 和 tFSv4。

1) NFSv2

NFSv2 是第一个以 RFC 形式发布的版本,实现了基本的功能。

2) NFSv3

NFSv3 是 1995 年发布的,NFSv3 修正了 NFSv2 中的一些 bug。两者的区别如下:

(1) NFSv2 对每次读写操作中传输数据的最大长度进行了限制,上限值为 8192 字节,而 NFSv3 取消了这个限制。

(2) NFSv2 对文件名称长度进行了限制,上限值为 255 字节,而 NFSv3 取消了这个限制。

(3) NFSv2 对文件长度进行了限制,上限值为 0x7FFFFFFF,而 NFSv3 取消了这个限制。

(4) NFSv2 中文件句柄长度固定为 32 字节,而 NFSv3 中文件句柄长度可变,上限值是 64 字节。

(5) NFSv2 只支持同步写,如果客户端向服务器端写入数据,服务器则必须将数据写入磁盘中才能发送应答消息。而 NFSv3 支持异步写操作,服务器只需要将数据写入缓存中就可以发送应答信息了。NFSv3 还增加了 COMMIT 请求,COMMIT 请求可以将服务器缓存中的数据刷新到磁盘中。

(6) NFSv3 还增加了 ACCESS 请求,ACCESS 可用来检查用户的访问权限。因为服务器端可能进行 UID 映射,所以客户端的 UID 和 GID 不能正确反映用户的访问权限。而 NFSv2 的处理方法是不管访问权限,直接返回请求,如果没有访问权限就出错。

(7) 调整了某些请求参数和返回信息。

3) NFSv4

与 NFSv3 相比,NFSv4 最大的变化是有状态了。NFSv2 和 NFSv3 都是无状态协议,服务器端不需要维护客户端的状态信息。无状态协议的一个优点在于灾难恢复,即当服务器出现问题后,客户端只需要重复发送失败请求,直到收到服务器的响应信息。但是某些操作必须需要状态，如文件锁。如果客户端申请了文件锁，在服务器重启后，由于 NFSv3 无状态，客户端再执行锁操作可能就会出错。NFSv3 需要 NLM(Network Lock Manager，网络锁管理协议)协助才能实现文件锁功能，但是有的时候两者配合不够协调。而 NFSv4 被设计成了一种有状态的协议，自身实现了文件锁功能，就不需要 NLM 协议了。NFSv4 和 NFSv3 的区别如下：

(1) NFSv4 被设计成了一种有状态的协议，自身实现了文件锁功能和获取文件系统根节点功能。

(2) NFSv4 增加了安全性，支持 RPCSEC-GSS(远程过程调用协议)身份认证。

(3) NFSv4 只提供了两个请求，分别为 NULL 和 COMPOUND。所有的操作都整合进了 COMPOUND 中，客户端可以根据实际请求将多个操作封装到一个 COMPOUND 请求中，增加了灵活性。

(4) NFSv4 文件系统的命令空间发生了变化，服务器端必须设置一个根文件系统(fsid=0)，其他文件系统通过挂载在根文件系统上进行导出。

(5) NFSv4 中引入了一种保持文件缓存一致性的机制，即 delegation。由于多个客户端可以挂载同一个文件系统，为了保持文件的同步性，NFSv3 中客户端需要经常向服务器发起请求，请求文件属性信息，以此判断其他客户端是否修改了文件。

(6) NFSv4 修改了文件属性的表示方法。

3. NFS 的守护进程

Linux 系统中 NFS 服务的守护进程共有六个，分别为 mountd、nfsd、rpcbind、locked、stated、quotad，其中 mountd、nfsd、rpcbind 三个守护进程是必须的。

(1) mountd。它是 RPC(Remote Procedure Call Protocol，远程过程调用协议)安装守护进程，其主要功能是管理 NFS 的文件系统。当客户端顺利通过 nfsd 登录 NFS 服务器后，在使用 NFS 服务所提供的文件前，还必须通过文件使用权限的验证。它会读取 NFS 的配置文件/etc/exports 来与客户端的权限进行对比。

(2) nfsd。它是基本的 NFS 守护进程，其主要功能是判断客户端是否能够登录服务器。

(3) rpcbind。它的主要功能是进行端口映射。当客户端尝试连接并使用 RPC 服务器提供的服务(如 NFS 服务)时，portmap(端口映射)会将所管理的与服务对应的端口提供给客户端，从而使客户可以通过该端口向服务器请求服务。

4. NFS 服务的工作原理

NFS 支持的功能相当多，而不同的功能都会通过使用不同的程序来启动，每启动一个功能就会启用一些端口来传输数据，因此 NFS 的功能对应的端口并不固定。客户端要知道 NFS 服务器端的相关端口才能建立连接并进行数据传输，而 RPC 就是用来统一管理 NFS 端口的服务，并且统一对外的端口是 111，同时会记录 NFS 端口的信息，如此我们就能够通过 RPC 实现服务端和客户端沟通端口信息。

常规的 NFS 服务工作流程如图 14-1 所示。

由图 14-1 可知，NFS 服务的工作流程主要分为以下 5 个步骤：

(1) NFS 启动时，会自动选择工作端口小于 1024 的端口，并向工作在 111 端口的 RPC

汇报，RPC 将使用的工作端口号记录在案。

(2) 客户端需要 NFS 提供服务时，会向 111 端口的 RPC 查询 NFS 的工作端口。

(3) RPC 响应客户端，告知 NFS 的工作端口。

(4) 客户端直接访问 NFS 服务器的工作端口，请求服务。

(5) NFS 服务经过权限认证，允许客户端访问自己的数据。

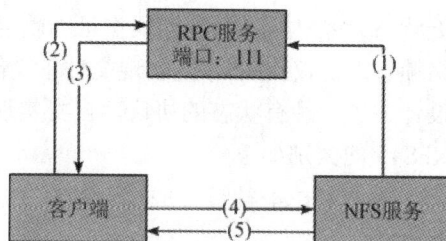

图 14-1　NFS 工作流程示意图

14.2　NFS 服务的安装与启动

NFS 服务的安装与启动的步骤如下：

(1) 配置本地软件源(见 11.5 节相关内容)。

(2) 使用 dnf 命令安装 NFS 服务，其实现代码与结果如下：

```
[root@localhost ~]# dnf  clean  all
[root@localhost ~]# dnf  install  rpcbind  nfs-utils  -y
```

(3) 设置防火墙放行 NFS 服务，并设置 SELinux 模式，其实现代码与结果如下：

```
[root@localhost ~]# firewall-cmd  --permanent  --add-service=mountd
[root@localhost ~]# firewall-cmd  --permanent  --add-service=rpc-bind
[root@localhost ~]# firewall-cmd  --permanent  --add-service=nfs
[root@localhost ~]# firewall-cmd  --reload
[root@localhost ~]# systemctl  enable  firewalld              //设置防火墙开机启动
[root@localhost ~]# setenforce  0                             //设置 SELinux 模式
```

使用 firewall-cmd 命令，放行"mountd""rpc-bind"和"nfs"三个服务。如果不进行设置，客户端使用"showmount -e 服务器 IP 地址"查看共享目录时，就会出现错误提示：clnt_create:RPC:Port mapper failure - Unable to receive:errno 113(No route to host)。执行命令"setenforce 0"，将 SELinux 模式设置为 permissive。

(4) 设置 NFS 服务开机启动，并重启 NFS 服务，其实现代码与结果如下：

```
[root@localhost ~]# systemctl  restart  rpcbind
[root@localhost ~]# systemctl  restart  nfs-server
[root@localhost ~]# systemctl  enable  rpcbind
[root@localhost ~]# systemctl  enable  nfs-server
```

14.3　NFS 服务的配置文件

配置 NFS 服务，主要就是创建并维护 /etc/exports 文件，该配置文件没有默认值。

1. /etc/exports 文件内容

/etc/exports 文件内容的格式如下：

　　<输出目录> [客户端 1 选项 (访问权限，用户映射，其他)] [客户端 2 选项(访问权限，用户映射，其他)]

2. 各选项的含义

/etc/exports 文件内容中各选项的含义如下：

(1) **输出目录**。输出目录是指 NFS 系统中需要共享给客户机使用的目录。

(2) **客户端**。客户端是指网络中可以访问这个 NFS 输出目录的计算机。其常用的指定方式有以下 3 种。

① 指定 IP 地址的主机：192.168.200.20。

② 指定子网中的所有主机：192.168.200.0/24 或 192.168.200.0/255.255.255.0。

③ 所有主机：*。

(3) **选项**。选项用来设置输出目录的访问权限和用户映射等。NFS 主要有以下 3 类选项。

① 访问权限选项。

ro：设置输出目录为只读访问。

rw：设置输出目录为读写访问。

② 用户映射选项。

all_squash：将远程访问的所有普通用户及所属组都映射为匿名用户或者用户组(nfsnobody)。

no_all_squash：与 all_squash 相反(默认)。

root_squash：将 root 用户及所属组都映射为匿名用户或用户组，受权限限制(默认)。

no_root_squash：root 用户具有对 NFS 根目录的完全管理访问权限，与上相反。

Anonuid = xxx：将远程访问的所有用户都映射为匿名用户，并指定该用户为本地用户。

Anongid = xxx：将远程访问的所有用户组都映射为匿名用户组账号，并指定该匿名用户组账户为本地用户组账户。

③ 其他选项。

secure：限制客户端只能从小于 1024 的 TCP/IP 端口连接 NFS 服务器(默认)。

insecure：允许客户端从大于 1024 的 TCP/IP 端口连接服务器。

sync：数据同步写入内存与硬盘中。

async：数据暂存在内存中，不直接写入硬盘。

wdelay：检查是否有相关的写操作，如果有相关的写操作，则将这些写操作一起执行，这样可以提高效率(默认)。

　no_wdelay：若有写操作则立即执行，应与 sync 配合使用。

　subtree：若输出目录是一个子目录，则 NFS 服务器将检查其父目录的权限(默认)。

　no_subtree：即使输出目录是一个子目录，NFS 服务器也不检查其父目录的权限，这样可以提高效率。

14.4　NFS 服务器配置与客户端验证

1. NFS 服务器配置

下面通过示例介绍 NFS 服务器的配置。

搭建一个 NFS 服务器，IP 地址为 192.168.200.10，主机名修改为 nfs-server，共享目录为 /mnt/share，具体步骤如下：

步骤一，创建共享目录、文件。

创建共享目录为 /mnt/share，并在共享目录下创建测试文件/mnt/share/testfile，其实现代码与结果如下：

```
[root@nfs-server ~]# mkdir   /mnt/share
[root@nfs-server ~]# echo This is testfile > /mnt/share/testfile
[root@nfs-server ~]# touch   /mnt/share/testfile
```

步骤二，修改配置文件。

在配置文件/etc/exports 中，添加需要共享目录的具体路径，其实现代码与结果如下：

```
[root@nfs-server ~]# vim   /etc/exports
/mnt/share   192.168.200.0/24(rw,sync)
[root@nfs-server ~]# exportfs  -r                              //生效配置
```

步骤三，重新加载 NFS 服务。

在修改了 NFS 相关配置后，必须要重新加载 NFS 服务，其实现代码与结果如下：

```
[root@nfs-server ~]# systemctl   restart   rpcbind
[root@nfs-server ~]# systemctl   restart   nfs-server
```

步骤四，查看共享的目录。

使用命令"showmount -e   NFS 服务器 IP"，可查看共享目录，其实现代码与结果如下：

```
[root@nfs-server ~]# showmount   -e   192.168.200.10
Export list for 192.168.200.10:
/mnt/share 192.168.200.0/24
```

2. NFS 客户端验证

NFS 服务器端配置完成后，使用客户端就可以访问其共享的资源。具体步骤如下：

(1) 安装 NFS 服务(参考 14.2 节)，并完成客户端 IP 地址(192.168.200.20)及主机名设置。

(2) 检查服务器共享的目录(NFS 服务器IP 地址为192.168.200.10)，其实现代码与结果如下：

```
[root@nfs-client ~]# showmount   -e   192.168.200.10
Export list for 192.168.200.10:
/mnt/share 192.168.200.0/24
```

如果执行上述命令时，出现了错误提示：clnt_create:RPC:Port mapper failure - Unable to receive:errno 113(No route to host)。原因是服务端的防火墙上没有放行 NFS 相应的服务，需要在 NFS 服务器的防火墙设置中放行"mountd""rpc-bind"和"nfs"三个服务。

(3) 创建挂载目录，并挂载共享目录，其实现代码与结果如下：

```
[root@nfs-client ~]# mkdir   /mnt/test
[root@nfs-client ~]# mount  -t  nfs   192.168.200.10:/mnt/share   /mnt/test
```

首先在客户端本地创建挂载目录，再使用命令"mount -t nfs 服务器地址：输出目录 挂载目录"，可挂载服务器的共享目录。

(4) 查看挂载情况，其实现代码与结果如下：

```
[root@nfs-client ~]# df   -h
文件系统                        容量      已用      可用      已用%      挂载点
devtmpfs                       4.0M      0       4.0 M      0%        /dev
tmpfs                          874M      0       874M       0%        /dev/shm
tmpfs                          350M     7.2M     343M       3%        /run
/dev/mapper/cs-root             17G     4.5G      13G       27%        /
/dev/sda1                      960M     303M     658M       32%       /boot
tmpfs                          175M     104K     175M       1%        /run/user/0
/dev/sr0                       9.1G     9.1G      0        100%       /mnt/cdrom
192.168.200.100:/mnt/share      17G     5.1G      12G       30%       /mnt/test
[root@nfs-client ~]# ll   /mnt/test/
总用量 4
-rw-r--r--. 1   root   root   17   7月 26   15:39   testfile
[root@nfs-client ~]# cat   /mnt/test/testfile
This is testfile
```

执行 "df   -h" 命令，可以查看到挂载信息。客户端在/mnt/test 目录中查到服务器上的
testfile 文件，并能查看文件的内容。

任务实施

任务 14 的实施过程如表 14-2 所示。

表 14-2　任务 14 的实施过程

操作步骤	操作过程	操作说明
步骤一：NFS 服务的安装	[root@localhost ~]# hostnamectl set-hostname nfs-server	修改主机名
	[root@nfs-server ~]# mkdir /mnt/cdrom [root@nfs-server ~]# mount /dev/cdrom /mnt/cdrom [root@nfs-server ~]# mv /etc/yum.repos.d/* /opt/ [root@nfs-server ~]# vim /etc/yum.repos.d/local.repo	将光盘文件挂载 备份原有软件源 制作本地软件源
	[root@nfs-server ~]# dnf clean all [root@nfs-server ~]# dnf install rpcbind nfs-utils -y [root@nfs-server ~]# firewall-cmd --permanent --add-service=mountd [root@nfs-server ~]# firewall-cmd --permanent --add-service=rpc-bind [root@nfs-server ~]# firewall-cmd --permanent --add-service=nfs [root@nfs-server ~]# firewall-cmd --reload	安装 NFS 服务 防火墙放行 mountd、rpc-bind、 nfs 服务
	[root@nfs-server ~]# setenfoce 0 [root@nfs-server ~]# systemctl restart rpcbind [root@nfs-server ~]# systemctl restart nfs-server	设置SELinux 模式 重启服务

操作步骤	操作过程	操作说明
步骤二： 建立共享 目录	[root@nfs-server ~]# mkdir -p /company/public [root@nfs-server ~]# mkdir -p /company/works	
步骤三： 修改配置 文件	[root@nfs-server ~]# vim /etc/exports /company/public 192.168.200.0/24(ro,sync) /company/works 192.168.200.110(rw,sync) [root@nfs-server ~]# exportfs -r [root@nfs-server ~]# systemctl restart rpcbind [root@nfs-server ~]# systemctl restart nfs-server	
步骤四： 客户端验证	1. Linux 客户端 1(192.168.200.110) [root@nfs-client1 ~]# showmount -e 192.168.200.100 Export list for 192.168.200.100: /company/public 192.168.200.0/24 /company/works 192.168.200.110 [root@nfs-client1 ~]# mkdir /mnt/dir{1,2} [root@nfs-client1 ~]# mount -t nfs 192.168.200.100:/company/public	Linux 客户端 1 可以挂载两 个共享文件
	/mnt/dir1 [root@nfs-client1 ~]# mount -t nfs 192.168.200.100:/company/works /mnt/dir2 [root@nfs-client1 ~]# df -h 文件系统 容量 已用 可用 已用% 挂载点 … 192.168.200.100:/company/public 17G 3.6G 14G 21% /mnt/dir1 192.168.200.100:/company/works 17G 3.6G 14G 21% /mnt/dir2	
	2. Linux 客户端 2(192.168.200.120) [root@nfs-client2 ~]# mkdir /mnt/dir{1,2} [root@nfs-client2 ~]# mount -t nfs 192.168.200.100:/company/public /mnt/dir1 [root@nfs-client2 ~]# mount -t nfs 192.168.200.100:/company/works /mnt/dir2 mount.nfs: access denied by server while mounting 192.168.200.100:/ company/works [root@nfs-client2 ~]# df -h /mnt/dir1 文件系统 容量 已用 可用 已用% 挂载点 192.168.200.100:/company/public 17G 3. 6G 14G 21% /mnt/dir1	Linux 客户端 2 只能挂载一 个共享文件

任务拓展

某高校为了信息共享，需要建立一个小型的数据中心服务器，数据中心服务器安装 CentOS Stream 9 操作系统(IP 地址为 192.168.200.100)，并在服务器上部署 NFS 服务，具体要求如下：

(1) 将 /root 共享给 192.168.200.0/24 网段的所有用户读写访问。

(2) 将 /usr/src/共享给 192.168.200.20 读写访问，同步；192.168.200.21 只读访问，异步。

(3) 访问权限均降为 nfsnobody 用户。

任务 15   DHCP 服务器配置与管理

任务介绍

M 公司在没有配置 DHCP 服务器时，经常会遇到这样的情况，如员工不懂如何去配置 IP 地址或配置 IP 地址后出现地址冲突的情况。为了防止这些情况，需要在服务器上部署 DHCP 服务，具体要求如下：

(1) DHCP 服务器的 IP 地址为 192.168.200.100。

(2) 全局配置中域名设为 mcompany.com，域名服务器设置为 M.example。

(3) 192.168.200.50～192.168.200.99 和 192.168.200.101～192.168.200.199 可供分配，默认网关地址设为 192.168.200.254。

任务分析

要实现该企业 DHCP 服务器的配置，可以分为以下 3 个步骤：

步骤一，DHCP 服务的安装。

步骤二，修改配置文件。

步骤三，客户端验证。

必备知识

完成本任务需要掌握的必备知识见 15.1～15.4 节。

15.1 DHCP 服务概述

1. DHCP 简介

DHCP(Dynamic Host Configuration Protocol，动态主机配置协议)，是一个基于 UDP(User

Datagram Protocol，用户数据报协议)且仅限于局域网的网络协议。其主要作用是集中管理和分配 IP 地址，使网络环境中的主机动态地获得 IP 地址、Gateway(网关)地址和 DNS 服务器地址等信息，并能够提升地址的使用率。DHCP 通过"租约"来实现动态分配 IP 的功能，实现 IP 的时分复用，从而解决 IP 资源短缺的问题。

DHCP 协议采用客户端/服务器模型，当 DHCP 客户端启动时，会向 DHCP 服务器发送申请地址的请求信息，而 DHCP 服务器会向 DHCP 客户端发送相关的地址配置等信息，从而实现客户端地址信息的动态配置。

2. DHCP 的功能

DHCP 具有以下功能：

(1) 保证任何 IP 地址在同一时刻只能由一台 DHCP 客户机所使用。

(2) DHCP 应当可以给用户分配永久固定的 IP 地址。

(3) DHCP 应当可以同用其他方法获得 IP 地址的主机共存。

(4) DHCP 服务器应当向现有的客户端提供服务。

3. DHCP 的工作流程

DHCP 的工作流程如图 15-1 所示。

图 15-1　DHCP 工作流程示意图

由图 15-1 可知，DHCP 的工作流程主要有以下 4 个步骤：

(1) 客户端在局域网内发起一个 DHCP Discover 包，目的是想发现能够给它提供 IP 的 DHCP 服务器。

(2) DHCP 服务器接收到 Discover 包之后，通过发送 DHCP Offer 包给客户端应答，提供地址租约 Offer，目的是告诉客户端该服务器可以提供 IP 地址。

(3) 客户端接收到 Offer 包之后，发送 DHCP Request 包请求分配 IP 地址。

(4) DHCP 服务器发送 ACK(Acknowledgement，确认字符)数据包，确认将提供的 IP 地址租用给客户端。

DHCP 服务除了以上 4 个基本工作流程，还有两种特殊情况。

(1) **重新登录**。DHCP 客户机每次重新登录网络时，不需要再发送 DHCP Discover 信息了，而是直接发送包含前一次所分配的 IP 地址的 DHCP Request 请求信息。当 DHCP 服务器收到这一信息后，它会尝试让 DHCP 客户机继续使用原来的 IP 地址，并回答一个 DHCP

ACK 确认信息。如果此 IP 地址已无法再分配给原来的 DHCP 客户机使用时(例如，此 IP 地址已分配给其他 DHCP 客户机使用)，则 DHCP 服务器给 DHCP 客户机回答一个 DHCP NACK 否认信息。当原来的 DHCP 客户机收到此 DHCP NACK 否认信息后，它就必须重新发送 DHCP Discover 信息来请求新的 IP 地址。

(2) 更新租约。DHCP 服务器向 DHCP 客户机出租的 IP 地址一般都有一个租借期限，期满后 DHCP 服务器便会收回出租的 IP 地址。如果 DHCP 客户机要延长其 IP 租约，则必须更新其 IP 租约。在 DHCP 客户机启动时和 IP 租约期限过一半时，DHCP 客户机都会自动向 DHCP 服务器发送更新其 IP 租约的信息。

4. DHCP 的分配机制

DHCP 有以下 3 种分配 IP 地址的机制：

(1) **自动分配方式(Automatic Allocation)。**DHCP 服务器为主机指定一个永久性的 IP 地址，一旦 DHCP 客户端第一次成功从 DHCP 服务器端租用到 IP 地址后，就可以永久性地使用该地址。

(2) **动态分配方式(Dynamic Allocation)。**DHCP 服务器给主机指定一个具有时间限制的 IP 地址，时间到期或主机明确表示放弃该地址时，该地址可以被其他主机使用。

(3) **手工分配方式(Manual Allocation)。**客户端的 IP 地址是由网络管理员指定的，DHCP 服务器只是将指定的 IP 地址告诉客户端主机。

三种地址分配方式中，只有动态分配方式可以重复使用客户端不再需要的地址。

15.2 DHCP 服务的安装与启动

DHCP 服务的安装与启动的步骤如下：

(1) 配置本地软件源(见 11.5 节相关内容)。

(2) 使用 dnf 命令安装 DHCP 服务，其实现代码与结果如下：

```
[root@localhost ~]# dnf  clean  all
[root@localhost ~]# dnf  install  dhcp*  -y
```

(3) 设置防火墙放行 DHCP 服务，并设置 SELinux 模式。其实现代码与结果如下：

```
[root@localhost ~]# firewall-cmd  --permanent  --add-service=dhcp      //放行 DHCP 服务
[root@localhost ~]# firewall-cmd  --reload                             //重新加载防火墙
[root@localhost ~]# systemctl  enable  firewalld                       //设置防火墙开机启动
[root@localhost ~]# setenforce  0                                      //设置 SELinux 模式
```

使用 firewall-cmd 命令，放行 DHCP 服务；执行命令"setenforce 0"，将 SELinux 模式设置为 permissive。

(4) 设置 DHCP 服务开机启动，并重启 DHCP 服务。其实现代码与结果如下：

```
[root@localhost ~]# systemctl  enable  dhcpd             //设置 DHCP 服务开机启动
[root@localhost ~]# systemctl  restart  dhcpd            //重启 DHCP 服务
```

15.3 DHCP 的配置文件

DHCP 的配置文件包括主配置文件和租约数据库文件。

1. 主配置文件(dhcpd.conf)

DHCP 服务的主配置文件名为/etc/dhcp/dhcpd.conf,但文件中无实际配置内容,有一段注释文字"see /usr/share/doc/dhcp*/dhcpd.conf.example",表示系统提供了主配置文件的模板,可以参考及使用。

1) 文件结构

dhcpd.conf 文件中包括全局配置和局部配置。全局配置对整个 DHCP 服务器生效,局部配置只对某个声明生效。文件的结构如下:

```
#全局配置
参数或选项;


#局部配置
声明 {
        参数或选项;
}
```

dhcpd.conf 文件中注释信息以"#"开头,注释内容可以放在文件的任何位置。除了大括号,其他每一行都以";"结束。

2) 常用参数

parameters(参数)用于表明如何执行任务,是否要执行任务,或将某些网络配置选项发送给客户。常用参数及其含义如表 15-1 所示。

表 15-1 常用参数及其含义

参 数 名 称	含　　义
ddns-update-style	配置 DHCP-DNS 互动更新模式
default-lease-time	指定缺省租赁时间的长度,单位是秒
max-lease-time	指定最大租赁时间长度,单位是秒
hardware	指定网卡接口类型和 MAC 地址
server-name	通知 DHCP 客户服务器名称
get-lease-hostnames flag	检查客户端使用的 IP 地址
fixed-address ip	分配给客户端一个固定的地址
authritative	拒绝不正确的 IP 地址的要求

3) 常用选项

option(选项)用来配置 DHCP 可选参数，全部用 option 关键字作为开始。常用选项及其含义如表 15-2 所示。

表 15-2　常用选项及其含义

选 项 名 称	含　义
option subnet-mask	为客户端设定子网掩码
option domain-name	为客户端指明 DNS 名称
option domain-name-servers	为客户端指明 DNS 服务器的 IP 地址
option host-name	为客户端指定主机名称
option routers	为客户端设定默认网关
option broadcast-address	为客户端设定广播地址
option ntp-server	为客户端设定网络时间服务器 IP 地址
option time－offset	为客户端设定和格林威治时间的偏移时间，单位是秒

4) 常用声明

declarations(声明)用于描述网络布局和提供客户 IP 地址等。常用声明及其含义如表 15-3 所示。

表 15-3　常用声明及其含义

声 明 名 称	含　义
shared-network	用来告知是否一些子网络分享相同网络
subnet	描述一个 IP 地址是否属于该子网
range 起始 IP　终止 IP	提供动态分配 IP 地址的范围
group	为一组参数提供声明
allow / deny unknown-client	是否动态分配 IP 地址给未知的使用者
allow / deny bootp	是否响应激活查询
allow / deny booting	是否响应使用者查询
filename	开始启动文件的名称，应用于无盘工作站
host 主机名	设置特别的主机

5) IP 地址绑定

DHCP 中的 IP 地址绑定用于给客户端分配固定 IP 地址，通过设置 MAC 地址与 IP 地址，为某个指定的客户端分配固定 IP 地址。配置过程中需要用到 host 声明和 hardware、fixed-address 两个参数。

(1) host 声明用于定义保留的地址。大括号"{　}"中填写 hardware、fixed-address 两个参数的相关内容。其格式如下：

　　　　host　主机名　{　}

(2) hardware 参数用于定义网络接口类型和硬件地址,列出 DHCP 客户端的 MAC 地址。其格式如下:

    hardware   ethernet   MAC 地址

(3) fixed-address 参数用于给指定的客户端分配固定 IP 地址。其格式如下:

    fixed-address   IP 地址

2. 租约数据库文件

当成功运行 DHCP 服务后,就可以分配 IP 地址给客户端,通过查看租约文件/var/lib/dhcpd/dhcpd.leases,可以了解服务器的 IP 地址分配情况。该租约文件中记录了分配出去的每个 IP 地址信息(租约记录),包括 IP 地址、客户端的 MAC 地址、租用的起始时间和结束时间等。相关参数及其含义如表 15-4 所示。

表 15-4　租约数据库文件的参数及其含义

参 数 名 称	含 义
starts	租约的开始时间
ends	租约的结束时间
cltt	客户端的最后一个事务时间
binding state	声明租约的绑定状态
hardwarehardware-type mac-address	使用 IP 地址的客户端网络接口的 MAC 地址
uid	记录用于获取租约的客户端标识符

15.4　DHCP 服务器配置与客户端验证

1. DHCP 服务器配置

[例 1]　下面通过示例来介绍 DHCP 服务器的配置。

DHCP 服务器的 IP 地址为 192.168.200.10。客户端可以使用的地址段为 192.168.200.10～192.168.200.200,网关为 192.168.200.2。DHCP 服务端及客户端的节点规划如表 15-5 所示,完成服务器 IP 地址设置及主机名设置,具体步骤如下:

表 15-5　节 点 规 划

节　　点	IP 地址	主机名	MAC 地址
DHCP 服务端(Linux 系统)	192.168.200.10	dhcp-server	00:0c:29:c8:7f:62
DHCP 客户端 1(Linux 系统)	保留地址	dhcp-client1	00:0c:29:a6:22:f4
DHCP 客户端 2(Linux 系统)	自动获取	dhcp-client1	

步骤一,关闭 VNET8 的 DHCP 服务。

在"虚拟网络编辑器"界面中,选中"VMnet8",然后将"使用本地 DHCP 服务将 IP 地址分配给虚拟机"前面的对勾去掉,如图 15-2 所示。

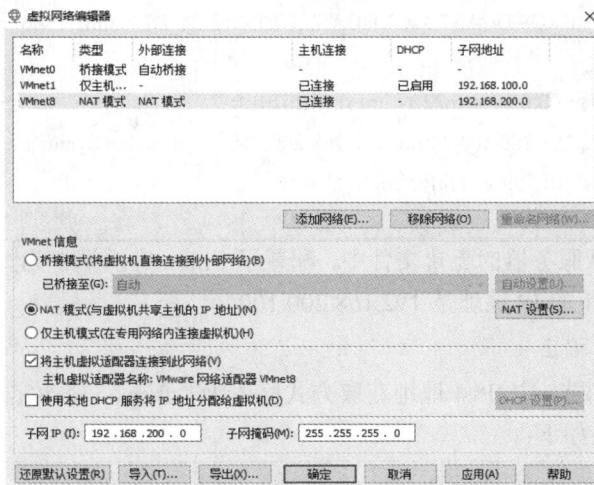

图 15-2　"虚拟网络编辑器"界面

步骤二，修改配置文件。

在 DHCP 服务配置文件 dhcpd.conf 中，增加一段代码，其实现代码与结果如下：

```
[root@dhcp-server ~]# vim   /etc/dhcp/dhcpd.conf
option   domain-name  "jsei.edu";
option   domain-name-servers   8.8.8.8;
default-lease-time 600;
max-lease-time 7200;
subnet   192.168.200.0   netmask   255.255.255.0 {
        range   192.168.200.10   192.168.200.200;
        option   routers   192.168.200.2;
}
host client1{
        hardware ethernet 00:0c:29:a6:22:f4;
        fixed-address 192.168.200.100;
}
```

步骤三，重新加载 DHCP 服务。

修改了 DHCP 的相关配置后，必须要重新加载 DHCP 服务，其实现代码与结果如下：

```
[root@dhcp-server ~]# systemctl   restart   dhcpd
```

2. DHCP 客户端验证

DHCP 服务端配置完成后，可以使用客户端进行验证测试。

1）Linux 客户端 1

将 Linux 客户端 1 中 IPv4 地址获取方式修改为"dhcp"，修改完成后，重启网络服务。其实现代码与结果如下：

```
[root@dhcp-client1 ~]# ip   a
…
```

```
2: ens160: <BROADCAST,MULTICAST,UP,LOWER_UP> mtu 1500 qdisc mq state UP group
default qlen 1000
        link/ether 00:0c:29:a6:22:f4 brd ff:ff:ff:ff:ff:ff
        inet 192.168.200.100/24 brd 192.168.200.255 scope global dynamic ens160
           valid_lft 599sec preferred_lft 599sec
   …
```

因为在 DHCP 服务器的配置文件中，配置了 Linux 客户端 1 为固定 IP 地址，所以可以查看到 dhcp-client1 的 IP 地址是 192.168.200.100。

2) Linux 客户端 2

将 Linux 客户端 2 中 IPv4 地址获取方式修改为“dhcp”，修改完成后，重启网络服务。其实现代码与结果如下：

```
[root@dhcp-client2 ~]# ip    a
   …
   2: ens160: <BROADCAST,MULTICAST,UP,LOWER_UP> mtu 1500 qdisc pfifo_fast state UP
group default qlen 1000
        link/ether 00:0c:29:9b:f1:15 brd ff:ff:ff:ff:ff:ff
        inet 192.168.200.11/24 brd 192.168.200.255 scope global dynamic ens160
           valid_lft 598sec preferred_lft 598sec
```

因为在 DHCP 服务器的配置文件中,配置了 Linux 客户端 2 是在地址池中自动获取 IP,所以可以查看到 dhcp-client2 的 IP 地址是 192.168.200.11。

任务实施

任务 15 的实施过程如表 15-6 所示。

表 15-6 任务 15 的实施过程

操作步骤	操 作 过 程	操作说明
步骤一： DHCP 服务的安装	[root@localhost ~]# hostnamectl set-hostname dhcp-server	修改主机名
	[root@dhcp-server ~]# mkdir /mnt/cdrom	
	[root@dhcp-server ~]# mount /dev/cdrom /mnt/cdrom	将光盘文件挂载
	[root@dhcp-server ~]# mv /etc/yum.repos.d/* /opt/	备份原有软件源
	[root@dhcp-server ~]# vim /etc/yum.repos.d/local.repo	制作本地软件源
	[root@dhcp-server ~]# dnf clean all	
	[root@dhcp-server ~]# dnf install dhcp* -y	安装 DHCP 服务
	[root@dhcp-server ~]# firewall-cmd --permanent --add-service = dhcp	放行 DHCP 服务
	[root@dhcp-server ~]# firewall-cmd --reload	
	[root@dhcp-server ~]# setenfoce 0	设置 SELinux 模式
	[root@dhcp-server ~]# systemctl enable dhcpd	
	[root@dhcp-server ~]# systemctl restart dhcpd	重启服务

操作步骤	操作过程	操作说明

步骤二：
修改配置文件
	[root@dhcp-server ~]# vim　/etc/dhcp/dhcpd.conf
	option　domain-name　"mcompany.com";
	option　domain-name-servers　M.example;
	default-lease-time 600;
	max-lease-time 7200;
	subnet　192.168.200.0　netmask　255.255.255.0 {
	　　　range　192.168.200.50　192.168.200.99;
	　　　range　192.168.200.101　192.168.200.199;
	　　　option　routers　192.168.200.254;
	}
	[root@dhcp-server ~]# systemctl　restart　dhcpd	

步骤三： 客户端验证	将 Linux 客户端中 IPv4 地址获取方式修改为 "dhcp"，并重启网络服务 [root@dhcp-client ~]# ip　a 2: ens160: <BROADCAST,MULTICAST,UP,LOWER_UP> mtu 1500 qdisc pfifo_fast state UP group default qlen 1000 　　　link/ether 00:0c:29:9b:f1:15 brd ff:ff:ff:ff:ff:ff 　　　inet 192.168.200.50/24 brd 192.168.200.255 scope global dynamic ens160 　　　　valid_lft 598sec preferred_lft 598sec	

任务拓展

某高校需要在校园网服务器中添加 DHCP 服务，使用网络 192.168.100.0/24，网关为 192.168.100.254。其中，192.168.100.1～192.168.100.30 网段地址是服务器的固定地址。客户端可以使用的地址段为 192.168.100.51～192.168.100.250，但 192.168.100.100 和 192.168.100.200 为保留地址。

任务 16　DNS 服务器配置与管理

任务介绍

M 公司因工作需要，要搭建一个 DNS 服务器负责公司 mcompany.com 域的域名解析工作，DNS 服务器的 FQDN(Fully Qualified Domain Name，全称域名)为 dns.mcompany.com，IP 地址为 192.168.200.100。具体要求如下：

(1) 主配置文件设置为/etc/named.conf，区域配置文件设置为/etc/named.rfc1912.zones。

(2) 正向解析区域声明文件设置为/var/named/mcompany.com.zone，反向解析区域声明文件设置为/var/named/192.168.200.zone。

要求为以下域名实现正反向域名解析服务。

- dns.mcompany.com　　　　192.168.200.100
- mail.mcompany.com　　　　192.168.200.110
- www.mcompany.com　　　　192.168.200.120
- ftp.mcompany.com　　　　192.168.200.130

任务分析

要实现该企业 DNS 服务器的配置，可以分为以下 4 个步骤：

步骤一，DNS 服务的安装。

步骤二，编辑主配置文件。

步骤三，编辑区域配置文件。

步骤四，创建正反向解析区域声明文件。

必备知识

完成本任务需要掌握的必备知识见 16.1～16.4 节。

16.1　DNS 服务概述

1. DNS 简介

DNS(Domain Name System，域名系统)，其主要作用是将主机名解析为 IP 地址，该解析过程完成了从域名到主机识别 IP 地址之间的转换。域名系统允许用户使用友好的名字，而不是难以记忆的数字(IP 地址)来访问 Internet 上的主机。

DNS 主要由以下 3 个部分组成：

(1) **域名空间(Name Space)**。域名空间用来标识一组主机并提供主机相关信息的树结构的详细说明，树上的每一个节点都有其控制下的主机相关信息的数据库。

(2) **域名服务器(Name Server)**。域名服务器是保持和维护域名空间中数据的程序。每一个域名服务器拥有其控制范围内的完整信息，其控制范围称为区(zone)。对于本区内的请求，由负责本区的域名服务器来实现域名解析。对于其他区的请求，将由本区的域名服务器联系其他区的域名服务器来实现域名解析。常见的域名服务器有 Linux 系统中的 BIND、Windows Server 中的 DNS 服务器组件等。

(3) **解析器(Resolver)**。解析器负责解析从域名服务器获取的响应，向调用解析器的应用返回 IP 地址或者别名等信息。

2. DNS 域名空间结构

DNS 域名空间结构从最顶层到下层可以分为根域、顶级域、二级域、子域和主机。每个域都有一组域名服务器，这些服务器中保存着当前域的主机信息和子域的域名服务器信息。其具体结构如图 16-1 所示。

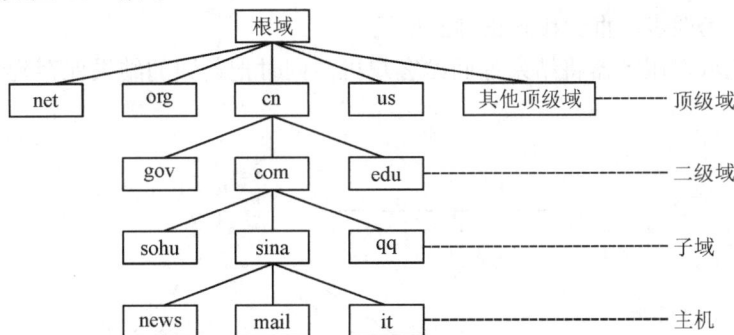

图 16-1　DNS 域名空间结构示意图

一个 DNS 的数据库能被分为多个区域，区域是 DNS 数据库的一部分，其中包含资源记录，其所有者名称属于 DNS 名称空间。区域文件存储在 DNS 服务器上。

3. DNS 服务器类型

DNS 服务器的类型主要有以下 4 种：

(1) **主 DNS 服务器(Primary Name Server)**。主 DNS 服务器负责维护一个区域的所有域名服务信息，它对所管理区域的域名解析提供最权威和最精确的响应。对于某个指定域，主域名服务器是唯一的。

(2) **辅助 DNS 服务器(Secondary Name Server)**。辅助 DNS 服务器又称为从域名服务器，它从主 DNS 服务器中获得完整的域名信息，用于分担主 DNS 服务器的查询负载，当主 DNS 服务器出现故障、关闭或负载过重时，辅助 DNS 服务器作为备份服务提供权威和精确的域名解析。

(3) **高速缓存 DNS 服务器(Caching-only DNS Server)**。高速缓存 DNS 服务器将从其他 DNS 服务器中获得的域名信息保存在自己的高速缓存中，并为客户机查询信息提供服务，直到这些信息过期。因为高速缓存 DNS 服务器提供的所有信息都是间接信息，所以它不是权威性的服务器。

(4) **转发 DNS 服务器(Forwarding Server)**。转发 DNS 服务器负责所有非本地域名的本地查询。当收到域名请求服务时，先在本地缓存中查取，如果查询不到，则依次向指定的域名服务器发出请求，直到查到所需信息返回结果。如果接收转发要求的 DNS 服务器未能完成解析，则解析失败。

4. DNS 域名解析过程

DNS 域名解析过程如图 16-2 所示。

由图 16-2 可知，DNS 域名解析过程如下：

(1) DNS 客户机提出域名解析请求，并将该请求发送给本地的域名服务器。

(2) 本地的域名服务器收到请求后，先查询本地的缓存，如果有该记录项，则本地的域名服务器就直接把查询的结果返回。

(3) 如果本地的缓存中没有该记录，则本地域名服务器把请求发给根域名服务器，根域名服务器返回给本地域名服务器一个所查询域(根的子域)的主域名服务器的地址。

(4) 本地服务器向上一步返回的域名服务器发送请求，接受请求的服务器查询自己的缓存，如果没有该记录，则返回相关的下级域名服务器的地址。

(5) 重复第四步，直到找到正确的记录。

(6) 本地域名服务器将结果返回给客户机，同时把返回的结果保存到缓存中，以备下次使用。

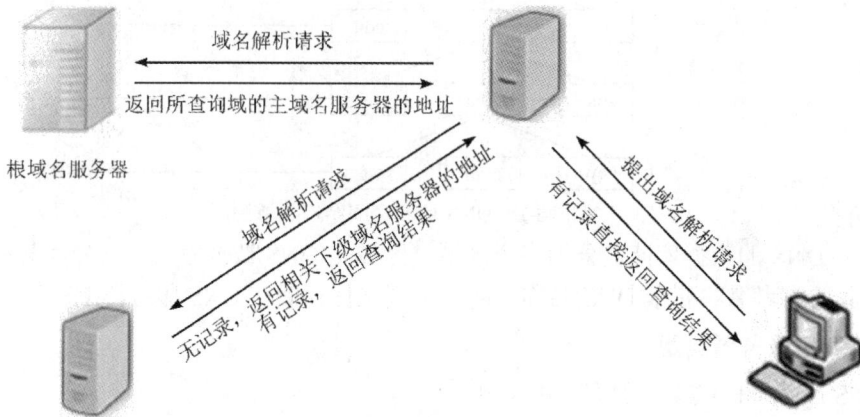

图 16-2　DNS 域名解析过程

5. DNS 查询

DNS 客户端扮演提问者的角色，当客户机需要访问 Internet 上某一主机时，DNS 客户端首先向本地 DNS 服务器查询对方 IP 地址，如果在本地 DNS 服务器无法查询，则本地 DNS 服务器会继续向另外一台 DNS 服务器查询，直到得出结果，这一过程就称为"查询"。其查询方式分为递归查询和迭代查询。

1) 递归查询

递归查询用于客户机向 DNS 服务器查询。当 DNS 客户端发出查询后，如果本地域名服务器内没有所需的数据，那么本地域名服务器以 DNS 客户的身份向根域名服务器继续发出查询请求报文。目前，一般由 DNS 客户端提出的查询请求都是递归型的查询方式。

2) 迭代查询

迭代查询用于 DNS 服务器向其他 DNS 服务器查询。DNS 客户端送出查询请求以后，如果本地 DNS 服务器内没有所需要的数据，那么本地 DNS 服务器向另外一台 DNS 服务器发出请求，如果另外一台 DNS 服务器内也没有所需要的数据，则该 DNS 服务器将提供第三台 DNS 服务器的 IP 地址给本地 DNS 服务器，让本地 DNS 服务器直接向第三台 DNS 服务器发出查询请求，直到找到所需的数据。

16.2　DNS 服务的安装与启动

在 Linux 系统中架设 DNS 服务器通常使用 BIND(Berkeley Internet Name Domain)来实现，它是一款实现 DNS 服务器的开放源码软件。目前 Internet 上半数以上的 DNS 服务器都是用 BIND 来架设的，它已经成为世界上使用最为广泛的 DNS 服务器软件。BIND 服务的守护进程是 named。

DNS 服务的安装与启动的步骤如下：

(1) 配置本地软件源(见 11.5 节相关内容)。

(2) 使用 dnf 命令安装 BIND 服务，其实现代码与结果如下：

```
[root@localhost ~]# dnf   clean   all
[root@localhost ~]# dnf   install   bind   bind-chroot   bind-utils   -y
```

(3) 设置防火墙放行 DNS 服务，并设置 SELinux 模式。其实现代码与结果如下：

```
[root@localhost ~]# firewall-cmd   --permanent   --add-service=dns      //放行 DNS 服务
[root@localhost ~]# firewall-cmd   --reload                             //重新加载防火墙
[root@localhost ~]# systemctl   enable   firewalld                      //设置防火墙开机启动
[root@localhost ~]# setenforce   0                                      //设置 SELinux 模式
```

使用 firewall-cmd 命令，放行 DNS 服务；执行命令"setenforce   0"，将 SELinux 模式设置为 permissive。

(4) 设置 DNS 服务开机启动，并重启 DNS 服务。其实现代码与结果如下：

```
[root@localhost ~]# systemctl   enable   named            //设置 DNS 服务开机启动
[root@localhost ~]# systemctl   restart   named           //重启 DNS 服务
```

16.3　DNS 的配置文件

DNS 的配置文件包括主配置文件、区域配置文件、正向解析区域声明文件和反向解析区域声明文件。下面介绍各配置文件的结构和作用。

1. 主配置文件(named.conf)

DNS 服务的主配置文件 named.conf 位于/etc/目录下，文件只包括 BIND 的基本配置，并不包含任何 DNS 区域数据。

/etc/named.conf 有以下 3 种风格的注释：

- /* C 语言风格的注释 */
- // C++ 语言风格的注释
- # Shell 语言风格的注释

1) 文件内容

文件内容如下：

```
[root@dns-server ~]# cat   /etc/named.conf
…
options {
        listen-on port 53 { 127.0.0.1; };
        listen-on-v6 port 53 { ::1; };
        directory              "/var/named";
        dump-file              "/var/named/data/cache_dump.db";
```

```
        statistics-file        "/var/named/data/named_stats.txt";
        memstatistics-file    "/var/named/data/named_mem_stats.txt";
        recursing-file        "/var/named/data/named.recursing";
        secroots-file         "/var/named/data/named.secroots";
        allow-query           { localhost; };

        recursion yes;
        dnssec-validation yes;
        /* Path to ISC DLV key */
        managed-keys-directory "/var/named/dynamic";
        geoip-directory "/usr/share/GeoIP";
        pid-file "/run/named/named.pid";
        session-keyfile "/run/named/session.key";
};
logging {
        channel default_debug {
                file "data/named.run";
                severity dynamic;
        };
};
zone "." IN {                                    //指定根服务器信息，一般不改动
        type hint;
        file "named.ca";
};
include "/etc/named.rfc1912.zones";              //指定配置文件位置
include "/etc/named.root.key";
```

2) options 配置段

options 配置段的配置项对整个 DNS 服务器有效，常用的配置项命令及其功能如下：

(1) **listen-on port{ }**。此命令用于指定 named 守护进程监听的端口和 IP 地址，默认的监听端口是 53。如果 NDS 服务器中有多个 IP 地址需要监听，则在大括号中分别列出，以分号间隔。

(2) **directory**。此命令用于指定 named 守护进程的工作目录，默认的目录是/var/named，各区域正反向解析文件都保存在该目录中。

(3) **allow-query{ }**。此命令用于指定允许发起域名解析请求的主机。大括号"{ }"用来指定主机范围，localhost 表示只对本机开放服务，any 表示匹配所有主机，none 表示不匹配任何主机，localnets 表示匹配本机所在网络中的所有主机或指定某台主机的 IP 地址或网络地址。

(4) **forwarders{ }**。此命令用于定义转发 DNS 服务器，{ }用来指定转发 DNS 服务

器地址。

（5）**forwarder**。此命令用于指定转发方式，格式为"forwarder first|only"。默认的是 forwarder first，它表示将 DNS 查询请求转发给 forwarders 定义的转发 DNS 服务器，如果转发 DNS 服务器无法解析，则 DNS 服务器再尝试解析；forwarder only 表示 DNS 服务器仅将查询请求发给转发 DNS 服务器，若指定的转发 DNS 服务器无法完成解析或无响应，则该 DNS 服务器也不会进行域名解析。

2. 区域配置文件

区域配置文件为/etc/named.rfc1912.zones，文件内容如下：

```
[root@dns-server ~]# cat   /etc/named.rfc1912.zones
zone "localhost.localdomain" IN {
        type master;
        file "named.localhost";
        allow-update { none; };
};
…
zone "1.0.0.127.in-addr.arpa" IN {
        type    master;
        file    "named.loopback";
        allow-update { none; };
};
```

从文件内容中可以看出，zone 区域声明的格式如下：

```
zone "区域名称" IN {
                type    DNS 服务器类型;
                file    "区域文件名";
                allow-update { none; };
};
```

其中各命令及其功能如下：

（1）**type**。type 用于指定一个区域服务器的类型。master 表示主域名服务器，slave 表示辅助域名服务器，hint 表示高速缓存域名服务器，forwarder 表示转发域名服务器。

（2）**file**。file 用于指定该区域的区域文件。区域文件中包含区域的域名解析数据。

（3）**allow-update**。allow-update 用于指定允许更新区域文件信息的辅助 DNS 服务器地址。

3. 区域声明文件

DNS 服务器提供域名解析服务的关键就是区域文件。区域文件和传统的/etc/hosts 文件类似，记录了域名和 IP 地址的对应关系，但区域文件的结构更复杂。目录/var/named/中的 named.localhost 和 named.loopback 两个文件分别是正向解析区域声明文件和反向解析区域声明文件的配置模板。区域声明文件内容如下：

```
[root@dns-server ~]# cat   /var/named/named.localhost
$TTL 1D
@          IN   SOA   @ rname.invalid. (
                                        0         ; serial
                                        1D        ; refresh
                                        1H        ; retry
                                        1W        ; expire
                                        3H )      ; minimum
          NS        @
          A         127.0.0.1
          AAAA      ::1
```

1) 资源记录格式

区域文件中，域名和 IP 地址的对应关系由资源记录表示。资源记录的语法格式如下：

    name   [TTL]   IN   RR_TYPE   value

下面介绍资源记录语法格式中各选项的含义。

(1) **name**：表示当前区域的名字。

(2) **TTL**：表示资源记录的有效期。

(3) **IN**：表示资源记录的网络类型是 Internet 类型。

(4) **RR_TYPE**：表示资源记录的类型。常见的资源记录类型有 SOA、NS、A、AAAA、CNAME、MX 和 PTR。

(5) **value**：表示资源记录的值，具体意义与资源记录类型有关。

2) 资源记录类型

下面分别介绍各种资源记录类型的含义。

(1) SOA 资源记录。区域文件的第一条有效资源记录是 SOA (Start Of Authority)。SOA 记录中的 "@" 符号表示当前域名。SOA 记录的值由以下 3 部分组成：

① 当前域名，即 SOA 资源记录中的第二个 "@"。

② 当前域名管理员的邮箱地址，如 rname.invalid，但是地址中不能出现 "@"，必须要用 "." 代替。

③ 5 个子属性。下面介绍其具体含义。

serial：表示本区域文件的版本号或序列号，用于辅助 DNS 服务器和主 DNS 服务器同步时间。每次修改区域文件的资源记录时都要及时修改 serial 的值，以反映区域文件的变化。

refresh：表示辅助 DNS 服务器的动态刷新时间间隔。辅助 DNS 服务器每隔一段时间就会根据区域文件版本号自动检查主 DNS 服务器的区域文件是否发生了变化。如果发生了变化，则更新自己的区域文件。"1D" 表示 1 天。

retry：表示辅助 DNS 服务器的重试时间间隔。当辅助 DNS 服务器未能从主 DNS 服务器成功更新数据时，会在一段时间后再次尝试更新。"1H" 表示 1 小时。

expire：表示辅助 DNS 服务器上资源记录的有效期。如果在有效期内未能从主 DNS

服务器更新数据，那么辅助 DNS 服务器将不能对外提供域名解析服务。"1W"表示 1 周。

minimum：如果没有为资源记录指定有效期，则默认使用 minimum 中的值。"3H"表示 3 小时。

(2) NS 资源记录。NS 资源记录表示该区域的 DNS 服务器地址，一个区域可以有多个 DNS 服务器，如下：

```
@       IN      NS      ns1.example.com
@       IN      NS      ns2.example.com
```

(3) A 和 AAAA 资源记录。A 和 AAAA 资源记录用于记录域名和 IP 地址的对应关系。A 资源记录用于 IPv4 地址，AAAA 资源记录用于 IPv6 地址，如下：

```
ns1     IN      A       192.168.200.10
ns2     IN      A       192.168.200.10
```

(4) CNAME 资源记录。CNAME 是 A 资源记录的别名，如下：

```
web     IN      CNAME   www.example.com
```

(5) MX 资源记录。MX 资源记录是定义本域的邮件服务器，如下：

```
@       IN      MX      mail.example.com
```

添加资源记录时，以"."结尾的域名表示绝对域名，如"mail.example.com."。

(6) PTR 资源记录。PTR 资源记录表示 IP 地址与域名的对应关系，用于 DNS 反向解析，如下：

```
10      IN      PTR     www.example.com.
```

这里的 10 是 IP 地址中的主机号，表示 IP 地址是 192.168.200.10。

16.4 DNS 服务器配置与客户端验证

下面通过例子来介绍 DNS 服务器的配置与客户端验证。

搭建一台 DNS 服务器负责 test.com 域的域名解析工作，DNS 服务器的 FQDN 为 dns.test.com，IP 地址为 192.168.200.10。具体要求如下：

(1) 主配置文件设置为 /etc/named.conf，区域配置文件设置为 /etc/named.rfc1912.zones。

(2) 正向解析区域文件设置为 /var/named/test.com.zone，反向解析区域文件设置为 /var/named/192.168.200.zone。要求为以下域名实现正反向域名解析服务：

- dns.test.com   192.168.200.10
- mail.test.com   192.168.200.101
- www.test.com   192.168.200.102
- ftp.test.com   192.168.200.103

要达到以上要求，具体操作步骤如下：

1. 修改主配置文件

修改主配置文件 /etc/named.conf，设置监听范围和访问控制；允许所有主机监听 53 端口，将 listen-on port 53 参数改为 any；允许所有主机访问，将 allow-query 参数改为 any。其实现代码如下：

```
[root@dns-server ~]# vim   /etc/named.conf
options  {
            listen-on port 53   ｛any;｝；
            allow-query         ｛any；｝；
…
```

2. 修改区域配置文件

修改区域配置文件/etc/named.rfc1912.zones，设置正向解析和反向解析相关参数。其实现代码如下：

```
[root@dns-server ~]# vim   /etc/named.rfc1912.zones
zone "test.com" IN {
            type master;
            file "test.com.zone";
            allow-update { none; };
};
zone "200.168.192.in-addr.arpa" IN {
            type master;
            file "192.168.200.zone";
            allow-update { none; };
};
```

3. 创建正向解析区域声明文件

复制现有的实例文件，需要带原文件属性拷贝，注意加 -p 拷贝文件。其实现代码如下：

```
[root@dns-server ~]# cp   -p   /var/named/named.localhost   /var/named/test.com.zone
[root@dns-server ~]# vim   /var/named/test.com.zone
$TTL 1D
@          IN SOA   @ test.com. (
                                          0          ; serial
                                          1D         ; refresh
                                          1H         ; retry
                                          1W         ; expire
                                          3H )       ; minimum
           IN    NS        dns.test.com.
dns    IN    A        192.168.200.10
mail   IN    A        192.168.200.101
www   IN    A        192.168.200.102
ftp    IN    A        192.168.200.103
```

4. 创建反向解析区域声明文件

复制现有的实例文件,需要带原文件属性拷贝,注意加 -p 拷贝文件。其实现代码如下:

```
[root@dns-server ~]# cp   -p   /var/named/named.loopback   /var/named/192.168.200.zone
[root@dns-server ~]# vim   /var/named/192.168.200.zone
$TTL 1D
@        IN SOA   @ test.com. (
                                        0          ; serial
                                        1D         ; refresh
                                        1H         ; retry
                                        1W         ; expire
                                        3H )       ; minimum
         IN    NS      dns.test.com.
10    IN    PTR     dns.test.com
101   IN    PTR     mail.test.com
102   IN    PTR     www.test.com
103   IN    PTR     ftp.test.com
```

5. 客户端验证(客户端与服务器 IP 在同一网段)

修改客户端的 /etc/resolv.conf 文件,nameserver 用来指定域名服务器的 IP 地址,这里可以设置多个 DNS 域名服务器。其实现代码如下:

```
[root@dns-client ~]# vim   /etc/resolv.conf
nameserver   192.168.200.10
search    test.com
```

BIND 软件包提供了 3 个 DNS 测试工具,分别为:nslookup、dig 和 host。下面在 Linux 客户端(192.168.200.20)上进行测试。

(1) 使用 nslookup 命令验证 DNS 服务,其实现代码与结果如下:

```
[root@dns-client ~]# nslookup
> server                                          //查看 DNS 服务器信息
Default server: 192.168.200.10
Address: 192.168.200.10#53
> www.test.com                                    //正向解析
Server:         192.168.200.10
Address:        192.168.200.10#53
Name:    www.test.com
Address: 192.168.200.102
> 192.168.200.103                                 //反向解析
103.200.168.192.in-addr.arpa    name = ftp.test.com.200.168.192.in-addr.arpa.
```

nslookup 命令既可以使用命令行模式,也可以使用交互模式。

(2) 使用 dig 命令验证 DNS 服务,其实现代码与结果如下:

```
[root@dns-client ~]# dig   -t   A   www.test.com                              //正向查询资源记录
…
;; QUESTION SECTION:
;www.test.com.                        IN    A
;; ANSWER SECTION:
www.test.com.              86400       IN  A     192.168.200.102
…
[root@dns-client ~]# dig   -x   192.168.200.103                             //反向查询 PTR 资源记录
…
;; QUESTION SECTION:
;103.200.168.192.in-addr.arpa. IN    PTR
;; ANSWER SECTION:
103.200.168.192.in-addr.arpa. 86400 IN   PTR ftp.test.com.200.168.192.in-addr.arpa.
…
```

dig(domain information gropher)是一个灵活的命令行方式的域名查询工具。

(3) 使用 host 命令验证 DNS 服务，其实现代码与结果如下：

```
[root@dns-client ~]# host   mail.test.com                               //正向查询资源记录
mail.test.com has address 192.168.200.101
[root@dns-client ~]# host   192.168.200.102                             //反向查询 PTR 资源记录
102.200.168.192.in-addr.arpa domain name pointer www.test.com.200.168.192.in-addr.arpa.
```

host 命令用于简单的主机名的信息查询。在默认情况下，host 只在主机名和 IP 地址之间进行转换。

任务实施

任务 16 的实施过程如表 16-1 所示。

表 16-1   任务 16 的实施过程

操作步骤	操作过程	操作说明
步骤一： DNS 服务的 安装	[root@localhost ~]# hostnamectl set-hostname dns-server [root@dns-server ~]# mkdir /mnt/cdrom	
	[root@dns-server ~]# mount /dev/cdrom /mnt/cdrom [root@dns-server ~]# mv /etc/yum.repos.d/* /opt/ [root@dns-server ~]# vim /etc/yum.repos.d/local.repo	将光盘文件挂载 备份原有软件源 制作本地软件源
	[root@dns-server ~]# dnf clean all [root@dns-server ~]# dnf install bind* -y [root@dns-server ~]# firewall-cmd --permanent --add-service = dns [root@dns-server ~]# firewall-cmd --reload	安装 BIND 服务 放行 DNS 服务
	[root@dns-server ~]# setenforce 0 [root@dns-server ~]# systemctl restart named	设置 SELinux 模式 重启服务

操作步骤	操 作 过 程	操作说明

步骤二：
编辑主配置文件
	[root@dns-server ~]# vim /etc/named.conf
	      listen-on port 53 { any; };
	      allow-query { any; };
		允许所有主机监听端口
		允许所有主机访问

步骤三：
编辑区域配置文件
	[root@dns-server ~]# vim /etc/named.rfc1912.zones
	zone "mcompany.com" IN {
	      type master;
	      file "mcompany.com.zone";
	      allow-update { none; };
	};
		正向解析相关参数

	zone "200.168.192.in-addr.arpa" IN {
	      type master;
	      file "192.168.200.zone";
	      allow-update { none; };
	};
		反向解析相关参数

步骤四： 创建正反向解析区域声明文件	[root@dns-server ~]# cp -p /var/named/named.localhost /var/named/mcompany.com.zone [root@dns-server ~]# vim /var/named/mcompany.com.zone IN NS mcompany.com. dns IN A 192.168.200.100 mail IN A 192.168.200.110 www IN A 192.168.200.120 ftp IN A 192.168.200.130 [root@dns-server ~]# cp -p /var/named/named.loopback /var/named/192.168.200.zone	正向解析区域声明文件
	[root@dns-server ~]# vim /var/named/192.168.200.zone IN NS mcompany.com. 100 IN PTR dns.mcompany.com 110 IN PTR mail.mcompany.com 120 IN PTR www.mcompany.com 130 IN PTR ftp.mcompany.com	反向解析区域声明文件

任务拓展

某学校需要架设一台 DNS 服务器负责 jsei.edu.cn 域的域名解析工作。DNS 服务器的 FQDN 为 dns.jsei.edu.cn，IP 地址为 192.168.100.100，设置 www.jsei.edu.cn 的别名为 web.jsei.edu.cn。要求为以下域名实现正反向域名解析服务：

- dns.jsei.edu.cn   192.168.100.100
- mail.jsei.edu.cn   192.168.100.101
- www.jsei.edu.cn   192.168.100.102

任务 17　Apache 服务器配置与管理

任务介绍

M 公司因工作需要，要搭建 Apache 服务器提供 Web 服务，具体要求如下：

(1) Apache 服务器 IP 地址为 192.168.200.100。

(2) 网站根目录为 /data/web，网站首页文件为 index.html。

(3) 网站首页显示内容为 "Welcome to M company"。

任务分析

要实现该企业 Apache 服务器的配置，可以分为以下 4 个步骤：

步骤一，Apache 服务的安装。

步骤二，创建网站根目录、网页文件。

步骤三，修改主配置文件。

步骤四，客户端验证。

必备知识

完成本任务需要掌握的必备知识见 17.1～17.6 节。

17.1　Web 服务概述

万维网(World Wide Web，WWW)也称 Web，是 Internet 上最热门的服务之一，其主要功能是提供网上信息浏览服务。它起源于 1989 年欧洲核子研究组织(CERN)研发的主从结构分布式超媒体系统。通过万维网，人们可以迅速且方便地获得丰富的信息资料。

1. 统一资源定位符(URL)

URL(Uniform Resource Locator，统一资源定位符)是对可以从互联网上得到的资源的位置和访问方法的一种简洁的表示，是互联网上标准资源的地址。其具体格式如下：

协议名称://机器地址:端口号/路径名/文件名

- 协议名称：所使用的访问协议，如 http、ftp 等。
- 机器地址：数据所在的机器 IP 地址/域名。
- 端口号：请求数据的数据源端口。
- 路径名：数据所在的相对路径。

● 文件名：请求数据的文件名。

2. HTTP

HTTP(Hyper Text Transfer Protocol，超文本传输协议)是互联网上应用最为广泛的一种网络协议。HTTP 是 Web 数据通信的基础，规定了客户端和服务器等 Web 组件相互交换信息的格式和含义。HTTP 协议是可靠的数据传输协议，使用时简单快速，允许传输任意类型的数据对象。

3. Web 服务的工作原理

Web 服务的工作流程如下：

(1) Web 浏览器使用 HTTP 命令向服务器发出 Web 请求(一般是使用 GET 命令要求返回一个页面，但也有 POST 等命令)，如图 17-1 所示。

(2) 服务器接收到 Web 请求后，发送一个应答并在客户端和服务器之间建立连接，如图 17-2 所示。

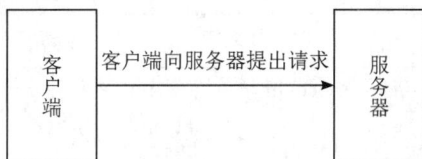

图 17-1　发出 Web 请求　　　　图 17-2　建立连接

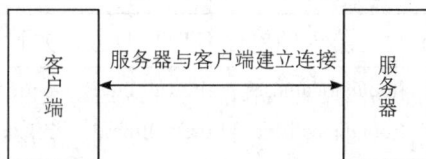

(3) Web 服务器查找客户端所需文档，若查找到所请求的文档，则将文档传送给 Web 浏览器；若该文档不存在，则服务器发送一个相应的错误提示文档给客户端。

(4) Web 浏览器接收到文档后，将它解释并显示在屏幕上。

(5) 当客户端浏览完成后，就断开了与服务器的连接。

17.2　Apache 服务概述

1. Apache 概述

Apache(Apache HTTP Server)是 Apache 软件基金会(ASF)的一个开放源码的网页服务器，可以在大多数计算机操作系统中运行，由于其多平台和安全性被广泛使用，是最流行的 Web 服务器端软件之一。Apache 取自"a patchy server"，意思是充满补丁的服务器，因为它是自由软件，所以不断有人来为它开发新的功能、新的特性和修正原来的缺陷。1995年 12 月 Apache 1.0 版发行，在随后的 20 多年中，Apache 不断改进，现在已经成为使用最广泛的 WWW 服务器。

2. Apache 特性

Apache 的主要特性如下：

(1) 开放源代码、跨平台应用。Apache 可以运行在 UNIX、Linux 和 Windows 等多种系统中。

(2) 模块化设计、运行稳定、安全性良好。

(3) 实现了动态共享对象(Dynamic Shared Objects，DSO)，允许在运行时动态装载功能模块。

(4) 支持最新的 HTTP 1.1 协议。

(5) 支持虚拟主机，支持 HTTP 认证，集成了代理服务，支持安全 Socket 层(SSL)。

(6) 使用简单而强有力的基于文本的配置文件，具有可定制的服务器日志。

(7) 支持通用网关接口 CGI、FastCGI，服务器端包含命令(SSI)。

(8) 支持 PHP/Perl/Python/Ruby/Java Servlets 等脚本编程语言。

(9) 支持第三方软件开发商提供的大量功能模块。

17.3　Apache 服务的安装与启动

Apache 服务的安装与启动的步骤如下:

(1) 配置本地软件源(见 11.5 节相关内容)。

(2) 使用 dnf 命令安装 Apache 服务，其实现代码与结果如下:

```
[root@localhost ~]# dnf   clean   all
[root@localhost ~]# dnf   install   httpd   -y
```

(3) 设置防火墙放行 HTTP 服务，并设置 SELinux 模式。其实现代码与结果如下:

```
[root@localhost ~]# firewall-cmd   --permanent   --add-service=http   //放行 HTTP 服务
[root@localhost ~]# firewall-cmd   --reload                            //重新加载防火墙
[root@localhost ~]# systemctl   enable   firewalld                     //设置防火墙开机启动
[root@localhost ~]# setenforce   0                                     //设置 SELinux 模式
```

使用 firewall-cmd 命令，放行 HTTP 服务；执行命令"setenforce   0"，将 SELinux 模式设置为 permissive。

(4) 设置 Apache 服务开机启动，并重启 Apache 服务。其实现代码与结果如下:

```
[root@localhost ~]# systemctl   enable   httpd        //设置 Apache 服务开机启动
[root@localhost ~]# systemctl   restart   httpd       //重启 Apache 服务
```

为了验证 Apache 服务器是否能正常运行，可以在 Linux 系统中打开 Firefox，在地址栏输入"http://127.0.0.1"，若可以看到如图 17-3 所示的测试界面，则表明 Apache 服务器能正常运行。

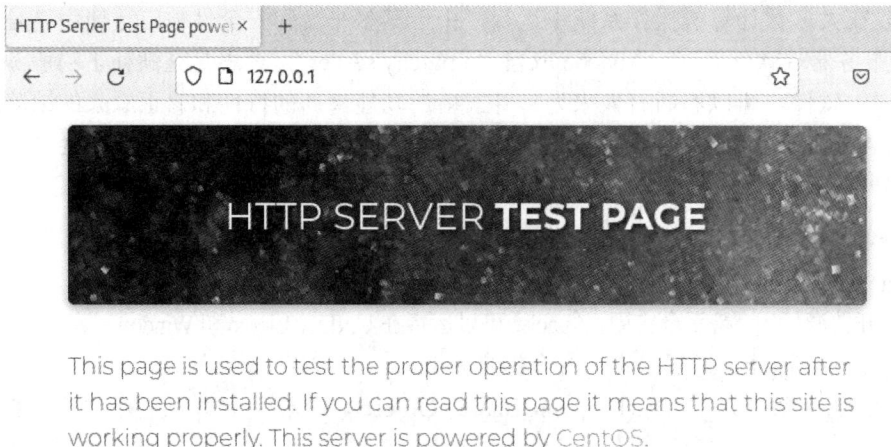

图 17-3　测试界面

17.4 Apache 的配置文件

Apache 服务的主要配置文件如表 17-1 所示。

表 17-1 Apache 服务的主要配置文件

配置文件位置	文 件 作 用
/etc/httpd/conf/httpd.conf	主配置文件
/var/www/html	网站根目录
/var/log/httpd/access_log	访问日志
/var/log/httpd/error_log	错误日志

1. 主配置文件(httpd.conf)

Apache 服务的主配置文件名为 /etc/httpd/conf/httpd.conf，这个文件中的内容非常多，用 wc 命令统计，一共有 1000 多行，其中大部分是以#开头的注释行。

1) 文件结构

使用命令"cat"加"grep"过滤#开头的行后，可以看到该文件的大致结构如下：

```
[root@localhost ~]# cat    /etc/httpd/conf/httpd.conf | grep -v '#'
ServerRoot "/etc/httpd"
Listen 80
Include conf.modules.d/*.conf
User apache
Group apache
ServerAdmin root@localhost
<Directory />
AllowOverride none
Require all denied
</Directory>
DocumentRoot "/var/www/html"
…
```

2) 常用参数

下面介绍在 Apache 服务的主配置文件中常用参数的含义。

(1) **ServerRoot**：设置 Apache 的服务目录，即 httpd 守护进程的工作目录，默认是 /etc/httpd。

(2) **ServerAdmin**：指定网站管理员的邮箱。当网站出现异常状况时，向管理员邮箱发送错误信息。

(3) **ServerName**：指定 Apache 服务器的主机名，要保证能够被 DNS 服务器解析。

(4) **DocumentRoot**：网站数据的根目录。一般来说，除了虚拟目录，Web 服务器上存储的网站资源都在这个目录下，默认值是 /var/www/html。

(5) **Listen**：指定 Apache 的监听 IP 地址和端口，默认工作端口是 80。

(6) **User**：指定运行 Apache 服务的用户，默认是 apache。

(7) **Group**：指定运行 Apache 服务的组，默认是 apache。

(8) **Error Log**：指定 Apache 的错误日志文件，默认是 logs/error_log。

(9) **CustomLog**：指定 Apache 的访问日志文件，默认是 logs/access_log。

(10) **LogLevel**：指定日志信息级别，也就是在日志文件中写入哪些日志信息。

(11) **TimeOut**：网页超时时间。Web 客户端在发送和接收数据时，如果连线时间超过这个时间，就会自动断开连接，默认是 300 秒。

(12) **Directory**：设置服务器上资源目录的路径、权限及其他相关属性。

(13) **DirectoryIndex**：指定网站的首页，默认的首页文件是 index.html。

(14) **MaxClients**：指定网站的最大连接数，即 Web 服务器可以允许同时连接客户端的数量。

2. 网站首页文件

默认情况下，网站首页文件是/var/www/html/index.html，通过在该文件中写入内容，可以更改首页内容。

17.5　常规 Apache 服务器配置

1. 设置网站数据的根目录和首页内容

默认情况下，在 Apache 服务的主配置文件中，网站数据的根目录为/var/www/html，网站首页文件为 /var/www/html/index.html。

[例 1]　在 IP 地址为 192.168.200.10 的服务器中，将服务器上存储网站数据的根目录设置为 /home/http，将网站首页文件修改为 myweb.html，并将首页内容修改为"Welcome to JSEI"，具体步骤如下：

步骤一，创建存储网站数据的根目录，并创建首页文件。其实现代码与结果如下：

```
[root@web-server ~]# mkdir    /home/http
[root@web-server ~]# echo    "Welcome to JSEI" > /home/http/myweb.html
```

步骤二，修改主配置文件。

使用 Vim 编辑器修改主配置文件，将第 124 行用于定义网站数据的根目录的参数 DocumentRoot 和第 129 行目录路径修改为/home/http，同时将第 169 行指定网站的首页文件修改为 myweb.html，修改完成后保存并退出。其实现代码与结果如下：

```
[root@web-server ~]# vim    /etc/httpd/conf/httpd.conf
…
    124 DocumentRoot "/home/http"
    125
    126 #
    127 # Relax access to content within /var/www.
    128 #
```

```
    129 <Directory "/home/http">
    130     AllowOverride None
    131     # Allow open access:
    132     Require all granted
133</Directory>
…
    168 <IfModule dir_module>
    169     DirectoryIndex  myweb.html
170 </IfModule>
…
[root@web-server ~]# systemctl   restart   httpd
```

步骤三，服务器端验证。

在服务器端的 Firefox 浏览器中访问"http://127.0.0.1"，可以看到服务器首页的内容已经发生了改变，如图 17-4 所示。

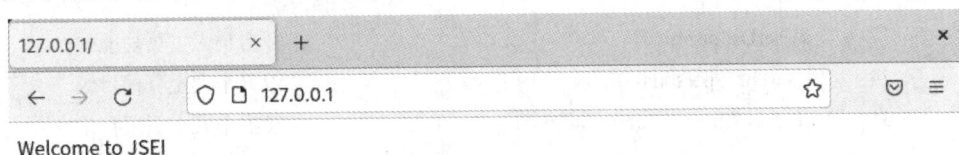

图 17-4　服务器端新的首页

步骤四，客户端验证。

在客户端的浏览器中输入"http://192.168.200.10/myweb.html"，也可以看到首页内容，如图 17-5 所示。

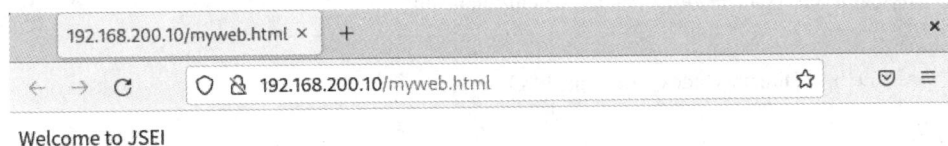

图 17-5　客户端测试成功

注意：为了后面的例子配置不受前面设置的影响，每个例子都使用新安装完 Apache 服务的虚拟机。

2. 设置用户个人主页

现在很多网站向用户提供了"个人主页"功能，允许用户管理自己的主页空间。Apache 可以实现个人主页的设置，用户访问个人主页的 URL 格式如下：

　　　http://域名/~用户名

[例2]　在 IP 地址为 192.168.200.10 的服务器中，为用户 zhangsan 设置个人主页空间，该用户的家目录为 /home/zhangsan，个人主页空间所在目录为 personal，个人首页文件为 personal.html，首页显示内容为"This is zhangsan's blog"，具体步骤如下：

步骤一，添加用户，并修改用户家目录权限。其实现代码与结果如下：

```
[root@web-server ~]# useradd   zhangsan
```

```
[root@web-server ~]# passwd    zhangsan
[root@web-server ~]# chmod    705    /home/zhangsan
```

步骤二，创建存放个人主页空间的目录，并创建个人首页文件。其实现代码与结果如下：

```
[root@web-server ~]# mkdir    /home/http
[root@web-server ~]# mkdir    /home/zhangsan/personal/
[root@web-server ~]# echo "This is zhangsan's blog" > /home/zhangsan/personal/personal.html
```

步骤三，修改个人首页配置文件。

使用 Vim 编辑器修改个人首页配置文件 /etc/httpd/conf.d/userdir.conf，在第 17 行之前加 #，表示开启个人主页功能；去掉第 24 行前面的#，并设置 UserDir 参数为个人主页空间所在目录；在第 31 行，设置参数为个人主页空间所在目录。修改完成后保存并退出。其实现代码与结果如下：

```
[root@web-server ~]# vim    /etc/httpd/conf.d/userdir.conf
...
17      #UserDir disabled                          //开启个人主页功能
24      UserDir   personal                         //设置个人主页根目录
31      <Directory "/home/*/personal">             //设置个人主页根目录
...
```

步骤四，修改主配置文件。

使用 Vim 编辑器修改主配置文件，将第 169 行 DirectoryIndex 参数修改为 personal.html，其实现代码与结果如下：

```
[root@web-server ~]# vim    /etc/httpd/conf/httpd.conf
...
169      DirectoryIndex    personal.html
...
[root@server ~]# systemctl    restart    httpd
```

步骤五，客户端验证。

在客户端的浏览器中输入"http://192.168.200.10/~zhangsan/"，可以看到 zhangsan 用户的个人主页，如图 17-6 所示。

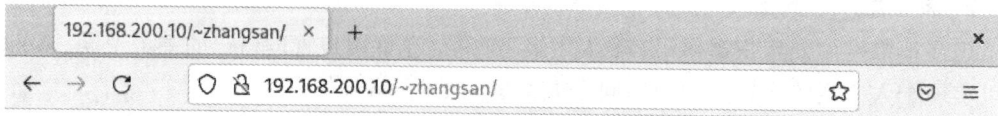

This is zhangsan's blog

图 17-6   zhangsan 用户的个人主页

3. 设置虚拟目录

将 Web 应用放在 Apache 默认的根目录下，Apache 会自动地管理它。若想把 Web 应用放在其他目录下，且 Apache 仍然能够访问它，则需要用到 Apache 的虚拟目录功能。每一个虚拟目录都有一个别名，客户端可以通过此别名访问虚拟目录。

[例3]　在 IP 地址为 192.168.200.10 的服务器中，创建名为 /myblog 的虚拟目录，对应的物理路径为/virtual，首页文件使用默认的 index.html，具体步骤如下：

步骤一，创建物理目录和首页文件，并修改访问权限。其实现代码与结果如下：

```
[root@web-server ~]# mkdir    /virtual
[root@web-server ~]# echo    "This is myblog" > /virtual/index.html
[root@web-server ~]# chmod    -R    705 /virtual/
```

步骤二，修改主配置文件。

在主配置文件中增加代码，为物理目录指定别名并设置目录的访问权限，其实现代码与结果如下：

```
[root@web-server ~]# vim    /etc/httpd/conf/httpd.conf
…
Alias    /myblog    "/virtual"
<Directory "/virtual">
    AllowOverride None
    Require all granted
</Directory>
[root@web-server ~]# systemctl    restart    httpd
```

步骤三，客户端验证。

在客户端的浏览器中输入"http://192.168.200.10/myblog/"，可以看到虚拟目录的访问效果，如图 17-7 所示。

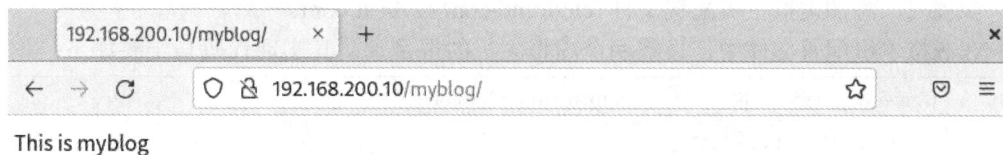

图 17-7　测试虚拟目录的页面

17.6　Apache 虚拟主机配置

虚拟主机是在一台物理主机上搭建多个网站的一种技术。使用虚拟主机技术，可以降低单个站点的运营成本。在 Apache 服务器上有 3 种类型的虚拟主机，分别是基于 IP 地址、基于域名和基于端口号的虚拟主机。

1. 配置基于 IP 地址的虚拟主机

基于 IP 地址的虚拟主机需要为服务器设置多个 IP 地址，再将多个网站绑定到不同的 IP 地址上，通过不同的 IP 地址来访问不同的网站。

[例1]　为 Apache 服务器配置两个 IP 地址，分别为 192.168.200.10 和 192.168.200.20。利用这两个 IP 地址分别创建两个基于 IP 地址的虚拟主机，要求不同的虚拟主机对应的主目录不同，首页内容也不同，具体步骤如下：

步骤一，设置 Apache 服务器的 IP 地址，设置结果如图 17-8 所示。

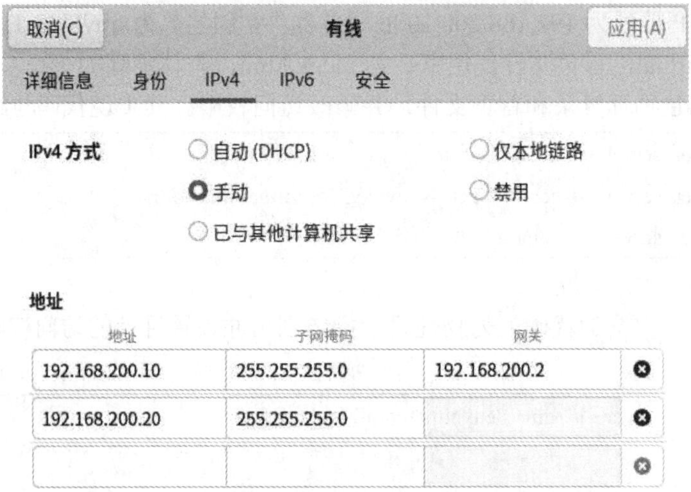

图 17-8　IP 地址设置页面

步骤二，为两台虚拟主机分别创建根目录和首页文件。其实现代码与结果如下：

```
[root@web-server ~]# mkdir   /var/www/web1
[root@web-server ~]# mkdir   /var/www/web2
[root@web-server ~]# chmod   705   /var/www/web1
[root@web-server ~]# chmod   705   /var/www/web2
[root@web-server ~]# echo   "This is web1" > /var/www/web1/index.html
[root@web-server ~]# echo   "This is web2" > /var/www/web2/index.html
```

步骤三，添加虚拟主机配置文件 /etc/httpd/conf.d/vhost.conf。

在虚拟主机配置文件中，设置两个虚拟主机的根目录。其实现代码与结果如下：

```
[root@web-server ~]# vim   /etc/httpd/conf.d/vhost.conf
<Virtualhost   192.168.200.10>
        DocumentRoot   /var/www/web1
</Virtualhost>
<Virtualhost   192.168.200.20>
        DocumentRoot   /var/www/web2
</Virtualhost>
```

步骤四，修改主配置文件。

在主配置文件中增加代码，用于设置网站根目录的权限。其实现代码与结果如下：

```
[root@web-server ~]# vim   /etc/httpd/conf/httpd.conf
<Directory "/var/www/web1">
        AllowOverride none
        Require all granted
</Directory>
<Directory "/var/www/web2">
```

```
            AllowOverride none
            Require all granted
        </Directory>
[root@web-server ~]# systemctl    restart    httpd
```

步骤五，客户端验证。

在客户端的浏览器中输入"http://192.168.200.10/"和"http://192.168.200.20/"，可以看到两台虚拟主机的首页，如图 17-9 所示。

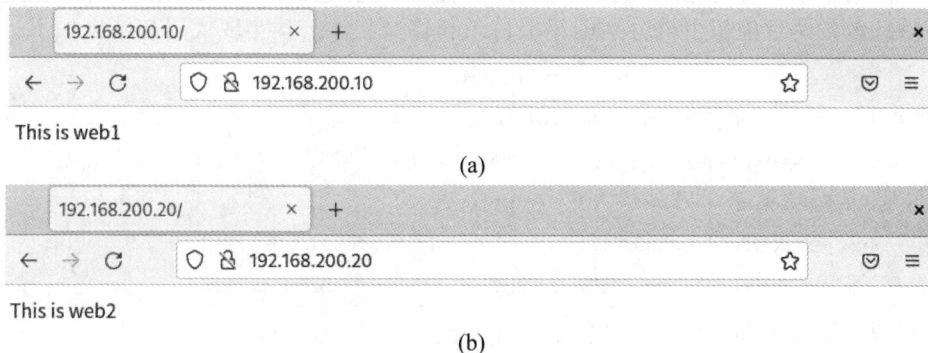

| 192.168.200.10/ | × | + | | | | × |

← → C ○ 🔒 192.168.200.10 ☆ ☑ ≡

This is web1

(a)

| 192.168.200.20/ | × | + | | | | × |

← → C ○ 🔒 192.168.200.20 ☆ ☑ ≡

This is web2

(b)

图 17-9 基于 IP 地址的虚拟主机首页

2. 配置基于域名的虚拟主机

基于域名的虚拟主机服务器只需有一个 IP 地址，各虚拟主机之间共享同一个 IP 地址，通过不同的域名进行区分。因此，建立基于域名的虚拟主机需要在 DNS 服务器中建立多个主机资源记录，使不同的域名解析到同一个 IP 地址。

[例 2] 在 IP 地址为 192.168.200.10 的 Apache 服务器中，搭建 DNS 服务器和两台基于域名的虚拟主机。两台虚拟主机的域名分别为 www1.virtual.com 和 www2.virtual.com，要求不同的虚拟主机对应的主目录不同，首页内容也不同，具体步骤如下：

步骤一，安装 DNS 服务，并在防火墙中放行该服务。其实现代码与结果如下：

```
[root@web-server ~]# dnf    install    bind    bind-chroot    -y
[root@web-server ~]# firewall-cmd    --permanent    --add-service=dns
[root@web-server ~]# firewall-cmd    --reload
```

步骤二，设置正向解析区域声明文件。

为了方便编辑，先将样本文件复制到 virtual.com.zone，再对 virtual.com.zone 进行编辑修改。其实现代码与结果如下：

```
[root@web-server ~]# cp    -p    /var/named/named.localhost    /var/named/virtual.com.zone
[root@web-server ~]# vim    /var/named/virtual.com.zone
$TTL 1D
@          IN SOA   dns.virtual.com. (
                                    0          ; serial
                                    1D         ; refresh
                                    1H         ; retry
```

```
                                    1W        ; expire
                                    3H )      ; minimum
   @       IN     ns   dns.virtual.com
   dns        IN    A   192.168.200.10
   www1       IN    A   192.168.200.10
   www2       IN    A   192.168.200.10
   [root@web-server ~]# systemctl   restart   named
```

步骤三，为两台虚拟主机分别创建根目录和首页文件。其实现代码与结果如下：

```
   [root@web-server ~]# mkdir    /var/www/web1
   [root@web-server ~]# mkdir    /var/www/web2
   [root@web-server ~]# chmod    705   /var/www/web1
   [root@web-server ~]# chmod    705   /var/www/web2
   [root@web-server ~]# echo    "This is web1" > /var/www/web1/index.html
   [root@web-server ~]# echo    "This is web2" > /var/www/web2/index.html
```

步骤四，添加虚拟主机配置文件/etc/httpd/conf.d/vhost.conf。

在虚拟主机配置文件中，设置两个虚拟主机的根目录。其实现代码与结果如下：

```
   [root@web-server ~]# vim    /etc/httpd/conf.d/vhost.conf
   <Virtualhost   192.168.200.10>
          DocumentRoot   /var/www/web1
          ServerName www1.virtual.com
   </Virtualhost>
   <Virtualhost   192.168.200.10>
          DocumentRoot   /var/www/web2
          ServerName www2.virtual.com
   </Virtualhost>
```

步骤五，修改主配置文件。

在主配置文件中增加代码，用于设置网站根目录的权限。其实现代码与结果如下：

```
   [root@web-server ~]# vim    /etc/httpd/conf/httpd.conf
   …
   <Directory "/var/www">
          AllowOverride None
          Require all granted
   </Directory>
   [root@web-server ~]# systemctl    restart    httpd
```

步骤六，客户端验证。

首先需要在客户端的域名解析文件/etc/hosts 中，增加两行新的地址解析。其实现代码
与结果如下：

```
[root@web-client ~]# vim    /etc/hosts
192.168.200.10    www1.virtual.com
192.168.200.10    www2.virtual.com
```

然后在客户端的浏览器中输入"http://www1.virtual.com/"和"http://www2.virtual.com/"，可以看到两台虚拟主机的首页，如图 17-10 所示。

This is web1

(a)

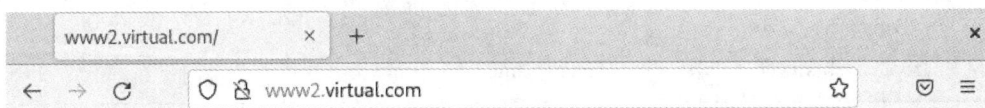

This is web2

(b)

图 17-10　基于域名的虚拟主机首页

3. 配置基于端口号的虚拟主机

基于端口号的虚拟主机和基于域名的虚拟主机类似，服务器只需有一个 IP 地址，各虚拟主机之间共享同一个 IP 地址，通过不同的端口号进行区分。配置基于端口号的虚拟主机时，需要在 Apache 主配置文件中使用 Listen 语句设置多个监听端口。

[例 3]　在 IP 地址为 192.168.200.10 的 Apache 服务器中，创建基于 8080 和 8090 端口的两个虚拟主机，要求不同的虚拟主机对应的主目录不同，首页内容也不同，具体步骤如下：

步骤一，为两台虚拟主机分别创建根目录和首页文件。其实现代码与结果如下：

```
[root@web-server ~]# mkdir    /var/www/8080
[root@web-server ~]# mkdir    /var/www/8090
[root@web-server ~]# chmod    705    /var/www/8080
[root@web-server ~]# chmod    705    /var/www/8090
[root@web-server ~]# echo    "This is 8080's web" > /var/www/8080/index.html
[root@web-server ~]# echo    "This is 8090's web " > /var/www/8090/index.html
```

步骤二，添加虚拟主机配置文件/etc/httpd/conf.d/vhost.conf。

在虚拟主机配置文件中，设置两个虚拟主机的根目录。其实现代码与结果如下：

```
[root@web-server ~]# vim    /etc/httpd/conf.d/vhost.conf
<Virtualhost    192.168.200.10:8080>
        DocumentRoot    /var/www/8080
</Virtualhost>
<Virtualhost    192.168.200.10:8090>
        DocumentRoot    /var/www/8090
</Virtualhost>
```

步骤三，修改主配置文件。

在主配置文件中增加代码，用于监听端口和设置网站根目录的权限。其实现代码与结果如下：

```
[root@web-server ~]# vim    /etc/httpd/conf/httpd.conf
…
Listen 8080
Listen 8090
<Directory "/var/www">
    AllowOverride None
    Require all granted
</Directory>
[root@web-server ~]# systemctl    restart    httpd
```

步骤四，防火墙放行端口。

默认情况下，防火墙会拒绝 Apahe 服务器使用 8080 和 8090 这两个端口，所以需要使用 firewall-cmd 命令将这两个端口添加到 public 区域中，并重新加载配置。其实现代码与结果如下：

```
[root@web-server ~]# firewall-cmd    --permanent    --zone=public    --add-port=8080/tcp
[root@web-server ~]# firewall-cmd    --permanent    --zone=public    --add-port=8090/tcp
[root@web-server ~]# firewall-cmd    --reload
```

步骤五，客户端验证。

在客户端的浏览器中输入"http://192.168.200.10:8080/"和"http://192.168.200.10:8090/"，可以看到两台虚拟主机的首页，如图 17-11 所示。

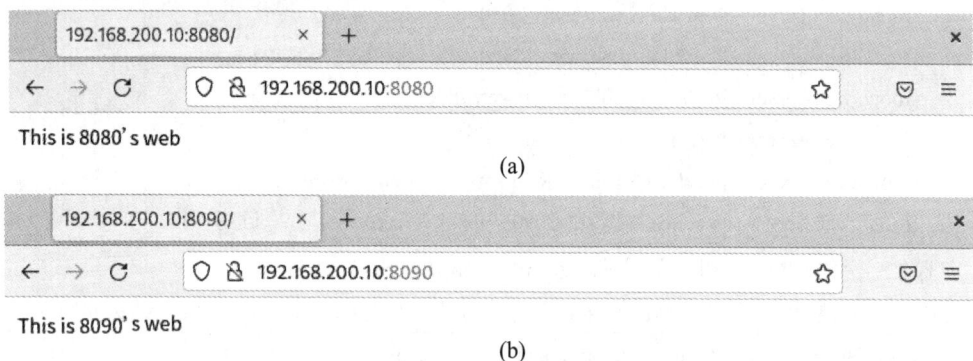

This is 8080's web

(a)

This is 8090's web

(b)

图 17-11　基于端口号的虚拟主机首页

任务实施

任务 17 的实施过程如表 17-2 所示。

表 17-2　任务 17 的实施过程

操作步骤	操作过程	操作说明
步骤一： Apache 服务的安装	[root@localhost ~]# hostnamectl　set-hostname　web-server	修改主机名
	[root@web-server ~]# mkdir　/mnt/cdrom [root@web-server ~]# mount　/dev/cdrom　/mnt/cdrom [root@web-server ~]# mv　/etc/yum.repos.d/*　/opt/ [root@web-server ~]# vim　/etc/yum.repos.d/local.repo	将光盘文件挂载 备份原有软件源 制作本地软件源
	[root@web-server ~]# dnf　clean　all [root@web-server ~]# dnf　install　httpd　-y [root@web-server ~]# firewall-cmd　--permanent　--add-service=http [root@web-server ~]# firewall-cmd　--reload	安装 HTTP 服务 放行 HTTP 服务
	[root@web-server ~]# setenfoce　0 [root@web-server ~]# systemctl　restart　httpd	设置 SELinux 模式 重启服务
步骤二： 创建网站根目录及文件	[root@web-server ~]# mkdir　-p　/data/web [root@web-server ~]# chmod　705　/data/web [root@web-server ~]# echo "Welcome　to　M　company" > /data/web/index.html	
步骤三： 修改配置文件	[root@web-server ~]# vim　/etc/httpd/conf/httpd.conf ... 124　　DocumentRoot "/data/web" 129　　\<Directory "/data/web"> 130　　　　AllowOverride None 132　　　　Require all granted	
	133　　\</Directory> [root@web-server ~]# systemctl　restart　httpd	
步骤四： 客户端验证	在客户端的浏览器中输入"http://192.168.200.100"，可以看到网站首页内容 192.168.200.100/　　×　＋　　　　　　　　　　　　　　× ←　→　C　　○　🔒　192.168.200.100　　　　　☆　　♡　≡ Welcome to M company	

🚴 任务拓展

　　某学校需要在服务器中添加 Web 服务，网站根目录为/JSEI/web，网站首页文件为 index.html，网站首页显示内容为"Welcome to JSEI！"。

任务 18　FTP 服务器配置与管理

任务介绍

M 公司需要搭建 FTP 服务器，来为企业局域网中的计算机提供文件传输服务。其具体要求如下：

(1) FTP 服务器 IP 地址为 192.168.200.100。

(2) 创建本地用户 ftpadmin，用于管理 FTP 服务器，允许用户 ftpadmin 上传和下载文件，并将用户 ftpadmin 锁定在其根目录中。

(3) 设置本地用户的根目录为/company/public，在目录中创建测试文件 ftpfile。

任务分析

考虑到企业服务器的安全性，不允许匿名用户登录，仅限本地用户访问。要实现该企业 FTP 服务器的配置，可以分为以下 5 个步骤：

步骤一，vsftpd 服务的安装。

步骤二，创建用户、用户根目录。

步骤三，修改主配置文件。

步骤四，添加用户名单。

步骤五，客户端验证。

必备知识

完成本任务需要掌握的必备知识见 18.1～18.4 节。

18.1　FTP 服务概述

1. FTP 简介

FTP(File Transfer Protocol，文件传输协议)是用于在网络上进行文件传输的一套标准协议，它工作在 OSI(Open System Interconnect，开放式系统互连)模型的第七层，TCP/IP 模型的第四层，使用 TCP 传输而不是 UDP(User Datagram Protocol，用户数据报协议)，客户在和服务器建立连接前要经过一个"三次握手"的过程，从而保证客户与服务器之间的连接是可靠的，而且是面向连接的，为数据传输提供了可靠保证。

FTP 允许用户以文件操作的方式(包括增、删、改、查和传送等)与另一台主机进行双向通信。即使用户没有真正登录到想要访问的计算机上，也可以使用 FTP 程序来连接远程资源。通过这种方式，用户可以实现在不同计算机之间传输文件、进行目录管理，甚至访问电子邮件等功能，而无须成为远程计算机的注册用户。这种灵活性使得双方的计算机，即使可能运行着不同的操作系统和采用了不同的文件存储方式，也能够顺利进行通信和数据交换。

FTP 在对外提供服务时需要维护两个连接：一个是控制连接，负责监听 21 端口，用来传输控制命令；另一个是数据连接，在主动传输方式下监听 20 端口，用来传输数据。

2. FTP 用户

基于对 FTP 服务器安全性的考虑，可采用分用户访问 FTP 服务器的方式。FTP 默认提供 3 类用户，分别为匿名用户、实体用户和虚拟用户。不同的用户对应着不同的权限和操作方式。

(1) **匿名用户**：即 Anonymous 用户。当客户端访问 FTP 资源时，可以在没有服务器的账户名及密码的情况下，使用匿名用户访问 FTP 服务器的共享资源。

(2) **实体用户**：FTP 服务器的本地账户，当用户登录 FTP 服务器时，其默认的工作主目录就是以其账户命名的目录，也可变更其工作主目录。该用户不仅可以访问 FTP 共享资源，还可以访问系统下该用户的资源。

(3) **虚拟用户**：FTP 建立的专有的用户，将账号和密码保存在数据库中，采用非系统账户访问服务器资源。相对 FTP 的实体用户，虚拟用户只能访问 FTP 共享资源，而没有操作系统其他资源的权利。

3. FTP 工作原理

FTP 大大地简化了文件传输的复杂性，它能够使文件通过网络从一台主机传送到另外一台计算机上，而且不受计算机和操作系统类型的限制。无论是 PC、服务器、大型机，还是 iOS、Linux、Windows 操作系统，只要双方都支持 FTP，就可以方便、可靠地进行文件的传送。FTP 服务的具体工作过程如下：

(1) 客户端向服务器发出连接请求，同时客户端系统动态地打开一个大于 1024 的端口等候服务器连接(如 1100 端口)，如图 18-1 所示。

(2) 若 FTP 服务器在端口 21 侦听到该请求，则会在客户端的 1100 端口和服务器的 21 端口之间建立起一个 FTP 会话连接，如图 18-2 所示。

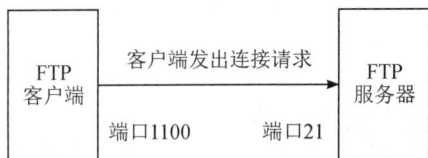

图 18-1　客户端发出连接请求　　　　　图 18-2　客户端与服务器建立会话连接

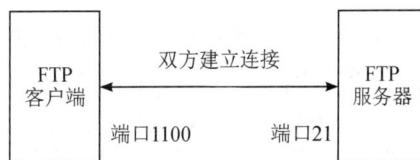

(3) 当需要传输数据时，FTP 客户端再动态地打开一个大于 1024 的端口(如 1101 端口)连接到服务器的 20 端口，并在这两个端口之间进行数据的传输，如图 18-3 所示。当数据传输完毕后，这两个端口会自动关闭。

(4) 当 FTP 客户端断开与 FTP 服务器的连接时，客户端上动态分配的端口将自动释放，如图 18-4 所示。

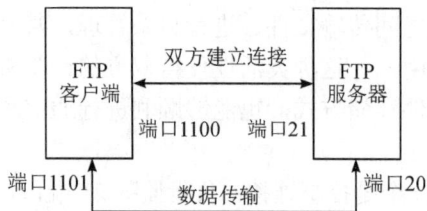

图 18-3 客户端与服务器建立数据传输连接

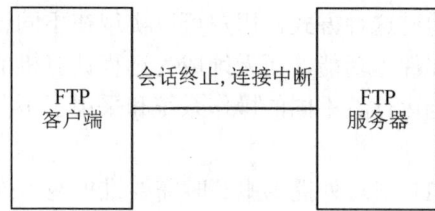

图 18-4 客户端与服务器断开连接

4. 常用的 FTP 命令

FTP 命令的功能是用命令的方式来控制本地机和 FTP 服务器之间的文件传送。常用的 FTP 命令及其功能如表 18-1 所示。

表 18-1 常用的 FTP 命令及其功能

FTP 命令	功　　能
cd	切换 FTP 服务器目录
get	下载文件
put	上传文件
delete	删除 FTP 服务器中的文件
chmod	修改 FTP 服务器中的文件权限
mkdir	在 FTP 服务器中创建目录
rmdir	删除 FTP 服务器中的目录
quit	退出 FTP 命令交互模式

5. vsftpd 介绍

vsftpd(very secure FTP daemon)是一个运行在 Linux 系统上的 FTP 服务程序，安全性是其最大的特点。它是一个完全免费的、开放源代码的 FTP 服务器软件，拥有很多其他的 FTP 服务器所不支持的功能。

18.2　vsftpd 服务的安装与启动

vsftpd 服务的安装与启动的步骤如下：

(1) 配置本地软件源(见 11.5 节相关内容)。

(2) 使用 dnf 命令安装 vsftpd 服务，其实现代码与结果如下：

```
[root@localhost ~]# dnf  clean  all
[root@localhost ~]# dnf  install  vsftpd  -y
```

(3) 设置防火墙放行 FTP 服务，并设置 SELinux 模式。其实现代码与结果如下：

```
[root@localhost ~]# firewall-cmd  --permanent  --add-service=ftp    //放行 FTP 服务
[root@localhost ~]# firewall-cmd  --reload                          //重新加载防火墙
[root@localhost ~]# systemctl  enable  firewalld                    //设置防火墙开机启动
[root@localhost ~]# setenforce  0                                   //设置 SELinux 模式
```

使用 firewall-cmd 命令，放行 FTP 服务；执行命令"setenforce 0"，将 SELinux 模式设置为 permissive。

(4) 设置 vsftpd 服务开机启动，并重启 FTP 服务。其实现代码与结果如下：

```
[root@localhost ~]# systemctl  enable  vsftpd          //设置 FTP 服务开机启动
[root@localhost ~]# systemctl  restart  vsftpd          //重启 FTP 服务
```

18.3 vsftpd 的配置文件

vsftpd 的配置文件有主配置文件、访问用户列表文件、目录限制用户文件、/var/ftp 文件夹和禁用访问文件等。

1. 主配置文件(/etc/vsftpd/vsftpd.conf)

vsftpd 服务的主配置文件是 /etc/vsftpd/vsftpd.conf，文件内容大概有 127 行，大部分参数所在行的开头用#进行注释，其中重要参数及其含义如表 18-2 所示。

表 18-2　vsftpd.conf 文件重要参数及其含义

选项名称	含　　义
anonymous_enable = YES/NO	是否允许匿名用户访问
anon_upload_enable = YES/NO	是否允许匿名用户上传文件
anon_mkdir_write_enable = YES/NO	是否允许匿名用户创建文件
anon_other_write_enable = YES/NO	是否允许匿名用户的其他操作
anon_root = /var/ftp	指定匿名用户 FTP 根目录
local_enable = YES/NO	是否允许本地用户访问
local_root = /var/ftp	指定本地用户 FTP 根目录
local_umask = 022	设定本地用户上传文件所用的掩码
chroot_list_enable = YES/NO	是否启动限制用户的名单
chroot_list_file = /etc/vsftpd/ chroot_list	是否限制在主目录下的用户列表文件 /etc/vsftpd/chroot_list 为默认文件
chroot_local_user = YES/NO	是否将所有用户限制在主目录
userlist_enable = YES/NO	是否启用 user_list 列表文件
userlist_deny = YES/NO	是否禁用 user_list 中的用户
write_enable = YES/NO	是否启用写入权限

2. 访问用户列表文件(/etc/vsftpd/user_list)

/etc/vsftpd/user_list 文件主要用于设置可以访问的用户和不可以访问的用户。如何选择可分为以下两种情况。

(1) 当 userlist_enable=YES 时，userlist_deny 项的配置才有效，user_list 文件才会被使用。该条件下又可分为两种情况：

当 userlist_enable=YES 且 userlist_deny=YES 时，user_list 是一个黑名单，即所有出现

在名单中的用户都会被拒绝登录。

当 userlist_enable=YES 且 userlist_deny=NO 时，user_list 是一个白名单，即只有出现在名单中的用户才会被准许登录。

(2) 当 userlist_enable=NO 时，无论 userlist_deny 项为何值都是无效的，本地全体用户(除去 ftpusers 中的用户)都可以登录 FTP。

3. 目录限制用户文件(/etc/vsftpd/chroot_list)

/etc/vsftpd/chroot_list 文件用于设置如何限定用户的访问目录，有以下 4 种情况。

(1) 当 chroot_list_enable=YES 且 chroot_local_user=YES 时，在/etc/vsftpd.chroot_list 文件中列出的用户可以切换到其他目录，未在文件中列出的用户不能切换到其他目录。

(2) 当 chroot_list_enable=YES 且 chroot_local_user=NO 时，在/etc/vsftpd.chroot_list 文件中列出的用户不能切换到其他目录，未在文件中列出的用户可以切换到其他目录。

(3) 当 chroot_list_enable=NO 且 chroot_local_user=YES 时，所有的用户均不能切换到其他目录。

(4) 当 chroot_list_enable=NO 且 chroot_local_user=NO 时，所有的用户均可以切换到其他目录。

4. /var/ftp 文件夹

/var/ftp 文件夹是 vsftpd 提供服务的文件根目录，它包含一个 pub 子目录。在默认情况下，所有的目录都是只能被读的，只有 root 用户才有写权限。

5. 禁用访问文件(/etc/vsftpd/ftpusers)

/etc/vsftpd/ftpusers 文件中的所有用户都不允许访问 FTP 服务。

18.4　FTP 服务器配置

vsftpd 允许用户以 3 种认证模式登录到 FTP 服务器上，分别为匿名开放模式、本地用户模式和虚拟用户模式。

(1) **匿名开放模式**。这是最不安全的认证模式，任何人都可以无须验证密码而直接登录到 FTP 服务器。

(2) **本地用户模式**。这是通过 Linux 系统本地的账户密码信息进行认证的模式，相较于匿名开放模式更安全，而且配置也很简单。但是，如果被黑客破解了账户的信息，就可以畅通无阻地登录 FTP 服务器，从而完全控制整台服务器。

(3) **虚拟用户模式**。这是 3 种模式中最安全的一种认证模式，需要为 FTP 服务单独建立用户数据库文件，虚拟出用来进行口令验证的账户信息，而这些账户信息在服务器系统中实际上是不存在的，仅供 FTP 服务程序进行认证使用。

下面介绍这 3 种认证模式登录 FTP 服务器的方法。

1. 配置匿名用户登录的 FTP 服务器

[例 1]　搭建一台 FTP 服务器(主机名为 ftp-server)，允许匿名用户上传和下载文件，匿名用户的根目录设置为/var/ftp，具体步骤如下：

步骤一，创建测试文件。

默认的匿名用户 FTP 根目录为/var/ftp，在其子目录 pub 中创建测试文件 testfile，并设置目录的权限。其实现代码与结果如下：

```
[root@ftp-server ~]# touch    /var/ftp/pub/testfile
[root@ftp-server ~]# echo This is testfile > /var/ftp/pub/testfile
[root@ftp-server ~]# chmod    o+w    /var/ftp/pub
```

步骤二，修改配置文件。

修改 FTP 服务配置文件 vsftpd.conf，修改和增加部分字段。其实现代码与结果如下：

```
[root@ftp-server ~]# vim    /etc/vsftpd/vsftpd.conf
…
anonymous_enable=YES                        //允许匿名用户登录
anon_upload_enable=YES                      //允许匿名用户上传文件
anon_mkdir_write_enable=YES                 //允许匿名用户创建文件夹
anon_other_write_enable=YES                 //允许匿名用户删除和修改文件
allow_writeable_chroot=YES                  //所有用户拥有 chroot 权限
[root@ftp-server ~]# systemctl    restart    vsftpd
```

步骤三，客户端验证。

(1) Windows 客户端验证。在 Windows 客户端的资源管理器地址栏中输入"ftp://192.168.200.10"，如图 18-5 所示，可以看到 pub 子目录，打开 pub 目录，可以在目录下建立新文件，也可以下载文件。

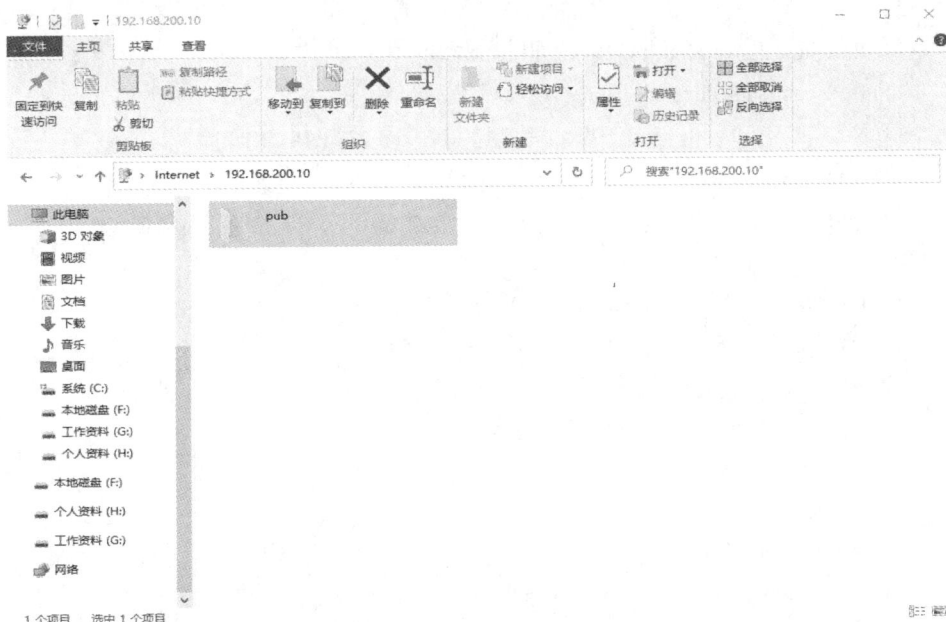

图 18-5　Windows 客户端测试结果

(2) Linux 客户端(已完成 FTP 工具安装)验证。在 Linux 客户端上，需要安装 FTP 命令行管理工具，其实现代码与结果如下：

```
[root@ftp-client ~]# dnf   install   ftp   -y
```

执行"ftp　192.168.200.10"命令,可以连接 FTP 服务器,输入用户名"ftp",在密码处直接按回车键即可,进入后可以查看并下载测试文件 testfile,默认下载到客户端的当前工作目录中。其实现代码与结果如下:

```
[root@ftp-client ~]# ftp   192.168.200.10
Connected to 192.168.200.10 (192.168.200.10).
220 (vsFTPd 3.0.2)
Name (192.168.200.10:root): ftp                              //输入用户名 ftp
331 Please specify the password.
Password:                                                    //无须输入密码,按回车键
230 Login successful.
Remote system type is UNIX.
Using binary mode to transfer files.
ftp> ls
227 Entering Passive Mode (192,168,200,10,241,215).
150 Here comes the directory listing.
drwxr-xrwx     2  0        0              22   Jul 28 11:14   pub
226 Directory send OK.
ftp> cd   pub                                                //切换至 pub 目录
250 Directory successfully changed.
ftp> ls
227 Entering Passive Mode (192,168,200,10,187,18).
150 Here comes the directory listing.
-rw-r--r--     1  0        0              17   Jul 28 11:14   testfile
226 Directory send OK.
ftp> get   testfile                                          //下载测试文件
local: testfile remote: testfile
227 Entering Passive Mode (192,168,200,10,249,155).
150 Opening BINARY mode data connection for testfile (17 bytes).
226 Transfer complete.
17 bytes received in 2.8e-05 secs (607.14 Kbytes/sec)
ftp> exit
221 Goodbye.
[root@ftp-client ~]# ll
-rw-------. 1 root root 1687   8 月  19 01:09 anaconda-ks.cfg
-rw-r--r--. 1 root root    0   7 月  28 15:55 testfile
[root@ftp-client ~]# cat   testfile
This   is   testfile
```

注意：为了后面的例子配置不受前面设置的影响，每个例子都使用刚安装完 vsftpd 服务的虚拟机。

2. 配置本地用户登录的 FTP 服务器

在 vsftpd 服务器的默认设置中，本地用户可以切换到主目录以外的目录进行浏览访问，这样对于服务器来说是不安全的，因为任何用户可以随时浏览到别的用户的私有信息。可通过相关选项来防止这种情况的发生，与该功能相关的选项主要包括 chroot_local_user、chroot_list_enble 和 chroot_list_file。下面介绍 chroot 的用法。

(1) 设置所有的本地用户执行 chroot (更改 root 目录)，设置/etc/vsftpd/vsftpd.conf 文件 chroot_local_user=YES。

(2) 设置指定的用户执行 chroot，设置/etc/vsftpd/vsftpd.con 文件以下字段：

chroot_local_user=NO

chroot_list_enable=YES

chroot_list_file=/etc/vsftpd.chroot_list

设置后，只有/etc/vsftpd.chroot_list 文件中指定的用户才能够执行 chroot 命令。

[例 2] 搭建一台 FTP 服务器(主机名为 ftp-server)，禁止匿名用户登录，仅允许本地用户访问，要求将 user1 用户的访问目录限制为/opt/ftp，具体步骤如下：

步骤一，创建本地用户及其根目录。

创建本地用户 user1，创建本地用户的 FTP 根目录/opt/ftp，再创建测试文件 testfile2。其实现代码与结果如下：

```
[root@ftp-server ~]# useradd    user1
[root@ftp-server ~]# passwd    user1
[root@ftp-server ~]# mkdir    /opt/ftp
[root@ftp-server ~]# touch    /opt/ftp/testfile2
```

步骤二，修改配置文件。

修改 FTP 服务配置文件 vsftpd.conf，修改和增加部分字段。其实现代码与结果如下：

```
[root@ftp-server ~]# vim    /etc/vsftpd/vsftpd.conf
…
anonymous_enable=NO                          //禁止匿名用户登录
local_enable=YES                             //允许本地用户登录
local_root=/opt/ftp                          //设置本地用户的 FTP 根目录
chroot_local_user=NO                         //不限制本地用户
chroot_list_enable=YES                       //启动限制用户名单
chroot_list_file=/etc/vsftpd/chroot_list     //限制用户名单
allow_writeable_chroot=YES                   //允许 chroot 限制
write_enable=YES                             //允许写操作
pam_service_name=vsftpd                      //采用 PAM 认证
```

步骤三，添加例外用户。

创建 /etc/vsftpd/chroot_list 文件，添加 user1 账号。其实现代码与结果如下：

```
[root@ftp-server ~]# vim   /etc/vsftpd/chroot_list
user1
```

步骤四，重启服务，其实现代码如下：

```
[root@ftp-server ~]# systemctl   restart   vsftpd
```

步骤五，客户端验证。

(1) Windows 客户端验证。在 Windows 客户端的资源管理器地址栏中输入"ftp://192.168.
200.10"，如图 18-6 所示，输入用户名和密码；登录后可以看到测试文件 testfile2，如图 18-7
所示，可以在目录下建立新文件，也可以下载文件。

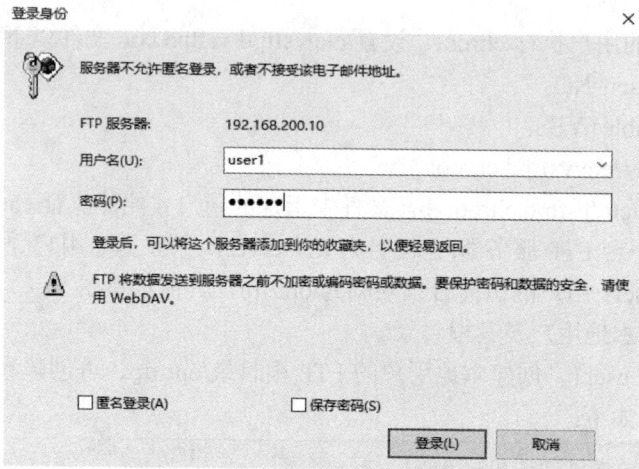

图 18-6   本地用户登录

图 18-7   Windows 客户端查看结果

(2) Linux 客户端(已完成 FTP 工具安装)验证。执行命令"ftp   192.168.200.10"，可以
连接 FTP 服务器，输入用户名 user1 及其密码，登录后可以查看到测试文件 testfile2，其他
写入和删除等操作均可使用，但不允许切换到其他目录。其实现代码与结果如下：

```
[root@ftp-client ~]# ftp    192.168.200.10
Connected to 192.168.200.10 (192.168.200.10).
220 (vsFTPd 3.0.2)
Name (192.168.200.10:root): user1                            //输入用户名 user1
331 Please specify the password.
Password:                                                    //输入 user1 的密码
230 Login successful.
Remote system type is UNIX.
Using binary mode to transfer files.
ftp> ls
227 Entering Passive Mode (192,168,200,10,37,87).
150 Here comes the directory listing.
-rw-r--r--      1 0            0             0 Jul 28 08:01 testfile2
226 Directory send OK.
ftp> cd   /mnt                                               //切换到 mnt 目录失败
550 Failed to change directory.
ftp> exit
221 Goodbye.
```

3. 配置虚拟用户访问的 FTP 服务器

[例 3]　搭建一台 FTP 服务器(主机名为 ftp-server)，为了服务器的安全，不直接使用本地用户登录。使用虚拟用户验证方式，虚拟用户名为 vuser1，映射到本地用户 user1，虚拟用户的 FTP 根目录为 /var/ftp/vuser，只允许下载文件，不允许上传文件，具体步骤如下：

步骤一，创建虚拟用户的登录目录。

创建本地用户 user1，用于虚拟用户映射到本地用户登录系统。创建虚拟用户的登录目录 /var/ftp/vuser，在该目录中创建测试文件 testfile3，并设置该目录的权限。其实现代码与结果如下：

```
[root@ftp-server ~]# useradd    user1
[root@ftp-server ~]# passwd    user1
[root@ftp-server ~]# mkdir   /var/ftp/vuser
[root@ftp-server ~]# touch    /var/ftp/vuser/testfile3
[root@ftp-server ~]# echo This is testfile3 > /var/ftp/vuser/testfile3
[root@ftp-server ~]# chown    user1    /var/ftp/vuser
[root@ftp-server ~]# chmod    755    -R    /var/ftp/vuser
```

步骤二，创建虚拟用户文件。

建立虚拟用户文件，输入虚拟用户名和密码，并将虚拟用户文件转化为数据库文件。为了防止被盗取，最后还需修改数据库文件的访问权限。其实现代码与结果如下：

```
[root@ftp-server ~]# vim   /etc/vsftpd/vuser
vuser1
```

```
123456
[root@ftp-server ~]# db_load  -T  -t  hash  -f  /etc/vsftpd/vuser  /etc/vsftpd/vuser.db
[root@ftp-server ~]# chmod   600   /etc/vsftpd/vuser.db
```

步骤三，配置 PAM 文件。

为了使服务器能够使用数据库文件对客户端进行身份验证，需要对 PAM(Pluggable Authentication Modules，可插拔认证模块)的路径、认证方式、认证对象等进行配置。Vsftpd 服务对应的 PAM 配置文件是/etc/pam.d/vsftpd，先将文件中原有配置用#注释，再添加字段。其实现代码与结果如下：

```
[root@ftp-server ~]# vim   /etc/pam.d/vsftpd
#%PAM-1.0
#session     optional     pam_keyinit.so      force revoke
#auth        required      pam_listfile.so item=user sense=deny file=/etc/vsftpd/ftpus
ers onerr=succeed
#auth        required      pam_shells.so
#auth        include      password-auth
#account     include      password-auth
#session     required      pam_loginuid.so
#session     include      password-auth
auth        required      pam_userdb.so     db=/etc/vsftpd/vuser
account     required      pam_userdb.so     db=/etc/vsftpd/vuser
```

步骤四，修改配置文件。

修改 FTP 服务配置文件 vsftpd.conf，修改和增加部分字段。其实现代码与结果如下：

```
[root@ftp-server ~]# vim   /etc/vsftpd/vsftpd.conf
…
anonymous_enable=NO                        //禁止匿名用户登录
local_enable=YES                           //允许本地用户登录
local_root=/var/ftp/vuser                  //设置登录后的根目录
anon_mkdir_write_enable=NO                 //禁止创建目录
anon_other_write_enable=NO                 //禁止删除和修改文件
chroot_local_user=YES                      //锁定用户的根目录
allow_writeable_chroot=YES                 //允许 chroot 限制
write_enable=NO                            //不允许写操作
guest_enable=YES                           //允许虚拟用户访问
guest_username=user1                       //虚拟用户对应的本地用户账号
pam_service_name=vsftpd                    //采用 PAM 认证
[root@ftp-server ~]# systemctl   restart   vsftpd
```

步骤五，客户端验证。

(1) Windows 客户端验证。在 Windows 客户端的资源管理器地址栏中输入"ftp://192.168.

200.10"，如图 18-8 所示，输入虚拟用户名和密码；登录后可以看到测试文件 testfile3，如图 18-9 所示，可以在目录下建立新文件，也可以下载文件。

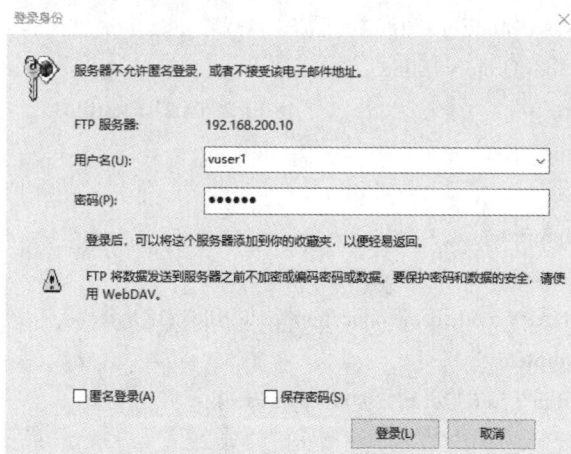

图 18-8 虚拟用户登录

图 18-9 Windows 客户端测试结果

(2) Linux 客户端(已完成 FTP 工具安装)验证。执行命令"ftp 192.168.200.10"，可以连接 FTP 服务器，输入用户名 vuser1 及其密码，登录后可以查看到测试文件 testfile3，可以下载文件，但不能上传文件。其实现代码与结果如下：

```
[root@ftp-client ~]# ftp    192.168.200.10
Connected to 192.168.200.10 (192.168.200.10).
220 (vsFTPd 3.0.2)
Name (192.168.200.10:root): vuser1                        //输入用户名 vuser1
331 Please specify the password.
Password:
230 Login successful.
Remote system type is UNIX.
```

Using binary mode to transfer files.

ftp> ls

227 Entering Passive Mode (192,168,200,10,83,143).

150 Here comes the directory listing.

-rwxr-xr-x　　1　0　　0　　　　　　　18 Jul 28 08:21　testfile3

226 Directory send OK.

ftp> get　testfile3　　　　　　　　　　　　　　　　　　　//下载文件(成功)

local: testfile3 remote: testfile3

227 Entering Passive Mode (192,168,200,10,215,1).

150 Opening BINARY mode data connection for testfile3 (18 bytes).

226 Transfer complete.

18 bytes received in 2.5e-05 secs (720.00 Kbytes/sec)

ftp> put　testfile　　　　　　　　　　　　　　　　　　　//上传文件(拒绝)

local: testfile remote: testfile

227 Entering Passive Mode (192,168,200,10,76,90).

550 Permission denied.

任务实施

任务 18 的实施过程如表 18-3 所示。

表 18-3　任务 18 的实施过程

操作步骤	操作过程	操作说明
步骤一： vsftpd 服务 的安装	[root@localhost ~]# hostnamectl　set-hostname　ftp_server	修改主机名
	[root@ftp-server ~]# mkdir　/mnt/cdrom [root@ftp-server ~]# mount　/dev/cdrom　/mnt/cdrom [root@ftp-server ~]# mv　/etc/yum.repos.d/*　/opt/ [root@ftp-server ~]# vim　/etc/yum.repos.d/local.repo	将光盘文件挂载 备份原有软件源 制作本地软件源
	[root@ftp-server ~]# dnf　clean　all [root@ftp-server ~]# dnf　install　vsftdp　-y [root@ftp-server ~]# firewall-cmd　--permanent　--add-service= ftp [root@ftp-server ~]# firewall-cmd　--reload	安装 vsftpd 服务 防火墙放行 FTP 服务
	[root@ftp-server ~]# setenforce 0 [root@ftp-server ~]# systemctl　enable　vsftpd [root@ftp-server ~]# systemctl　restart　vsftpd	设置 SELinux 模式 重启服务
步骤二： 创建用户、 用户根目录	[root@ftp-server ~]# useradd　ftpadmin [root@ftp-server ~]# passwd　ftpadmin [root@ftp-server ~]# mkdir　-p　/company/public/ [root@ftp-server ~]# touch　/company/public/ftpfile [root@ftp-server ~]# chmod　777　/company/public/	

续表

操作步骤	操 作 过 程	操作说明
步骤三： 修改主配置文件	[root@ftp-server ~]# vim　/etc/vsftpd/vsftpd.conf anonymous_enable=NO local_enable=YES write_enable=YES download_enable=YES local_root=/company/public chroot_local_user=NO chroot_list_enable=YES chroot_list_file=/etc/vsftpd/chroot_list allow_writeable_chroot=YES pam_service_name=vsftpd	
步骤四： 添加用户名单	[root@ftp-server ~]# vim　/etc/vsftpd/chroot_list ftpadmin [root@ftp-server ~]# systemctl　restart　vsftpd	
步骤五： 客户端验证	[root@ftp-client ~]# ftp　192.168.200.100	连接服务器
	Connected to 192.168.200.100 (192.168.200.100). 220 (vsFTPd 3.0.2) Name (192.168.200.100:root): ftpadmin Password: 230 Login successful.	
	ftp> get　ftpfile 226 Transfer complete.	下载文件(成功)
	ftp> passive Passive mode off.	关闭客户端 PASV 方式(不关闭，上传会报错)
	ftp>put　clientfile 226 Transfer complete.	上传文件(成功)
	ftp> cd　/mnt/ 550 Failed to change directory.	切换目录(失败)

🚴 任务拓展

　　某学校配置了一台 FTP 服务器，其中有一个目录 /jsei/data，用于保存学校的工作资料。jw01 用户作为 FTP 服务器的管理员，对全部的目录有读写权限；电子学院老师 dz01 可以执行上传和下载操作。

任务 19　MySQL 数据库配置与管理

📋 任务介绍

　　M 公司为了防止网站数据的丢失，需要随时备份数据。主数据库部署在 192.168.200.100

服务器上,用于备份的数据库部署在 192.168.200.200 服务器上。

任务分析

要实现该企业一主一从数据库的配置,可以分为以下 3 个步骤:

步骤一,MariaDB 服务的安装。

步骤二,主服务器设置。

步骤三,从服务器设置。

必备知识

完成本任务需要掌握的必备知识见 19.1~19.4 节。

19.1 数据库概述

1. 数据库管理系统概述

数据库管理系统(Database Management System)是一种操纵和管理数据库的大型软件,用于建立、使用和维护数据库,简称 DBMS。它对数据库进行统一的管理和控制,以保证数据库的安全性和完整性。用户通过 DBMS 访问数据库中的数据,数据库管理员也通过 DBMS 进行数据库的维护工作。

数据库管理系统是一个能够提供数据录入、修改、查询的数据操作软件,具有数据定义、数据操作、数据存储与管理、数据维护、通信等功能,且能够允许多用户使用。

目前有许多 DBMS 产品,常见的有 MySQL、DB2、Oracle、SQL Server、Sybase、Informix 等,它们在数据库市场上各自占有一席之地。

2. MySQL 简介

MySQL 是目前最流行的关系型数据库管理系统之一,特别是在 Web 应用方面。它由瑞典 MySQL AB 公司开发,目前属于 Oracle 公司旗下产品。MySQL 所使用的 SQL 语言是用于访问数据库的最常用的标准化语言。

MySQL 具备以下特点:

(1) MySQL 是开源的,采用了 GPL(GNU General Public License,GNU 通用公共许可协议),可以通过修改源码来进行二次开发。

(2) MySQL 支持大型的数据库,可以处理拥有上千万条记录的大型数据库。

(3) MySQL 使用标准的 SQL 数据语言形式。

(4) MySQL 可以运行于多个系统上,并且支持多种语言。

(5) MySQL 对目前最流行的 Web 开发语言 PHP 有很好的支持。

3. MySQL Replication 简介

目前在很多公司的实际生产环境中都使用了 MySQL Replication,即 AB 复制,也称主从复制。它是一个异步复制过程,能够让一个 MySQL 主服务器/主节点(称之为 Master)的数据复制到一个或多个 MySQL 从服务器/从节点(称之为 Slave)。根据配置,可以复制数据库中的所有数据库、所选数据库或选定的表，它主要用于 MySQL 的实时备份或者读写分离。

要实现 MySQL Replication，首先需要开启 Master 的 binary log(bin-log，二进制日志)功能。其整个工作过程如下：

(1) Slave 开启 IO 进程连接 Master，并请求从指定的 bin-log 文件的指定位置(可以是最开始的位置)开始读取日志内容。

(2) Master 接收到来自 Slave 的 IO 进程的请求后，会从相应位置读取日志内容，并将信息返回给 Slave 的 IO 进程。返回信息中除了日志所包含的信息，还包括 bin-log 文件的名称以及 bin-log 的位置。

(3) Slave 的 IO 进程接收到信息后，会将接收到的日志内容写入到本地的 relay-log(中继日志)文件，同时将读取到的 Master 端的 bin-log 的文件名和位置记录到状态文件 master-info 中，以便下一次读取时使用。

(4) Slave 的 SQL 进程检测到 relay-log 文件中新增加了内容后，会对其进行解析并执行，使 Slave 与 Master 的数据保持一致。

4. MariaDB 简介

MariaDB 数据库管理系统是 MySQL 的一个分支，主要由开源社区维护，采用 GPL 授权许可。开发这个分支的原因之一是 Oracle 公司在收购了 MySQL 后，有将 MySQL 闭源的潜在风险，因此社区采用分支的方式来避开这个风险。MariaDB 是完全兼容 MySQL 的，包括 API 和命令行，使之能轻松地成为 MySQL 的替代品。MariaDB 具有功能强、体积小、速度快、成本低、开放源代码及安全可靠等优点，相对于 MySQL，MariaDB 在功能上也有很多扩展特性，如微秒的支持、线程池、子查询优化、组提交和进度报告等。

由于 CentOS Stream 9 系统中默认未安装 MySQL 数据库，接下来讲解 MySQL 的替换软件 MariaDB 的安装与使用方法。

19.2　MariaDB 服务的安装与启动

MariaDB 服务的安装与启动的步骤如下：

(1) 配置本地软件源(见 11.5 节相关内容)。

(2) 使用 dnf 命令安装 MariaDB 服务，其实现代码与结果如下：

```
[root@localhost ~]# dnf   clean   all
[root@localhost ~]# dnf   install   mariadb*   -y
```

(3) 关闭防火墙，并设置 SELinux 模式。其实现代码与结果如下：

```
[root@localhost ~]# systemctl   stop   firewalld          //关闭防火墙
[root@localhost ~]# setenforce   0                       //设置 SELinux 模式
```

(4) 设置 MariaDB 服务开机启动，并重启 MariaDB 服务。其实现代码与结果如下：

```
[root@localhost ~]# systemctl   enable   mariadb          //设置 MariaDB 服务开机启动
[root@localhost ~]# systemctl   restart   mariadb         //重启 MariaDB 服务
```

(5) 数据库初始化操作，其实现代码与结果如下：

```
[root@localhost ~]# mysql_secure_installation
Enter current password for root (enter for none): //初次运行直接按回车键
Switch to unix_socket authentication [Y/n]n    //是否切换到 UNIX 套接字身份验证，输入
                                                     "n" 并按回车键

Set root password? [Y/n] y                      //是否设置 root 用户密码，输入 "y" 并按回车键
New password:                                    //输入 root 用户密码，这里用 000000
Re-enter new password:                           //再输入一次 root 用户密码
Remove anonymous users? [Y/n] y                  //是否删除匿名用户，输入 "y" 并按回车键
Disallow root login remotely? [Y/n] y            //是否禁止 root 远程登录，输入 "y" 并按回车键
Remove test database and access to it? [Y/n] y   //是否删除 test 数据库，输入 "y" 并按回车键
Reload privilege tables now? [Y/n] y             //是否重新加载权限表，输入 "y" 并按回车键
```

执行命令 "mysql_secure_installation" 进行数据库初始化设置，在初始化过程中，会重置默认的数据库 root 用户的密码等相关信息。

(6) 登录数据库，其实现代码与结果如下：

```
[root@localhost ~]# mysql    -uroot    -p000000
Welcome to the MariaDB monitor.    Commands end with ; or \g.
Your MariaDB connection id is 16
Server version: 10.5.16-MariaDB MariaDB Server
Copyright (c) 2000, 2018, Oracle, MariaDB Corporation Ab and others.
Type 'help;' or '\h' for help. Type '\c' to clear the current input statement.
MariaDB [(none)]>
```

使用命令 "mysql   -u 用户名   -p 用户密码" 登录数据库后，可以看到数据库的版本为 10.5.16。在 "MariaDB [(none)]>" 后面可以输入数据库的相关操作命令。

19.3 常用的数据库命令

下面介绍常用的数据库命令，如数据库基本操作命令、数据库授权命令和数据库备份与恢复命令等。

1. 数据库基本操作命令

数据库的基本操作包括增、删、改、查，常见的基本操作命令如表 19-1 所示。

表 19-1 数据库基本操作命令

命　令	作　用
CREATE　DATABASE　数据库名	创建新的数据库
DROP　DATABASE　数据库名	删除指定的数据库
SHOW　DATABASES	显示已有数据库
USE　数据库名	指定使用的数据库

命　令	作　用
CREATE　TABLE　表名	创建新的表
DROP　TABLE　表名	删除指定的表
SHOW　TABLES	显示当前数据库中的表
DESCRIBE　TABLE　表名	显示指定表的结构
SELECT　*　FROM　表名	显示指定表的所有列

2. 数据库授权命令

新的 SQL 用户不允许访问属于其他 SQL 用户的表，也不能立即创建自己的表，它必须先被授权。给某用户授予权限使用 GRANT 命令，常见的授权命令如表 19-2 所示。

表 19-2　数据库授权命令

命　令	作　用
GRANT 权限 ON　数据库名.表名 TO 用户名@主机名	对指定数据库中的指定表授权
GRANT 权限 ON　数据库名.*　　TO 用户名@主机名	对指定数据库中的所有表授权
GRANT 权限 ON　*.*　　　　TO 用户名@主机名	对所有数据库及所有表授权
GRANT ALL PRIVILEGES ON *.* TO 用户名@主机名	对所有数据库及所有表授予所有权限
GRANT 权限 1,权限 2 ON 数据库名.* TO 用户名@主机名	对指定数据库中的指定表授予多个权限

3. 数据库备份与恢复

1) 数据库备份

备份数据库是最基本的工作，也是最重要的工作。很多情况下，由于数据库比较大，备份往往会消耗大量时间，所以在实际应用中应该选择一个高效率的备份策略。对于数据量大的数据库，一般都采用增量备份。

常用的备份工具有 mysqldump、mysqlhotcopy、xtrabackup 等。mysqldump 比较适用于小型数据库，因为它是逻辑备份工具，所以备份和恢复耗时都比较长。mysqlhotcopy 和 xtrabackup 是物理备份工具，备份和恢复速度快。在不影响数据库服务的情况下，若要进行热拷贝，建议使用 xtrabackup，它还支持增量备份。

下面介绍使用 mysqldump 进行备份。

(1) 备份数据库的数据和结构，其命令格式如下：

mysqldump　-u 用户名　-p 密码　数据库名 > 导出的文件名.sql

(2) 备份数据库的结构，其命令格式如下：

mysqldump　-u 用户名　-p 密码　数据库名 -d > 导出的文件名.sql

(3) 备份数据库中的数据，其命令格式如下：

mysqldump　-u 用户名　-p 密码　数据库名 -t > 导出的文件名.sql

2) 数据库恢复

当数据丢失或意外损坏时，可以通过恢复已经备份的数据来尽量减少数据丢失和破坏所造成的损失。恢复数据库有以下两种方式。

(1) mysql 命令行方式，其命令格式如下：

　　use　　数据库名；

　　source　备份文件名.sql；

(2) 系统命令行方式，其命令格式如下：

　　mysql　-u用户名　-p密码　数据库名 < 备份文件名.sql

19.4　主从数据库配置示例

主从数据库包含主数据库和从数据库。从数据库是主数据库的备份，这是提高信息安全的手段。主从数据库服务器不在一个地理位置上，当发生意外时数据可以从其他服务器上恢复。

[例 1]　使用 MySQL Replication 完成以下两个节点的主从数据库配置，配置信息如表 19-3 所示。两个节点均已完成 IP 地址、主机名、MariaDB 服务的安装及数据库初始化。

表 19-3　节点配置信息

IP 地址	主机名	节　　点
192.168.200.10	server1	主服务器(Master)
192.168.200.20	server2	从服务器(Slave)

主从数据库配置包括主服务器设置、从服务器设置和同步数据验证三大部分，具体操作如下：

1. 主服务器设置

(1) 配置/etc/hosts 文件。

在/etc/hosts 文件中，写入两个节点的 IP 地址和对应的主机名。其实现代码与结果如下：

```
[root@server1 ~]# vim   /etc/hosts
127.0.0.1     localhost localhost.localdomain localhost4 localhost4.localdomain4
::1               localhost localhost.localdomain localhost6 localhost6.localdomain6
192.168.200.10   server1
192.168.200.20   server2
```

(2) 配置主服务器数据库配置文件。

在数据库配置文件中，开启 log-bin 功能，并设置 server_id。其实现代码与结果如下：

```
[root@server1 ~]# vim   /etc/my.cnf
[mysqld]
log_bin=mysql-bin                          //启动 MySQL 二进制日志系统
server_id=10
[root@server1 ~]# systemctl   restart   mariadb
```

(3) 创建用于备份的用户，并赋予权限。其实现代码与结果如下：

```
[root@server1 ~]# mysql   -uroot   -p000000
MariaDB [(none)]> create   user   'user1'@'%'   identified   by   '000000';
Query OK, 0 rows affected (0.004 sec)
```

```
MariaDB [(none)]> grant   replication   slave   on   *.*   to   'user1'@'%';
Query OK, 0 rows affected (0.003 sec)
MariaDB [(none)]> flush   privileges;
Query OK, 0 rows affected (0.002 sec)
MariaDB [(none)]> show   master   status;
+--------------------+--------------+--------------------+---------------------+
| File               | Position     | Binlog_Do_DB | Binlog_Ignore_DB |
+--------------------+--------------+--------------------+---------------------+
| mysql-bin.000001 |     764     |              |           |
```

2. 从服务器设置

(1) 配置/etc/hosts 文件。

在/etc/hosts 文件中，写入两个节点的 IP 地址和对应的主机名。其实现代码与结果如下：

```
[root@server2 ~]# vim   /etc/hosts
127.0.0.1     localhost localhost.localdomain localhost4 localhost4.localdomain4
::1           localhost localhost.localdomain localhost6 localhost6.localdomain6
192.168.200.10   server1
192.168.200.20   server2
```

(2) 配置从节点数据库配置文件。

在数据库配置文件的"[mysqld]"中增加几行代码，开启 log_bin 功能，并设置 server_id。
其实现代码与结果如下：

```
[root@server2 ~]# vim   /etc/my.cnf
[mysqld]
log_bin=mysql-bin                              //启动 MySQL 二进制日志系统
server_id=20
[root@server2 ~]# systemctl   restart   mariadb
```

(3) 登录数据库，配置从节点连接主节点的连接信息。其实现代码与结果如下：

```
[root@server2 ~]# mysql   -uroot   -p000000
MariaDB [(none)]> change master to master_host='server1', master_user='user1', master_password=
'000000';
Query OK, 0 rows affected (0.01 sec)
MariaDB [(none)]> start   slave;
Query OK, 0 rows affected (0.02 sec)
MariaDB [(none)]> show   slave   status\G;
*************************** 1. row ***************************
              Slave_IO_State: Waiting for master to send event
                 Master_Host: server1
                 Master_User: user1
                 Master_Port: 3306
```

```
                Connect_Retry: 60
             Master_Log_File: mysql-bin.000001
          Read_Master_Log_Pos: 531
              Relay_Log_File: mariadb-relay-bin.000002
               Relay_Log_Pos: 815
          Relay_Master_Log_File: mysql-bin.000001
             Slave_IO_Running: Yes
            Slave_SQL_Running: Yes
         …
```

设置完成后，使用命令"start　slave"可开启从节点服务；使用命令"show　slave status\G"可查看从节点服务状态。如果 Slave_IO_Running、Slave_SQL_Running 的状态都为 Yes，则表示从节点服务开启成功。

3. 同步数据验证

1) 主服务器中新增数据

在主服务器的数据库中创建一个 mysqltest 库，在 mysqltest 库中创建一个 test 表，插入一行表数据。其实现代码与结果如下：

```
[root@server1 ~]# mysql   -uroot   -p000000
MariaDB [(none)]> create   database   mysqltest;
Query OK, 1 row affected (0.00 sec)
MariaDB [(none)]> use   mysqltest;
Database changed
MariaDB [mysqltest]> create   table   test(id char(6) not null primary key,name char(8) not null);
Query OK, 0 rows affected (0.00 sec)
MariaDB [mysqltest]> insert   into   test   values('1001','zhangsan');
Query OK, 1 row affected (0.01 sec)
```

2) 从服务器验证

在从服务器中，查询数据库中的数据。其实现代码与结果如下：

```
[root@server2 ~]# mysql   -uroot   -p000000
MariaDB [(none)]> show databases;
| Database            |
+----------------------+
| information_schema |
| mysql               |
| mysqltest           |
| performance_schema |
MariaDB [(none)]> use   mysqltest;
Database changed
MariaDB [mysqltest]> show   tables;
```

```
| Tables_in_mysqltest |
+------------------------+
| test                   |
MariaDB [mysqltest]> select  *  from  test;
| id    | name     |
+-------+----------+
| 1001 | zhangsan |
```

若可以查看到主服务器上新创建的库和表的信息以及表中的内容，则主从数据库的复制功能验证成功。

任务实施

任务 19 的实施过程如表 19-4 所示。

表 19-4　任务 19 的实施过程

操作步骤	操作过程	操作说明
步骤一： MariaDB 服务的安装 (两台服务器 均需完成此 操作)	[root@localhost ~]# mkdir　/mnt/cdrom [root@localhost ~]# mount　/dev/cdrom　/mnt/cdrom [root@localhost ~]# mv　/etc/yum.repos.d/*　/opt/ [root@localhost ~]# vim　/etc/yum.repos.d/local.repo	将光盘文件挂载 备份原有软件源 制作本地软件源
	[root@localhost ~]# dnf　clean　all [root@localhost ~]# dnf　install　mariadb*　-y [root@localhost ~]# setenforce　0	安装 vsftpd 服务 设置 SELinux 模式
	[root@localhost ~]# systemctl　stop　firewalld [root@localhost ~]# systemctl　restart　mariadb [root@localhost ~]# mysql_secure_installation	重启服务 数据库初始化
步骤二： 主服务器 设置	[root@localhost ~]# hostnamectl　set-hostname　master [root@master ~]# vim　/etc/hosts 192.168.200.100　master 192.168.200.200　slave	添加 IP 地址映射
	[root@master ~]# vim　/etc/my.cnf [mysqld] log_bin=mysql-bin server_id=1	修改配置文件
	[root@master ~]# systemctl　restart　mariadb [root@master ~]# mysql　-uroot　-p000000 MariaDB [(none)]> create　user　'user'@'%'　identified　by　'000000'; MariaDB [(none)]> grant　replication　slave　on　*.*　to　'user'@'%'; MariaDB [(none)]> flush　privileges;	创建用户 user

续表

操作步骤	操作过程	操作说明
步骤三： 从服务器 设置	[root@localhost ~]# hostnamectl　set-hostname　slave [root@slave ~]# vim　/etc/hosts 192.168.200.100　master 192.168.200.200　slave	添加 IP 地址映射
	[root@slave ~]# vim　/etc/my.cnf [mysqld] server_id=2	修改配置文件
	[root@slave ~]# systemctl　restart　mariadb [root@slave ~]# mysql　-uroot　-p000000 MariaDB [(none)]> change master to master_host='master', master_user='user',master_password='000000'; MariaDB [(none)]> start　slave; MariaDB [(none)]> show　slave　status\G;	MySQL 主从复制

任务拓展

　　Linux 系统中 MySQL 的 rpm 软件包下载地址为 https://dev.mysql.com/downloads/mysql/，下载并安装 MySQL 5.7 以上的版本，完成 MySQL Replication 配置。

思 政 案 例

　　中国是第一个以发展中国家的身份制造了巨型计算机的国家。中国在 1983 年研制出了第一台超级计算机银河一号，成为继美国、日本之后第三个能独立设计和制造巨型计算机的国家。神威·太湖之光、天河一号、天河二号、星云、曙光 6000 等计算机都是我国最具代表性的超级计算机。目前，国家正在推动算力基础设施建设，从而实现超算互联网。按照计划，到 2025 年年底，国家超算互联网将可形成技术先进、模式创新、服务优质、生态完善的总体布局，以便有效支撑原始科学创新、重大工程突破、经济高质量发展等目标的达成，成为支撑数字中国建设的"高速路"。

项 目 七 习 题

一、选择题

1. 以下命令中，可以允许 192.168.0.0/24 访问 Samba 服务器的是(　　)。

A. hosts enable=192.168.0.　　　　　　B. hosts allow=192.168.0.

C. hosts accept=192.168.0.　　　　　　D. hosts accept=192.168.0.0/24

2. Samba 服务存放用户名和密码信息的文件是(   )。

A. /etc/samba/smbpasswd   B. /etc/samba/smb.conf

C. /etc/samba/samba.conf   D. /etc/samba/smbclient

3. TCP/IP 协议中，用于进行 IP 地址自动分配的是(   )。

A. NFS   B. DNS   C. DHCP   D. HTTP

4. HTTP 服务使用的端口号是(   )。

A. 80   B. 90   C. 8080   D. 8090

5. 下列 FTP 命令中，可以与指定的主机建立连接的是(   )。

A. connect   B. ls   C. open   D. get

6. MySQL 数据库中，用于创建表的命令是(   )。

A. DESCRIBE TABLE   B. CREATE TABLE

C. SHOW TABLES   D. SHOW TABLES

二、判断题

1. 启动 Samba 服务时，nmbd 是必须运行的端口监控程序。   (   )

2. Samba 服务主配置文件中包括 global 部分。   (   )

3. NFS 服务的主配置文件是/etc/exports。   (   )

4. DNS 服务使用的端口是 UDP 53。   (   )

5. FTP 服务可以一次下载多个文件。   (   )

6. vsftpd 的主配置文件中，anonymous_enable 用来设置匿名用户访问。   (   )

三、简答题

1. 简述 Samba 服务器配置的步骤。

2. 简述 NFS 服务器配置的步骤。

3. 简述 DHCP 服务器配置的步骤。

4. 简述 DNS 服务器配置的步骤。

5. 简述 Apache 服务器配置的步骤。

6. 简述 FTP 服务器配置的步骤。

7. 简述主从数据库配置的步骤。

参 考 文 献

[1] 刘遄. Linux 就该这么学[M]. 北京：人民邮电出版社，2017.

[2] 杨云，林哲. Linux 网络操作系统项目教程(RHEL 8/CentOS 8)(微课版)[M]. 4 版. 北京：人民邮电出版社，2022.

[3] 彭亚发，黄君羡. Linux 系统管理与服务器配置(基于 CentOS 8) (微课版) [M]. 北京：电子工业出版社，2022.

[4] 张平. Linux 操作系统案例教程(CentOS Stream 9/RHEL 9)[M]. 北京：人民邮电出版社，2023.